污泥处理与资源化丛书

污泥生物处理技术

王　星　赵天涛　赵由才　主编

北　京
冶金工业出版社
2010

内容简介

本书内容包括污泥的厌氧消化产甲烷技术、厌氧消化过程的理论模型、污泥厌氧消化产甲烷的工程设计与实例、污泥厌氧消化产氢技术、污泥堆肥技术和污泥的蚯蚓生态处置技术和常用检测方法。

本书是《污泥处理与资源化丛书》中的一册，适合从事污泥厌氧消化技术、污泥生物堆肥技术等工程设计人员和管理人员，以及大中专师生和科研人员参考阅读。

图书在版编目(CIP)数据

污泥生物处理技术/王星，赵天涛，赵由才主编．—北京：冶金工业出版社，2010.4

(污泥处理与资源化丛书)

ISBN 978-7-5024-5218-6

Ⅰ.①污… Ⅱ.①王… ②赵… ③赵… Ⅲ.①污泥处理：生物处理 Ⅳ.①X703

中国版本图书馆 CIP 数据核字(2010)第 045231 号

出版人 曹胜利

地址 北京北河沿大街嵩祝院北巷 39 号，邮编 100009

电话 (010)64027926 电子信箱 postmaster@cnmip.com.cn

责任编辑 钱文涛 美术编辑 张媛媛 版式设计 葛新霞

责任校对 刘倩 责任印制 牛晓波

ISBN 978-7-5024-5218-6

北京印刷一厂印刷；冶金工业出版社发行；各地新华书店经销

2010 年 4 月第 1 版，2010 年 4 月第 1 次印刷

787 mm×1092 mm 1/16；10.75 印张；253 千字；154 页

35.00 元

冶金工业出版社发行部 电话：(010)64044283 传真：(010)64027893

冶金书店 地址：北京东四西大街 46 号(100711) 电话：(010)65289081

(本书如有印装质量问题，本社发行部负责退换)

《污泥处理与资源化丛书》

丛书序言

随着社会经济的快速发展和城市化水平的不断提高，工业污水和生活污水的排放量日益增多，污水处理厂污泥产量急剧增加。据统计，2006 年我国城市污水处理厂产生污泥（含水率 80%）高达 15000 kt，是生活垃圾清运量的 8%。我国环境保护“十一五”规划明确要求，到 2010 年，所有城市的污水处理率不低于 60%。我国住房和城乡建设部计划从 2006 年到 2010 年，新建城市污水处理厂 1000 余座，污水处理能力将由 2005 年的 12000 kt/d 增加到 50000 ~60000 kt/d，污水处理厂污泥（含水率 80%）年排放量将达到 30000 kt。

另外，我国紧邻城市的河流和湖泊已经受到严重污染，含有高浓度重金属和有毒有机物的底泥急需挖掘、疏浚和处理。有些湖泊的底泥，其有机物含量很高，污水处理厂处理污泥的方法也适合于处理湖泊底泥。

为方便起见，本丛书把污水处理厂污泥和受到严重污染的河流湖泊底泥一起统称为污泥。但是，在可能的情况下，仍然会把污水处理厂污泥和河流湖泊底泥分别描述。

我国城市污水处理厂污泥处理起步较晚，与国外先进国家相比，我国的污泥处理和处置技术还有一定差距。我国大多数较早建设的污水处理厂没有完善的污泥处理系统，新建的规模较大的污水处理厂虽然一般都有比较完善的污泥处理工艺，但真正完全投入运行且运行情况良好的污水处理厂还不多，其中，利用污泥消化产生的沼气发电的就更少了。究其原因，一方面是我国经济实力所限；另一方面是我国污泥处理起步较晚，缺乏设计及运行经验，管理规范不健全、资金投入不足，缺少成套处理处置技术设备以及足够数量的管理和科技人才。

污泥中含水率很高，其中高含量有机物寄生着各种细菌、病毒和寄生生物，同时，污泥中还浓缩着锌、铜、铅和镉等重金属化合物以及有毒化合物、杀虫剂等。污泥结构的复杂多变性决定了对其进行高效处理存在一定的难度。

在污泥堆肥方面，通过添加木屑、块状物等材料增加污泥孔隙率，降低污泥含水率，以实现强制通风。污泥堆肥存在的主要问题是污泥所含重金属和盐量往往高于有机肥，使用受到限制。必须指出的是，未经适当处理的污泥，是不允许农用的，也无法作为绿化有机肥使用。

在污泥干化焚烧方面，一般采用相变干化技术，含水率可从 80% 下降到 50% ~60%，热值大幅度提高，从而实现污泥的高效焚烧。不过，因焚烧过程耗能较大,所以限制了干化焚烧的应用。

在污泥厌氧发酵方面,技术比较成熟,一般厌氧发酵厂紧邻污水处理厂建设,厌氧发酵厂的沼液可回污水处理厂处理,也可进一步好氧堆肥后利用。厌氧发酵在我国存在的问题是二沉池污泥含有过多的砂和渣,在厌氧发酵过程中,这些砂和渣沉积在管道和发酵罐底部,严重堵塞管路。

在今后相当长的时间里,污泥卫生填埋仍然是我国污泥处理最重要的方法之一。一个城市在选择污泥出路时,首先应该考虑的就是卫生填埋。卫生填埋场建设周期短,投资相对较低,可以分期投入,管理方便,现场运行比较简单。另外,填埋场污泥降解速度较快,若干年后可进行开采和利用,腾出的空间可用来重新填埋新鲜污泥。因此,填埋场应视为污泥处理的反应器和中转站,而不是最终归宿,是一种低成本的可持续污泥处理方法。然而,污泥填埋作业也存在一些困难:由于脱水后污泥含水率仍较高,污泥在作业机械碾压时呈现很强的流变性,在污泥推铺和压实过程中,压实机和推土机容易打滑甚至陷入泥中;另外,由于污泥中高含量的有机质的亲水性,在雨季进行污泥填埋后,可能导致填埋场成为人工沼泽地,使后续填埋作业无法进行,严重影响填埋场正常运行。

在污泥资源化方面,主要包括制砖、烧水泥、热解等,目前这些处理技术还在发展之中。污泥资源化的主要问题是消纳量偏小,污泥所含的盐影响了产品的质量和使用范围。

在受污染底泥的处理与资源化方面,工程应用实例极其有限。实际中,一些河流和湖泊的底泥疏浚后堆放在岸边而未加无害化处置,造成了二次污染。

近年来,我国陆续出版了几种关于污泥处理的著作,对污泥处理与资源化事业的发展起了重要的推动作用。然而,因缺乏相关资料,一些著作在污泥卫生填埋、堆肥、厌氧发酵方面的描述存在一些欠缺。本丛书根据作者多年来在污泥方面的研究成果,结合国内外的公开报道,系统地描述了污泥处理与资源化各方面的最新进展,力求避免已出版著作中的不足,理论联系实践,重在指导性和应用性。本套丛书主要内容包括污泥管理与控制政策、污泥表征与预处理技术、污泥循环卫生填埋技术、污泥生物处理技术、污泥干化与焚烧技术、污泥资源化利用技术及污泥处理与资源化应用实例等,可供从事污泥处理与资源化研究、技术研发、应用的人员参考。

赵由才
2009 年 12 月

前言

剩余污泥含有大量的营养元素，如氮、磷和各种微量元素，同时也含有难降解有机物、重金属以及病原微生物和寄生虫卵等有害污染物。剩余污泥处理不当将会带来二次污染，引起地下水、地表水以及空气污染，且剩余污泥体积庞大，将消耗大量的土地资源，严重的会引起一个地区的生态破坏。因为污泥含水率可达到90%，呈胶体状结构，非常不易脱水，有机质性质不稳定，易腐败发臭，有毒有害污染物(主要指重金属和有毒有机物)容易释放到环境中。正是由于污泥具有高含水率、不易脱水、有机质含量高、易腐败发臭的特点，使得厌氧消化等生物处理方法逐渐成为污泥处理与处置的首选技术。厌氧发酵可以很好地改善污泥的特性，增加脱水特性，并去除部分有机质。随着能源和资源问题的不断恶化，污泥所含有机质和营养物质正逐渐成为现代社会可持续发展的重要资源，通过合理的技术来实现污泥的减量化、无害化和资源化，是最合理的污泥处理处置技术的发展方向。厌氧发酵产生的沼气或氢是一种优质清洁能源，剩余污泥通过厌氧发酵制取能源已经被视为很好的污泥处理途径。

除了厌氧消化外，将污泥用作肥料已被许多国家大量采用。在农业应用污泥的比例方面，法国为60%、丹麦为54%、西班牙为50%、英国为44%、美国为26%，但我国污泥农用的比例较小(不足10%)。在美国，许多污水处理厂先将污泥进行生物堆肥，再经干燥及颗粒化后成为商品，这种颗粒肥易于同其他肥料混合，便于运输及使用。目前，影响污泥农用的主要因素是污泥中含有的病原体、难降解有机物以及重金属污染物等，而生物堆肥法是减少上述污染因素的有效措施之一，该方法是国际上从20世纪60年代迅速发展起来的一项新兴生物处理技术。它利用不同的微生物对污泥中易腐有机物进行生物降解，使剩余污泥成为具有良好稳定性的腐殖土状肥料。因此，污泥的生物堆肥法的应用将为污水处理厂的剩余污泥提供一个良好的绿色处理途径。为此，我们根据近些年的研究成果、国内外最新研究进展及应用情况整理、汇总，编撰成书，以期对我国城市污泥的资源化利用起到积极的推动作用。

本书共分八章，分别对污泥的来源、性质以及污泥的厌氧消化产甲烷、污泥的好氧堆肥做了详细介绍，同时也将目前热门的污泥生物处理制氢以及污泥的蚯蚓处置融入本书，拓宽了污泥生物处理法的范围。本书第1章由徐菲、曹楠楠、王星编写；第2章由徐菲、王星编写；第3章由王平阳、李庆林编写；第4章由赵天涛、王星编写；第5章由徐菲、王星、赵由才编写；第6章由徐菲、孙旭、王星编写；第7章由徐菲、王星编写；第8章由王星编写。全书由王星、赵天涛和赵由才任主编，并负责编写和统稿工作。

书中引用了一些同行的数据和图表，其出处已经在参考文献中列出，在此向他们表示感谢。同时还要感谢上海齐耀动力技术有限公司薛飞博士、李冰高级工程师和刘宇高级工程师对本书编写过程的大力支持。

由于时间仓促，书中存在不足之处，敬请读者原谅并提出建议和修改意见。

编　者

2009年12月

目　录

1 概 论

随着我国城市化进程的加快和环境质量标准的提高,污水处理率和处理程度逐年提高,污泥产生量也急剧增加。随着环境保护和可持续发展的观念日益深入人心,作为环境保护重要组成部分的污水污泥治理的力度也必将加大。据统计,我国现有不同规模、不同处理程度的污水处理厂537座,年处理能力约为145×10^8 t,每年排放的污泥量相当大,而且年增长率大于10%。如果城市污水全部得到处理,将产生污泥量(干重)为8400 kt,占我国总固体废弃物的3.2%。根据相关预测,我国城市污水量在未来还将会有较大幅度的增长,2010年污水排放量将达到440×10^8 m^3/d,2020年污水排放量将达到536×10^8 m^3/d。在处理污水的同时会有大量的污泥产生,一座普通的二级污水处理厂,产生的污泥体积约占总处理污水量的0.3%~0.5%(以含水率为97%计)或约为污水处理质量的1%~2%,如对污水进行深度处理,污泥量还可能增加0.5~1.0倍。大量的污泥产生,不但加大了处理难度,还提高了处置费用。

作为污水处理过程中的必然产物,污泥的成分很复杂,是由多种微生物形成的菌胶团与其吸附的有机物和无机物组成的集合体,除含有大量的水分(95%~99%)外,还含有难降解的有机物、挥发性物质、重金属和盐类,以及病原体和寄生虫卵等,必须及时处理与处置,才能保证污水处理厂的正常运行和处理效果,避免造成二次污染。随着污水处理设施的普及、处理量的增加、处理标准的提高和处理功能的拓展,污泥的产生量还将会大幅度地增加。

在经济发达国家,污泥处理处置是极其重要的环节,其投资约占污水处理厂总投资的50%~70%。在我国现有的污水处理设施中,有污泥稳定处理设施的还不到25%,处理工艺和配套设备较为完善的还不到10%,其中能够正常运行的为数不多,特别是在城市化水平较高的大城市与地区,污泥出路问题已经十分突出。因而,如何将产生量巨大、成分复杂的污泥经过科学处理后,使其减量化、无害化、资源化,已成为我国乃至全世界环境界深为关注的课题之一。

1.1 污泥的来源与分类

1.1.1 城市污泥的来源

在城市污水和工业废水处理的过程中,不可避免地会产生相当多的沉淀物和漂浮物。有的是在处理过程中产生的,如化学沉淀污泥与生物化学法产生的活性污泥或生物膜,有的是从污水中直接分离出来的,如沉沙池中的沉渣、初次沉淀池中的沉淀物、隔油池和浮选池中的油渣等。首先,城市污水污泥的第一个来源是进入污水处理厂的悬浮物,在初次沉淀池中,大约50%的悬浮物成为初沉污泥被去除,初沉污泥极易腐烂变臭,含水率一般为96%。其次,在城市二级污水处理厂中,通常由生物法将高能量的污染物转换为低能量的物质,其中仅能将很少一部分高能有机物转变成二氧化碳和水,而绝大部分有机物则导致了微生物的增殖。而微生物(主要是细菌)利用碳源来进行生命活动并繁殖后代,因此,城市二级污水处理厂的运行必然产生过剩的微生物,我们称之为剩余活性污泥(WAS, waste activated sludge)。剩余活性污泥以有机物为主(约占60%～70%),相对密度约为1.004～1.008,不易脱水。第三,通过排除富含磷的剩余污泥来实现的城市污水生物除磷工艺,必定产生大量的污泥。若除磷工艺中采用了石灰,则污泥中将含有碳酸钙和磷酸钙;如果投加了硫酸铝,则产生含氢氧化铝及磷酸铝沉淀的污泥。各种污泥的产生原因各不相同,其产生量取决于污水处理所采用的生物处理工艺和排泥浓度。

1.1.2 城市污泥的分类

城市污泥是指在废水和净水处理过程中产生的固态、半固态废物,它主要由固态残渣和水构成。污泥的成分、性质主要取决于处理的水的成分、性质和处理工艺,有多种多样的分类方法,城市污泥按照不同的分类标准可以分为以下几类。

1.1.2.1 按照污水的来源特征

按照污水的来源特征可以将污泥分为生活污水处理厂污泥、工业废水污泥和净水厂污泥。

1.1.2.2 按照处理方法和分离过程

按照处理方法和分离过程,污泥可分为沉淀污泥(包括物理沉淀污泥,混凝沉淀污泥和化学沉淀污泥)及生物处理污泥(指在城市污水处理厂二级处理过程中产生的污泥,包括活性污泥法产生的剩余污泥和生物滤池及生物膜法产生的腐殖质污泥)。

1.1.2.3 按照化学成分

按照化学成分可以将污泥分为有机质污泥和无机质污泥,亲水污泥和疏水污泥。

(1) 有机质污泥是指以有机物为主的污泥,其主要特性是有机物含量高,容易腐化发臭,颗粒较细,密度较小,含水率高且不易脱水,是呈胶状结构的亲水性物质,便于用管道输送,属于亲水性污泥。一般来说,生活污水污泥和混合污水污泥均属于有机质污泥。

(2) 无机质污泥是指以无机物为主的污泥,又常称之为沉渣,其特点是颗粒较粗,密度较大,含水率较低且易于脱水,但流动性较差,不易用管道运输,属于疏水性污泥。给水处理沉沙池以及某些工业废水物理、化学处理过程中的沉淀物均为无机质污泥。

1.1.2.4 按照处理工艺和阶段

按照处理的工艺和不同阶段,可以将污泥分为以下几类:

(1) 浮渣:主要来自除渣池、除油池、初次沉淀池、二次沉淀池、浓缩池、消化池等。这些池中形成的浮渣层,其组分可能包括油脂、植物油、矿物油、动物脂肪、蜡、食物残渣、菜叶、毛发、纸、纺织物、橡胶或者塑料制品等。

(2) 生污泥:一般是指从沉淀池(包括初沉池和二沉池)排出来的沉淀物或悬浮物的总称,又称为新鲜污泥,这种污泥含有大量的动植物残体,有机物含量很高,化学性质很不稳定,含水率一般为95%～97%,不易脱水干化。其中,从生化处理二次沉淀池产生的沉淀物又称为活性污泥,主要由菌胶团等微生物组成,呈凝聚状态,含水率达99%～99.5%,不易脱水,化学稳定性差。活性污泥中扣除回流到曝气池的那部分污泥后,剩余的部分称为剩余活性污泥。

(3) 活性污泥:是指在活性污泥法系统中的污泥。其主要由好氧微生物组成,外观为褐色的絮状物,不含大颗粒物质。如果颜色很深,则污泥可能腐化;如果颜色较淡,则可能曝气不足。当设施运行良好时,活性污泥无特别的异味,但会较快地腐化,含水率一般为99%～

99.9%。由二次沉淀池排出至曝气池的活性污泥称为回流污泥,由二次沉淀池(或者由曝气池)排出至污泥处理设施的活性污泥称为剩余活性污泥。

(4) 膨胀污泥:在二次沉淀池中产生污泥膨胀是污水生物处理过程中不希望发生的一种现象。污泥膨胀一般是由丝状菌过度繁殖引起的,使本应在二次沉淀池中沉淀的活性污泥漂浮在水面上。膨胀污泥中的固体物含量较低,但污泥指数很高。

(5) 消化污泥:指污水处理厂中经消化设施消化处理后的污泥。如果是在好氧条件下消化(如在曝气池中)的污泥,称为好氧消化污泥(好氧稳定污泥),为褐色至深褐色的絮状物,通常有令人讨厌的陈腐污泥的气味,消化好的污泥易于脱水。好氧消化后的污泥含水率一般为96%~98%。如果是在厌氧条件下消化(如在封闭的厌氧消化池中)的污泥,则称为厌氧消化污泥(厌氧稳定污泥),为深褐色至黑色,并含有大量的气体。消化良好的污泥气味较轻,否则会有硫化氢和其他一些气体的气味。厌氧消化后的污泥含水率一般为90%~97%,含水率为90%~95%的初沉污泥,消化后的含水率典型值为93%,含水率为93%~97.5%的初沉污泥和剩余活性污泥的混合污泥,消化后的含水率典型值为96.5%。

(6) 浓缩污泥:是指生污泥经浓缩处理后得到的污泥。污泥浓缩主要是减缩污泥的间隙水,经浓缩后的污泥近似糊状,但仍保持流动性。污泥浓缩是降低污泥含水率、减少污泥体积的有效方法。污泥浓缩的方法有沉降法、气浮法和离心法。

(7) 脱水污泥:是指经脱水处理后得到的污泥。污泥脱水是将流态的原生、浓缩或消化污泥脱除水分,转化为半固态或固态泥块的一种污泥处理方法。经过脱水后,污泥含水率可降低到55%~80%,具体视污泥和沉渣的性质及脱水设备的效能而定。污泥脱水的方法,主要有自然干化法、机械脱水法和造粒法。自然干化法和机械脱水法适用于污水污泥,造粒法适用于混凝沉淀的污泥。

(8) 干化污泥:是指经干化处理后得到的污泥。将脱水污泥再进一步脱水则称污泥干化,干化污泥的含水率低于10%。

1.1.3　城市污泥的性质

1.1.3.1　城市污泥的化学性质

城市污泥中的化学物质主要包含蛋白质、碳水化合物和脂肪,这些有机物由长链分子构成。污泥中含有可被生物利用的有机成分包括多糖,如纤维素、脂肪、树脂、有机氮,硫、磷的化合物等,这些物质有利于土壤腐殖质的形成。腐殖质是一种生物分解非常缓慢的水不溶性物质,它是细菌分解植物的一种产物,其性质如表1-1所示。

表1-1　城市污水处理厂污泥的基本性质

项　目	初次沉淀污泥	剩余活性污泥
pH值	5.0~8.0	6.5~8.0
干固体总量	3~8	0.5~1.0
挥发性固体总量(干重)/%	60~90	60~80
固体颗粒密度/$g \cdot cm^{-3}$	1.3~1.5	1.2~1.4
容重/$kg \cdot m^{-3}$	1.02~1.03	1.0~1.005
碱度($CaCO_3$)/$mg \cdot L^{-1}$	500~1300	200~500

污泥中的有机物质对土壤的物理性质影响很大，如土壤的肥效、腐殖质的形成、容重、聚集作用、孔隙率和持水性等。土壤容重的减少可为植物根系的生长提供更好的环境。高有机碳含量的污泥可以为土壤微生物提供直接能量来源。污泥中的氮源主要以有机氮的形式存在，这些物质可以改良土壤、增加聚集作用，从而有利于耕作，也可减少对土壤的侵蚀和土壤流失。污泥的这些特性也成为污泥资源化利用的前提条件。近年来，随着我国经济的发展和工业化水平的提高，每年的污泥产生量随着污水处理量的增加急剧升高。污泥一般含有大量的有机物，丰富的氮、磷、钾和微量元素，可以成为有效的资源。但是，其中也含有重金属、病原菌、寄生虫卵以及某些难分解的有机毒物，如果不进行妥善处理，排放后会对环境造成二次污染。表 1-2 所示为我国部分城市污泥的养分含量。

表 1-2 我国部分城市污泥的养分含量

城 市	pH 值	养分含量 w/%			
		OM(有机物)	N	P	K
北 京	6.9	602	37.3	14.2	7.2
天 津	6.91	471	42.2	17.6	3.3
杭 州	—	318	11.1	11.2	7.4
苏 州	6.63	668	48.4	13.0	4.4
太 原	—	495	27.5	10.4	4.9
广 州	—	315	29.1	—	14.9
武 汉	6.31	343	31.4	9.0	5.0

1.1.3.2 城市污泥的物理性质

城市污泥的物理性质主要包括：污泥的含水量与含水率、污泥的流变特性、污泥的脱水性能及污泥比阻抗、污泥的挥发性固体和灰分、污泥的可消化程度、湿污泥与干污泥的相对密度、污泥的肥分、污泥的燃烧价值、污泥的毒性和环境危害性等。

A 城市污泥的含水量和含水率

城市污泥中所含水分的多少叫做污泥的含水量，其大小用含水率来表示，是指水分在污泥中所占的质量分数(%)。

$$P = \frac{m_w}{m_s} \times 100\%$$

式中 P——城市污泥的含水率；

m_w——城市污泥中水分的质量；

m_s——城市污泥的总质量。

城市污泥的含水率取决于污泥中固体的种类及其颗粒的大小，污泥相对密度接近于 1，一般说来，固体颗粒越小，其所含有机物越多，污泥的含水率就越高。

污泥中的水分包括间隙水、毛细水、附着水和内部水，如图 1-1 所示。这四种水分的特点分别为：

(1) 间隙水 存在于污泥颗粒间隙中的水，称为间隙水或游离水，约占污泥水分的 70% 左右。这部分水一般借助外力可与泥粒分离。

(2) 毛细水 毛细水存在于污泥颗粒间的毛细管中，约占污泥水分的 20% 左右，也有

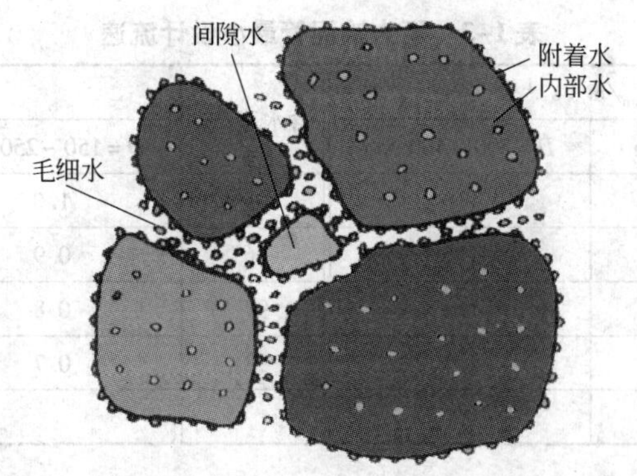

图 1-1 污泥中水分种类示意图

可能用物理方法分离出来。

(3) 内部水和附着水　黏附于污泥颗粒表面的附着水和存在于其内部(包括生物细胞内的水)的内部水,约占污泥中水分的 10% 左右,一般要通过干化才能分离,但也可通过其他方法分离。

B 城市污泥的流变特性

城市污泥含水率高,所含固体物质多为微生物,所以实际上是一种生物流体(悬浮液)。流变特性是物质(特别是流体)的一种重要物理性质,是指物体在外力作用下发生的应变与其应力之间的定量关系。周少奇对广州猎德污水处理厂的浓缩污泥(含水率为 96.72%)及离心处理后污泥的流变特性进行了研究,研究结果显示,广州浓缩污泥为屈服拟塑性流体,且具有明显的黏弹性特征。图 1-2 表示了污泥含水率与其状态的关系。

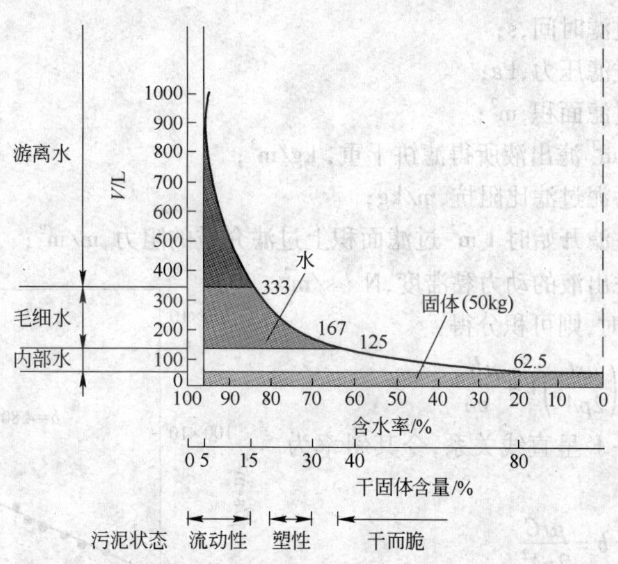

图 1-2 污泥的含水率与污泥状态

一般情况下,利用管道输送污泥时,管道内污泥流速应至少为 0.8 m/s,太小的流速会导致摩阻损失更大;同时,流速不应大于 2.4 m/s,流速太高不仅摩阻损失大,而且易磨损管道内壁。管道内污泥流速选择可参考表 1-3。

表 1-3 压力输泥管最小设计流速

含水率/%	v_{min}/m·s^{-1}		含水率/%	v_{min}/m·s^{-1}	
	D=150～250 mm	D=300～400 mm		D=150～250 mm	D=300～400 mm
90	1.5	1.6	95	1.0	1.1
91	1.4	1.5	96	0.9	1.0
92	1.3	1.4	97	0.8	0.9
93	1.2	1.3	98	0.7	0.8
94	1.1	1.2			

C 城市污泥的脱水性能及污泥比阻抗

污泥的脱水性能与污泥性质、调理方法及条件等有关，还与脱水机械种类有关。在污泥脱水前进行预处理，改变污泥粒子的物化性质，破坏其胶体结构，减少污泥粒子与水的亲和力，从而改善脱水性能，这一过程称为污泥的调理或调质。

常用污泥过滤比阻抗值(r)和污泥毛细管吸水时间(CST)两项指标来评价污泥的脱水性能。

比阻抗值(r)是指 1 kg 干重滤饼的阻力，其值越大，越难过滤，污泥脱水性能越差。比阻抗公式为：

$$\frac{dV}{dt}=\frac{pA^2}{\mu(rCV+R_m A)}$$

式中 dV/dt——过滤速度，m^3/s；

V——滤出液体积，m^3；

t——过滤时间，s；

p——过滤压力，Pa；

A——过滤面积，m^2；

C——1 m^3 滤出液所得滤饼干重，kg/m^3；

r——污泥过滤比阻抗，m/kg；

R_m——过滤开始时 1 m^2 过滤面积上过滤介质的阻力，m/m^2；

μ——滤出液的动力黏滞度，N·s/m^2。

当 p 为常数值时，则可积分得：

$$\frac{t}{V}=\left(\frac{\mu rC}{2pA^2}\right)V+\frac{\mu R_m}{pA}$$

由此发现 $t/V-V$ 呈直线关系，令其斜率为 b，即：

$$b=\frac{\mu rC}{2pA^2}$$

则有：
$$r=\frac{2bpA^2}{\mu C}$$

式中 b——与污泥性质有关的常数，s/m^6。

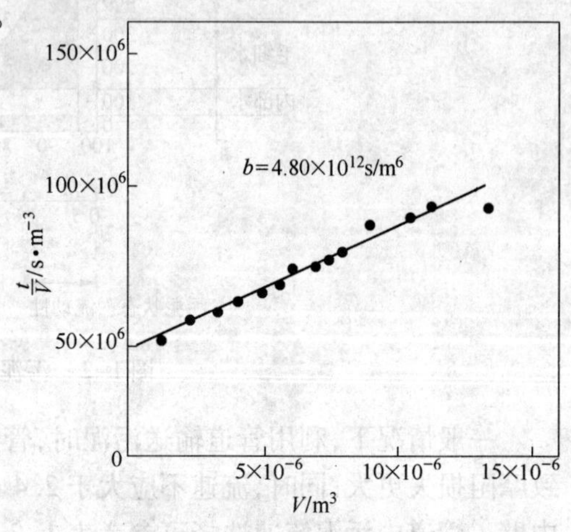

图 1-3 $t/V-V$ 关系图

污泥比阻抗值 r 的测定：每隔一定的时间连续测定滤出液量 V，并作 $t/V-V$ 的关系图，如图 1-3

所示。

D 城市污泥的挥发性固体和灰分

挥发性固体(用 VS 表示),是指污泥中在600℃的燃烧炉中能被燃烧,并以气体形态逸出的那部分固体,它反映污泥的稳定化程度。污泥灰分是指经灼烧后残留固体部分的质量分数,近似地表示污泥中无机物的含量。

E 城市污泥的可消化程度

污泥的可消化程度表示为污泥中挥发性固体被消化分解的质量分数,称为污泥消化的技术界限。污泥中可消化的部分是指污泥中的易于被分解成甲烷、二氧化碳和水的那部分物质。

F 城市污泥湿污泥和干污泥的相对密度

湿污泥的质量等于污泥中所含水分与固体物质的质量之和。湿污泥的质量与同体积水的质量之比,称为湿污泥的相对密度,其公式为:

$$\rho = \frac{P + (100 - P)}{P + \frac{(100 - P)}{\rho_s}} = \frac{100\rho_s}{P\rho_s + (100 - P)}$$

式中 ρ——湿污泥的相对密度;

P——污泥的含水率,%;

ρ_s——干固体的相对密度。

G 城市污泥的肥分

污泥中含有很多植物的营养素,有机物及腐殖质等。污泥中富含的氮、磷、钾是农作物必需的肥料成分,有机腐殖质是良好的土壤改良剂。污水处理过程中重金属约50%转移到污泥中,因此,污泥作为肥料,重金属离子含量应不超过 GB 4284—1984《农用污泥中污染物控制标准》。

H 城市污泥的燃烧价值

污泥的主要成分是有机物,可以燃烧。城市污泥的干基热值可以用弹式量热器测定。根据经验可知,各类污泥的干基热值均大大超过6000 kJ/kg,所以干污泥具有很好的可焚烧性。但在实际工程中,污泥经脱水后含水率一般仍达70%~80%左右,因此湿污泥的焚烧性不理想,一般需加辅助燃料方可稳定燃烧。新鲜污泥热值较高,消化污泥热值较低。

I 城市污泥的毒性和环境危害性

城市污泥的毒性和危害性主要因其含有毒性有机物、致病微生物和重金属三类物质。有毒有机物主要是难分解的有机氯杀虫剂;污泥中的病原体主要来源于粪便,其中危害较大的是肠道病原菌和寄生虫类;污泥中重金属的种类及含量因城市的工业结构和布局、城市性质的不同而略有差异,当城市污水以生活污水为主时,重金属物质的含量一般都较低,当城市污水中含有较多的工业污水时,重金属物质含量明显偏高,难以达到农业回用标准。

1.2 城市污泥的处理与处置工艺

传统的污泥处理与处置流程一般为:污泥浓缩、污泥稳定、污泥脱水与干化以及最终处置。国内外对城市污泥处理方式和方法很多,污泥处理设备也随着机械设备的不断改革与发展而逐渐完善。目前污泥处理方法大致有以下几种,主要工艺流程如图1-4所示。

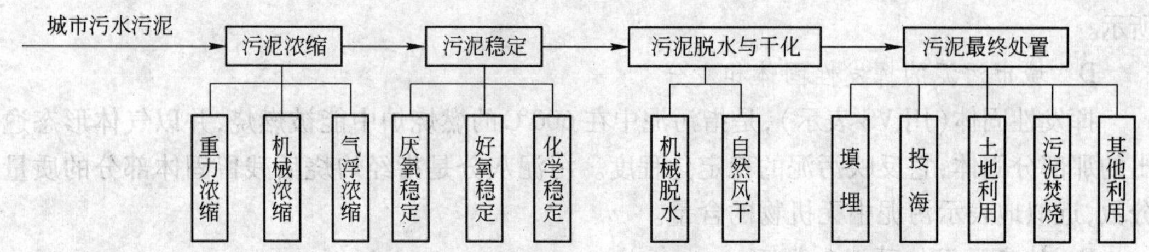

图 1-4 传统污泥处理与处置流程

1.2.1 城市污泥的处理工艺

由于污泥具有高含水量以及颗粒结构疏松等物理性质和极不稳定的化学性质,处理难度较高,处理成本较大。因此在最终处置之前,需对污泥进行一系列的处理以改变其特性。污泥处理和污泥处置是紧密相关的,污泥处理的效果直接影响污泥的最终处置。

1.2.1.1 污泥浓缩工艺

剩余活性污泥的含水率很高,一般要先进行浓缩处理。污泥浓缩的目的在于,获得清澈的分离水,同时获得高浓度的浓缩污泥。污泥中所含的水分大致可分为四种,其中颗粒间的间隙水占 70%,颗粒间的毛细管结合水占 20%,颗粒的表面吸附水占 7%,内部水占 3% 左右。初次沉淀污泥含水率在 95% ~97%,剩余活性污泥含水率高达 99% 以上,所以导致污泥的体积非常大,对污泥的后续处理造成困难,因此处理与处置污泥的第一步就是降低含水率。其方法有:

(1) 浓缩法,用于降低污泥中的间隙水;

(2) 自然干化法和机械脱水法,主要脱除毛细水;

(3) 干燥与焚烧法,主要脱除吸附水与内部水。

因间隙水所占比例最大,故浓缩是减容的主要方法。污泥浓缩可使污泥初步减容,使其体积减小为原来的几分之一,从而便于后续的处理或处置。污泥浓缩效果的好坏,浓缩效率的高低,直接影响污泥处理成本乃至整个污水处理厂的运行成本。污泥浓缩的方法有重力浓缩、气浮浓缩和离心浓缩。在选择浓缩方法时,应综合考虑污泥的性质、来源、污泥处理流程及最终处置方式等。例如,初沉污泥用重力浓缩最为经济;而剩余污泥因浓度低,有机物含量高,浓缩较困难,可采用气浮浓缩或离心浓缩。目前,我国推行将剩余活性污泥送回初沉池与初沉污泥共同沉淀的重力浓缩工艺,利用活性污泥的絮凝性能,提高污泥浓缩沉淀池的沉淀效果,同时使剩余污泥得到浓缩。污泥浓缩后其含水率可降为 95% 左右,呈流动状。

A 重力浓缩

重力浓缩主要用于浓缩剩余活性污泥、初沉污泥和剩余活性污泥的混合污泥。重力浓缩工艺中常用的处理设施为间隙式污泥浓缩池(如图 1-5 所示)和连续式污泥浓缩池(如图 1-6 所示)。

B 气浮浓缩

气浮浓缩是依靠微小气泡与污泥颗粒产生黏附作用,使污泥颗粒的密度小于水而上浮,并得到浓缩。气浮浓缩系统主要由加压溶气装置和气浮分离装置两部分组成。图 1-7 所示为气浮浓缩工艺。

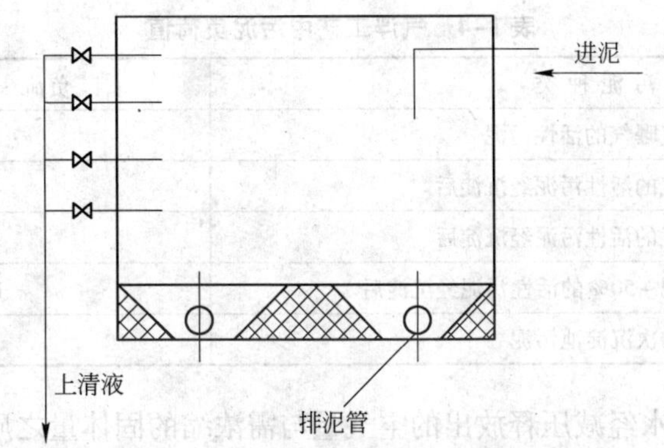

图 1-5 间歇式污泥浓缩池结构图

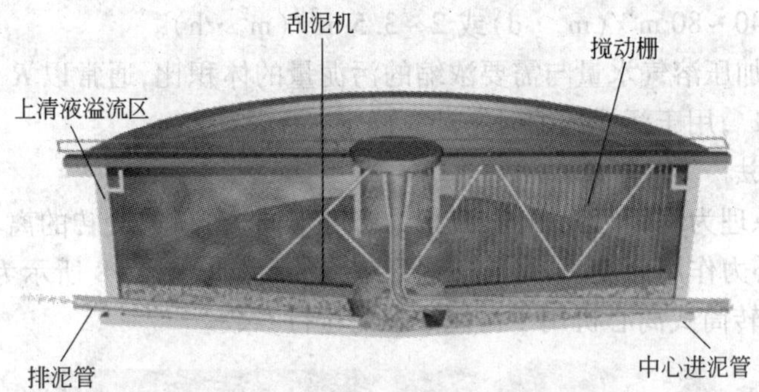

图 1-6 连续式污泥浓缩池结构图

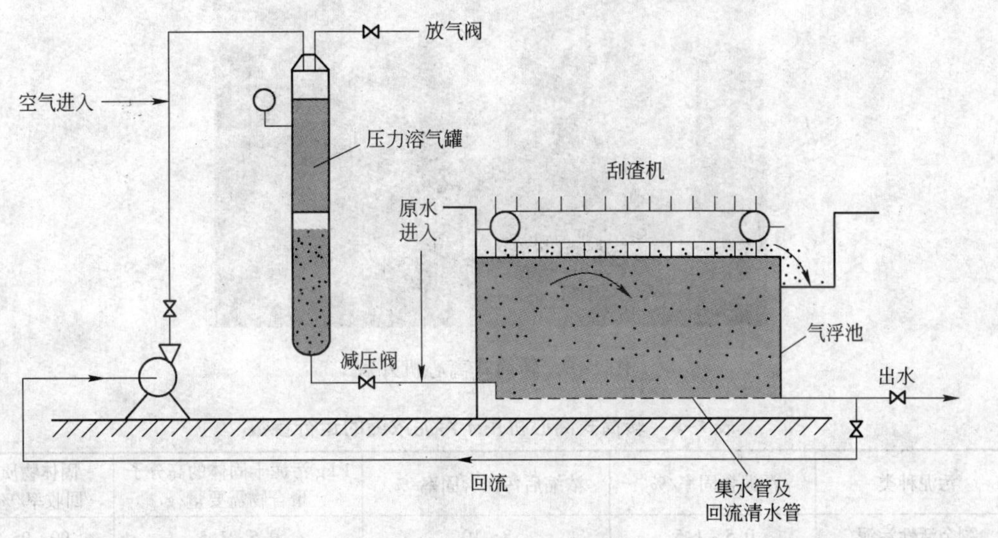

图 1-7 气浮浓缩工艺

气浮浓缩工艺中的主要参数为：

(1) 污泥负荷：指单位时间内，通过气浮池断面的干固体量，单位为 kg/(m^2 · h)或 kg/(m^2 · d)。具体的污泥负荷值选取可以参考表 1-4。

表 1–4　气浮工艺中污泥负荷值

污泥种类	负荷/kg·$(m^2·d)^{-1}$
空气曝气的活性污泥	25～75
空气曝气的活性污泥经沉淀后	50～100
纯氧曝气的活性污泥经沉淀后	60～150
50%的初沉污泥＋50%的活性污泥经沉淀后	100～200
初次沉淀池污泥	至260

(2) 气固比：溶气水经减压释放出的空气量与需浓缩的固体量之质量比，常用 A_s 表示；用于污泥浓缩一般取 0.01～0.04。

(3) 水力负荷：单位时间内，通过气浮池断面的处理水量，单位为 $m^3/(m^2·h)$ 或 $m^3/(m^2·d)$，一般为 40～80 $m^3/(m^2·d)$ 或 2～3.5 $m^3/(m^2·h)$。

(4) 回流比：加压溶气水量与需要浓缩的污泥量的体积比，通常以 R 表示，用于污水处理时取 25%～50%，用于污泥浓缩时需计算确定。

C　离心浓缩法

离心浓缩的原理为利用污泥中固、液相的密度不同，在高速旋转的离心机中，固相和液相受到不同的离心力作用而使两者分离，达到浓缩的目的。图 1–8 所示为转筒式离心机外观，表 1–5 所示为转筒式离心机用于污泥浓缩的运行参数。

图 1–8　转筒式离心机外观

表 1–5　转筒式离心机用于污泥浓缩的运行参数

污泥种类	污泥含固率/%	浓缩后污泥含固率/%	1 kg 污泥干固体的高分子聚合物需要量/g	固体物质回收率/%
剩余活性污泥	0.5～1.5	8～10	0.5～1.5	90～95
厌氧消化污泥	1～3	8～10	0.5～1.5	90～95
生物滤池污泥	2～3	9～11	0.75～1.5	95～97

D　板框压滤

板框压滤机（如图 1–9 所示）是最早应用于污泥脱水的机械。其缺点是间歇操作，基建投资大,过滤能力低;但其滤饼的含固率高、滤液清、药剂用量少。

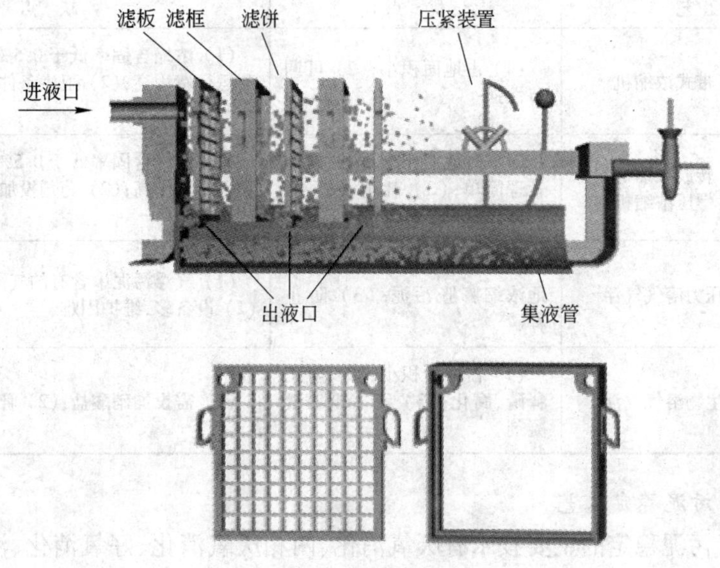

图 1-9 板框压滤机结构图

E 带压式压滤

带压式压滤机如图 1-10 所示。

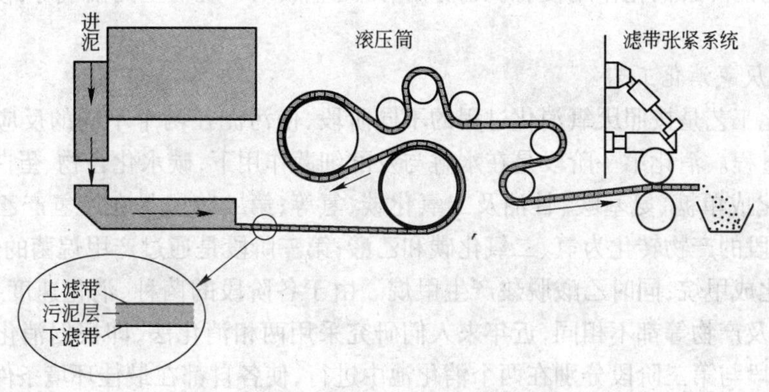

图 1-10 带压式压滤机结构图

各种污泥浓缩工艺优缺点如表 1-6 所示。

表 1-6 各种浓缩工艺对比

浓缩工艺		优点	缺点
重力浓缩		(1) 装置简单;(2) 所需动力小	(1) 浓缩效率不高(浓缩污泥含固率小于4%);(2) 污泥上浮(厌氧发酵,反硝化);(3) 释磷现象重;(4) 重力搅拌机的搅拌栅易腐蚀
机械浓缩	离心浓缩机	(1) 占地面积小;(2) 周围环境影响小;(3) 不投加药剂或投加少量药剂	(1) 离心价格高;(2) 维修费用高;(3) 耗电量大;(4) 噪声大;(5) 固体回收率低;(6) 需用压力水冲洗

续表 1-6

浓缩工艺		优点	缺点
机械浓缩	带式浓缩机	(1) 占地面积小;(2) 可调节性强	(1) 浓缩含固率低于 0.5% 的污泥设备投资和运行费用高;(2) 卫生条件差;(3) 需用压力水冲洗
	转鼓浓缩机 螺压浓缩机	(1) 占地面积小;(2) 操作管理简单;(3) 耗电少;(4) 固体回收率达 99% 以上	(1) 浓缩含固率低于 0.5% 的污泥设备投资和运行费用高;(2) 药剂投加量大;(3) 压力水冲洗
气浮浓缩	压力溶气气浮	(1) 占地面积小;(2) 有效地浓缩膨胀污泥;(3) 防止释磷	(1) 气浮污泥中含有的气泡,影响脱水效率;(2) 设备多,维护困难
	生物溶气气浮	(1) 占地面积小;(2) 防止释磷、腐化;(3) 无需投加絮凝剂	(1) 需投加硝酸盐;(2) 管理水平要求较高

1.2.1.2 污泥稳定工艺

目前,用于污泥稳定的主要技术有厌氧消化、两相厌氧消化、好氧消化、污泥堆肥、热处理、石灰稳定、氯氧化以及新型的自热式高温好氧消化的污泥稳定技术等。

A 一段式厌氧消化工艺

厌氧消化工艺是将污泥置于密闭的消化设备内,在 30℃ 下贮停 30 天左右,在厌氧条件下通过微生物的降解消化作用使有机物分解,最终生成以甲烷为主的沼气等,使污泥理化性质相对稳定。

B 两相厌氧消化工艺

两相消化工艺是按照厌氧消化过程的不同阶段,使污泥在两个不同的反应器中依次完成厌氧降解过程。消化第一阶段是在水解与发酵细菌作用下,碳水化合物、蛋白质和脂肪水解与发酵转化成单糖、氨基酸、甘油及二氧化碳、氢等;第二阶段是在产氢产乙酸菌的作用下,把第一阶段的产物转化为氢、二氧化碳和乙酸;第三阶段是通过产甲烷菌的作用,把氢和二氧化碳转化成甲烷,同时乙酸脱羧产生甲烷。由于各阶段的菌种、消化速度、对环境的要求、分解过程及产物等都不相同,近年来人们研究采用两相消化法,即根据消化机理把第一阶段、第二阶段与第三阶段分别在两个消化池中进行,使各自都在最佳环境条件中进行。两相消化与一段式消化相比,消化池的总容积小,加温耗热量少,搅拌能耗少,运行管理方便。

C 好氧消化工艺

污泥的好氧消化工艺即污泥的好氧生物处理,是在延时曝气活性污泥法的基础上发展起来的。主要通过好氧氧化作用,使污泥中以胶体或溶解状态存在的有机物矿化的过程,在此过程中,大部分污泥处于内源呼吸期。

D 堆肥工艺

堆肥是利用污泥中的微生物进行发酵,从而将污泥中有机成分分解的过程。在污泥中加入一定比例的膨松剂和调理剂(如秸秆、稻草、木屑或生活垃圾等),利用微生物群落在潮湿环境下对多种有机物进行氧化分解并转化为类腐殖质。研究表明,经过堆肥的污泥,质地疏松,容重减小,阳离子交换量(CEC)显著增加,可被植物利用的营养成分增加,病原菌和寄生虫卵几乎全被杀灭。污泥与生活垃圾混合堆肥的工艺流程如图 1-11 所示。

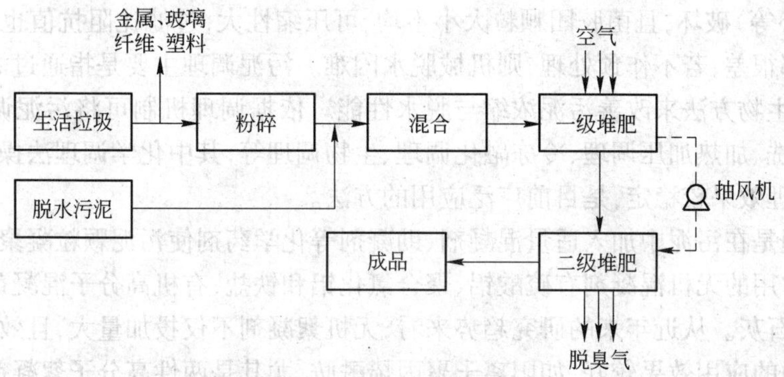

图 1-11 混合堆肥工艺流程

E 自热式高温好氧消化工艺

自热式高温好氧消化(Autothermal Thermophilic Aerobic Digestion,ATAD)工艺发源于欧美,并日益受到重视。它的设计思想产生于堆肥工艺,其主要原理是利用有机物在氧化过程中散放的热量,并采取保温措施,使反应器在没有外加热源的情况下自主升温,运行温度可达到 45 ~65℃。ATAD 工艺与其他生物处理工艺相比,污泥停留时间短、启动快、投资少、运行稳定、病原菌灭活效果好,且易于管理,消化后污泥可达美国 A 级污泥标准。

F 碱性稳定工艺

碱性稳定化是在污泥中加入石灰或水泥窑灰等碱性物质,使污泥 pH 值大于 12 并保持一段时间,利用强碱性和石灰放出的大量热能杀灭病原体、降低恶臭和钝化重金属,处理后污泥可直接施用于农田。施用石灰除可固定重金属外,还能使污泥富集钙。丰富的钙可促进土壤的胶体凝聚,增加土壤团聚性,改善土壤结构,但在施用时应注意使污泥 pH 值保持在碱性范围。常用的石灰性物质有硅酸钙、碳酸钙、熟石灰、硅酸镁钙等。

1.2.1.3 污泥脱水工艺

污泥经浓缩、稳定后,尚有约 95% ~97% 的含水率,体积仍很大,为了综合利用和最终处理,需对污泥进行干化和脱水处理,方法主要有自然干化及机械脱水两种。

自然干化脱水指将污泥摊置到由砂石铺垫的干化场上,通过蒸发、渗透和清液溢流等方式实现脱水。这种脱水方式的维护管理工作量很大,且会产生大范围的恶臭。自然干化主要需要的是干化场,可以是自然滤层干化场,也可以是人工搭建的滤层干化场。自然滤层干化场适用于自然土质、渗透性能好、地下水位低的地区,人工滤层干化场可采用敞开式或有盖式两种。近年来,利用芦苇等沼生植物进行脱水的方法备受关注,该方法可将污泥干固体含量从排出时的 1% 增加到 40%,还可富集过量的重金属。用芦苇进行污泥干燥,不需电能也不需化学物质,其缺点是占地面积大,可能引起地下水污染。

机械脱水指利用机械设备进行污泥脱水,占地少,恶臭影响也较小,但前期投入的运行维护费用较高。按脱水原理可将机械脱水分为三类:真空过滤脱水、压滤脱水和离心脱水。机械脱水可进一步降低污泥含水率,一般可降至 70% ~80%,减少污泥体积。目前常用的机械脱水设备有真空过滤机、板框压滤机、带式压滤机和离心机。

1.2.1.4 污泥调理工艺

菌胶团内部包含的水分约占污泥总水量 20% 以上,而菌胶团结构稳定,难以为机械作用(压滤、离心等)破坏,且菌胶团颗粒大小不均,可压缩性大,过滤比阻抗值也大,所以浓缩和脱水性能都很差,若不作预处理,则机械脱水困难。污泥调理主要是指通过添加化学药剂或采用物理、生物方法来改善污泥浓缩与脱水性能。依据调理机制可将污泥调理工艺分为化学调理、淘洗、加热加压调理、冷冻融化调理、生物调理等,其中化学调理法操作简单,投资成本较低,调理效果较稳定,是目前广泛应用的方法。

化学调理是在污泥中加入适量混凝剂、助凝剂等化学药剂使污泥颗粒凝聚,以改善污泥脱水性能。常用的无机混凝剂有硫酸铝、聚合氯化铝和铁盐,有机高分子混凝剂有聚丙烯酰胺;助凝剂有石灰。从近年来的研究趋势来看,无机絮凝剂不仅投加量大,且效果不佳;有机高分子絮凝剂的应用效果较好,如阳离子聚丙烯酰胺,尤其是两性高分子絮凝剂因其沉淀性能好、泥饼含水率低且用量少等优点而成为国内外研究的热点。

污泥淘洗是将污泥与3~4倍污泥量的水混合,再进行沉淀分离的一种方法。污泥淘洗的目的是降低污泥的碱度和黏度,以节省混凝剂的用量。污泥淘洗只适用于消化污泥,由于污泥在消化过程中产生大量的重碳酸盐,其碱度可达生污泥的30倍以上,若直接加入混凝剂,将消耗大量药剂。

对污泥进行加热加压调理,可使污泥中部分有机物分解,亲水性有机胶体物质水解,颗粒结构改变,从而改善污泥的浓缩与脱水性能。按加热温度不同,可分为高温加压调理和低温加压调理两种。

冷冻融化调理是将污泥交替进行冷冻与融化,通过改变污泥的物理结构,使污泥易于浓缩脱水。污泥经冷冻融化后,其沉淀性能与过滤速度比冷冻前可提高几倍到几十倍,而且不需用混凝剂。该法缺点是动力费用高,但比加热加压调理经济。

近年还出现了一些新的污泥调理法,适当的超声作用可改变污泥颗粒的表面物化特性、减小污泥结合水量及过滤比阻,从而使得污泥脱水性能得以改善。Pei等人从流变学角度,认为絮凝反应与超声作用均改变了污泥颗粒的胶状网络结构,减小了污泥与水的亲和力,从而改变了污泥的流变性能,使污泥的脱水性能得到改变。

1.2.2　城市污泥的处置工艺

污泥的最终处置方法很多,各国之间也有很大差异,一般有以下几种:堆肥处理、农用绿化、卫生填埋、海洋倾倒、焚烧处理等。污泥的处置应该朝着无害化、资源化和能源化的方向发展,避免二次污染,并对污泥本身实现充分的利用。

1.2.2.1　卫生填埋

卫生填埋是使用历史最久,也是最普遍的方法,其优点是可以将污泥和其他固体废弃物一起处理,不需要高度脱水或自然干化,简单易行,操作费用较低。污泥填埋也存在一些问题,例如渗滤液和气体的处理。渗滤液是一种污染严重的液体,如果填埋场选址或运行不当,这种液体就可能进入地下水层,污染地下水环境。填埋场产生的气体主要是甲烷,若不采取适当措施收集和处理,极有可能引起爆炸和起火。因此,污泥填埋对场址的选择和场地防护处理的要求较高。加上近年来废弃物运输费用的提高以及填埋场址的饱和,该方法受到了很大的限制。

英国从1996年10月开始对污泥的陆地填埋征税,德国从2000年开始要求填埋污泥的有机物含量小于5%,美国污泥填埋的比例也逐步下降,许多地区甚至已经禁止了污泥的填埋。据美国环保局估计,今后几十年内美国6500个填埋场将有5000个被关闭。污泥填埋并不能彻底避免环境污染,而只是延缓了时间。

1.2.2.2 污泥焚烧

污泥焚烧是利用焚烧炉将脱水污泥加温干燥,通过高温氧化污泥中的有机物,使污泥变成灰渣。污泥焚烧是最彻底的处理方法,可以将脱水污泥直接用焚烧炉焚烧,也可以将脱水污泥先干化再焚烧。污泥中含有大量的有机物和一定量的纤维素木质素,脱水后的干污泥发热量约为836 kJ/kg。污泥焚烧后的残渣无菌、无臭,污泥本身也减少大量体积,1 t干污泥焚烧后仅产出0.36 t灰渣,含水率为零,使运输和最后处置大为简化,焚烧后产生的热量也可以充分利用。另外,污泥中所含有的重金属在高温下被氧化成稳定的氧化物,可以制造陶粒、瓷砖等建材,综合利用的话可以真正实现污泥的稳定化、无害化和资源化。但是焚烧也存在一些不足之处:

(1) 投资和操作费用较高;

(2) 计划实施较困难;

(3) 污泥中的有用成分未得到充分的利用;

(4) 焚烧过程中会产生二次污染物,如二恶英等有毒物质,处理不当会对焚烧厂周边居民的健康产生一定的危害。

污泥焚烧设备主要有立式多段炉、回转窑焚烧炉和流化床焚烧炉。它们优缺点的比较见表1-7。

表1-7 各种污泥焚烧设备的优缺点

焚烧设备	优点	缺点
立式多段炉	污泥在炉内停留时间长,对含水率高的污泥可使水分充分挥发,尤其是对热值低的污泥,燃烧效率高	结构复杂、易出故障、维修费用高;因排气温度较低,易产生恶臭,通常需设二次燃烧设备
回转窑焚烧炉	比其他炉型操作弹性大,可焚烧不同性质的污泥;结构简单很少发生故障,能长期连续运转	热效率低,在焚烧低热值的污泥时必须加入辅助燃料;由于排出的气体温度低,常带有恶臭味,需设高温燃烧室或加脱臭装置
流化床焚烧炉	焚烧时固体颗粒运动激烈,颗粒和气体的传热、传质速度快,处理能力大;结构简单,造价便宜	压力损失大,动力消耗大,能耗浪费大

1992年欧盟各国的污泥焚烧比例上升至36%,1995年日本用于焚烧的污泥已达49%。从可持续发展的角度来看,污泥焚烧能实现最大化的减量,采用干燥-流化床焚烧技术的污泥焚烧厂几乎不需使用矿物燃料助燃,且产生的余热可用于供暖发电,将是污泥处置的最终出路。

1.2.2.3 污泥回田

污泥的回田很早就得到了应用,如将污泥用于农田等的施肥,垦荒地、贫瘠地等受损土壤的修复及改良,园林绿化建设,森林土地施用等。污泥堆肥农用已被认为是一种积极、有效的污泥处置方法。这种利用和处置方式致使污泥最终剩余物问题得到真正解决,因为其中有机物重新进入自然环境。污泥中含有丰富的有机营养成分,如N、P、K和各种微量元素Ca、Mg、Zn、Cu、Fe等,其中有机物的浓度一般为40%~70%,高于普通的农家肥。污泥或污泥堆肥施用于农田,能够改良土壤结构、增加土壤肥力、促进作物的生长,是一种非常有价值的资源。但是,污泥中含有大量病原菌、寄生虫卵,以及铜、砷、铝、锌、铅、汞等重金属和多氯联苯、二恶英、放射性核素等难降解的有机化合物,如果直接施用,污泥会污染土壤和水体,影响农作物质量,危害人体健康。因此,施用前必须经过无害化、稳定化的处理,一般先经过严格的堆肥处理即可。在国外,污泥及其堆肥作肥源农用,已有多年的历史,城市污泥农用比例最高的是荷兰,占55%;其次是丹麦、法国和英国,占45%;美国占25%。

1.2.3 污泥的资源化利用

随着近年来对环境标准要求的提高和污泥传统处理方法弊端的逐渐显露,污泥资源化利用的途径越来越受到关注,污泥资源化的观点被广泛接受。目前,污泥资源化的研究已经取得了很大的进展和显著的成果,污泥资源化利用途径有很多,例如:污泥热解制油技术、污泥制取吸附剂技术、污泥合成燃料技术和污泥堆肥土地利用技术等。对此总结为三大方面,一是污泥的材料化利用方面;二是污泥的能源化利用方面;三是污泥的农业利用方面。

1.2.3.1 污泥材料化利用

污泥中除含有大量的有机物之外,还含有20%~30%的无机物,主要是硅、铝、铁、钙等,这与许多建筑材料常用的原料成分相近。利用污泥中的无机成分和有机成分并使之建材化(制砖、陶粒轻质材料、水泥以及生化纤维板)的可行性已被证实,且多项技术已经转向产业化,但污泥建材化利用的比例还很低。另外,城市污泥中含有较多的碳,在一定的高温下将其碳化,再通过化学法改性活化处理可制得活性炭吸附剂。除了高温碳化外,也有用工业废弃的硫酸来催化碳化的。污泥活化方式以高温水蒸气物理活化和 $ZnCl_2$ 化学活化为主。国外以污泥为原料制备出高比表面积和高孔隙率的污泥活性炭已有报道,而以污泥为原料制作吸附剂,用于吸附苯酚、纺织废水中的色度、污水中的有机物和重金属离子,均取得了良好的效果。我国研究人员已成功利用活性污泥制备用于回收水表面溢油的活性炭吸附剂,这种吸附剂具有很强的亲油疏水性,悬浮率为100%,具有发达大孔,去除率可达99.6%,1 g吸附剂可吸收14.2 g原油。

1.2.3.2 污泥能源化利用

污泥还可以用于热解制油,沼气利用,燃烧发电等。污泥低温热解制油技术是一种新兴的热能利用技术,即在300~500℃、常压或高压及缺氧条件下,借助污泥中所含的硅酸铝和重金属(尤其是铜)的催化作用将污泥中的脂类和蛋白质转变成碳氢化合物,其最终产物为油、碳、非冷凝气体和反应水。德国和加拿大以热分解油化法为主,即把干燥的污泥在无氧条件下加热到300~500℃,使之干馏气化,再将气体冷却转换成油状物。英、美、日等国家主要研究的是热化学液化法,即在300℃、10 MPa左右的条件下对脱水污泥进行热化学液化,使污泥反应成油状物。利用流动床对下水道污泥进行的低温分解研究表明,当温度为525 ℃、停留时间为1.5 s时,混合物中油的质量分数达到峰值,即30%。巴西科研人员对城市和工业污泥中的活性污泥、油漆污泥和消化污泥作了低温分解,产油率分别为31.4%、14%和11%,油中含碳量为76%~79%,热值为35~38 kJ/mol,芳香烃的含量很少且毒性低。

1.2.3.3 污泥农业化利用

污泥的农业资源化利用主要包括堆肥、生产复合肥、生产动物饲料、土地利用等。污泥堆肥根据处理过程起作用的微生物对氧气要求不同,可分为好氧法和厌氧法,好氧法是在通气条件下通过好氧性微生物活动,使污泥中的有机废物得到降解稳定的过程,此过程速度快,堆肥温度高(一般为50~60℃,极限可达80~90℃)。厌氧堆肥实际是通过微生物的固体发酵对有机物进行降解和稳定化,该过程速度较慢,堆肥时间是好氧法的3~4倍。通过污泥堆肥,可生化有机物得到进一步降解,污泥体积减小,挥发性成分减少,臭味减低,重金属有效态的含量也降低,速养分量有所增加,病原菌、寄生虫卵、杂草种子等基本被杀死。污泥堆肥产品可与市场销售的无机氮、磷、钾化肥按一定比例混合造粒,生产有机无机复混肥。有机无机复混肥在向农作物提供速效肥源的同时,还能向土壤添加有益微生物,提高化肥利用率。

1.2.4 污泥的减量化技术

由于污泥的常规处置方法均存在弊端,而且近年来需处置污泥量不断增加,这不仅增加了运行费用,同时也限制了污泥处理方法的选择。人们逐渐认识到减少污泥产生量的重要性,污泥的减量化发展正是在这一背景下产生的。污泥的减量化是指借助于物理的、化学的和生物的方法使活性污泥处理系统向外界排放的污泥量减至最少,从根本上达到降低污染的目的。

1.2.4.1 解偶联技术

降低细菌细胞的合成量,即降低细菌的产率系数,可以通过以下两方面实现:

(1) 从物质上对细菌的合成进行抑制,如限制其合成自身所必需物质的供给,但这种方法在污水处理中显然不适合;

(2) 从能量上对细菌的合成进行抑制,使细菌氧化底物所获得的能量不用于合成细胞本身,即ATP不随底物被氧化的同时大量合成或者合成以后迅速由其他途径释放而不是用于细胞的合成。

A 解偶联剂

研究表明,解偶联剂的投加,对污泥微生物的表观产率系数会产生明显影响。代谢解偶联剂的种类很多,但几乎都属亲脂性弱酸,解偶联剂通常是脂溶性的小分子物质且一般含有酸性基团,如2,4-二硝基苯酚(DNP),其作用机理是通过与H^+的结合降低细胞膜对H^+的阻力,携带H^+跨过细胞膜,使膜两侧的质子浓度梯度降低。降低后的质子浓度梯度不足以驱动ATP合成酶合成ATP,从而减少了氧化磷酸化作用合成的ATP量,氧化过程中产生的能量最终以热的形式被释放掉,从而降低污泥的产量。Chen等人研究了3,3,4,5-四氯水杨酰苯胺(TCS)在活性污泥法中的减量效果,发现当TCS质量浓度为0.8 mg/L时,污泥产率降低40%,而且没有影响底物的去除效率;当TCS质量浓度达到1.2 mg/L时,没有影响到大肠杆菌个体大小和细胞分裂,但大肠杆菌的ATP含量和干密度有所减少。解偶联剂在工程应用中还存在一些问题,解偶联剂增加了氧的消耗,降低了COD_{Cr}的去除效率,微生物的驯化作用能降低解偶联剂的效率,所有的解偶联剂都属于异性生物质,对环境存在潜在的危害等。在当前应用的解偶联剂中,TCS是最安全的,已被广泛用作肥皂、染发水和香波等的配料。

B OSA工艺

改变污泥所处环境使污泥减量化的原理是由于环境的改变,特别是溶解氧的改变,可对微生物的生长造成影响。在厌氧、好氧交替改变的环境下,微生物的表观产率系数减少。这是因为好氧微生物在好氧段所产生的 ATP 不能立即用于合成代谢,而是在底物缺乏的厌氧段作为维持能被消耗。好氧-沉淀-厌氧(OSA,Oxic-Settling Anaerobic)工艺给微生物提供了一个交替的好氧和厌氧的环境,使得微生物在好氧段所得的 ATP 并未立即大量用来合成新的细胞,而是在厌氧段作为维持细胞的能量而被消耗。这样使得微生物的分解代谢和合成代谢相对分离,不再像通常条件下那样紧密耦联,从而达到污泥减量的效果。在相关试验中,污泥减量效果显著,当污泥龄为 5 天时,表观产率系数降低 50% 左右。同时,由于 OSA 工艺的流程和除磷的流程相似,从而有利于除磷菌的生长,对磷的去除优于传统活性污泥法。

1.2.4.2 内源呼吸技术

通过强化细菌的隐性生长(cryptic growth or deathly regeneration)也可以达到污泥减量的目的。隐性生长是指细菌利用衰亡细菌所形成的二次基质生长,整个过程包含了溶胞和生长。利用各种溶胞技术,使细菌能够迅速死亡并分解成为基质再次被其他细菌所利用,是在污泥减量过程中广为应用的手段。常见的溶胞技术有超声波、臭氧氧化、氯氧化、加压溶胞、酸碱、加热等各种物理化学溶胞技术。

A 物理溶胞法

物理溶胞法主要包括加热、机械破碎、超声波破解等。

国外学者曾利用高温使细菌死亡并溶解来降低污泥量。在加热溶胞法的过程中,首先把污泥经过热交换器进行加热处理,此时几乎所有的细胞都被杀死,并且部分死细胞已被溶解,然后再回流到曝气池,在曝气池中,这部分死细胞和溶解细胞被微生物代谢再利用,可以使总的污泥产量减少 60%。如近几年兴起的高温好氧消化技术,它的污泥产率(总可溶性固形物浓度/化学需氧量)仅为 0.05 ~ 0.13 kg/kg,比常规活性污泥法的污泥产率(0.2 ~ 0.4 kg/kg)低得多。

超声波破解污泥主要是利用超声波的能量,在液体中产生空化作用,形成大量空化气泡,瞬间破灭时产生 5000 K 高温,5 MPa 高压,同时液体中会产生剪切力很高的射流(40 km/h),可以压碎细胞壁、释放细胞内含物。超声波可以提高沼气产率,Clark 研究发现,在 15 天的发酵时间下,超声波预处理 2 天可使污泥沼气产量提高 61%,而在 12 天发酵时几乎没有变化。而赵继红等应用超声波处理序列间歇式活性污泥法(SBR)系统剩余污泥,发现在声能密度为 1 W/mL,作用时间为 15 min,系统运行时间为 6 h 时,可将进水化学需氧量(COD)487 mg/L 降至 57 mg/L,混合液悬浮固体浓度(MLSS)维持在约 3000 mg/L,污泥体积指数(SVI)为 79。曹秀芹等发现,在声能密度 0.25 ~ 0.50 W/mL 范围内,处理 1 ~ 30 min,剩余污泥产量可以减少 20% ~ 50% 左右。目前,关于污泥超声减量化的研究主要在于超声条件对促进污泥厌氧和好氧减量化的影响,以及超声对污泥的物理、化学和生物性质的影响,对动力学和实际运行参数方面有待进一步研究。

B 化学溶胞法

化学溶胞法包括臭氧溶胞、氯气溶胞等,其中关于臭氧溶胞的研究最多。

臭氧是一种十分活泼的氧化剂,可与污泥中的化合物发生直接或间接反应,破坏细胞壁释放细胞质,同时部分污泥被臭氧直接氧化成 CO_2、NO_3^- 和 H_2O 等无机物,从而使污泥减量。当臭氧化回流污泥量是剩余污泥量的 3.3 倍时,每 1 kg 悬浮固体(SS)的臭氧投量为

0.015 kg时，基本上达到了剩余污泥的零排放。

王嵘等人将臭氧通入SBR反应器中进行同步臭氧氧化，发现当臭氧投加量（按SS计）从零增加到0.042 g/g时，污泥产率（1gSCOD产生的SS质量）从0.44 g/g减少到0.042 g/g，并且对水质没有显著影响。此外，污泥臭氧化减量技术很容易和现有的污水处理系统进行结合使用，经臭氧化后的污泥回流至反应器中，能提高系统的反硝化能力，并改善了污泥的沉降性能。但此法存在自处理成本高，出水水质变差，特别是出水中N、P含量高等问题。虽然臭氧发生需要耗费能量而且需要增加曝气量以满足曝气池中由于细胞溶解增加的二次基质的氧化，但从污水处理和污泥处理的总费用衡量，臭氧对污泥减量（100%时）的总费用仅占污泥焚烧处理总费用的47%。

利用氯气对污泥进行减量的原理与利用臭氧的原理相同，即利用其氧化性对细胞进行氧化，促进内源呼吸代谢，促进溶胞。Saby等人在每1 gMLSS的氯投加量为0.06 g，接触时间为1～10 min条件下处理污泥，通过连续35天的试验，发现由于氯气的强氧化能力，曝气池中的MLSS在总固体（TS）中的比例降低5%～10%，污泥絮体平均直径由15 μm降低到2 μm左右，且粒径分布更集中，氯化后污泥减量64%左右。氯气虽然比臭氧便宜，但会造成污泥沉降性能恶化，出水COD增加，以及使污泥产生泡沫。最重要是氯气能够和污泥中的有机物发生反应，生成三氯甲烷等致癌物质，这是一个不容忽视的问题。

酸或碱的作用是在抑制细胞活性的同时，使细胞壁溶解释放细胞内物质，使其能够容易被其他活性污泥所利用。相同pH值条件下，NaOH的溶胞效果优于KOH，H_2SO_4的效果优于HC1，碱的效果要优于酸。在污泥厌氧消化前向污泥中投加碱进行预处理可使固体有机质溶解，并且消化过程中的产气量以及对有机碳和VSS的去除率也随之提高。杨洁等人研究了污泥碱解的预处理方法，发现在每1gTS的投碱量为1 g的情况下，挥发性悬浮固体的分解率可达62.05%。Rocher等人研究比较了热处理、酸、碱对细胞溶解的影响，发现在pH=10、60℃条件下时，经20 min预处理，污泥产率是常规工艺的38%～43%。

1.2.4.3　生物捕食技术

从生态学角度讲，系统食物链越长，能量损失越多，可用于生物体合成的能量就越少。活性污泥可看成人造生态系统，因此可通过延长食物链或强化食物链中微型动物的捕食作用而减少污泥的产量。污水为微生物提供了理想的生存和增殖介质，污水中存在由多种多样的微生物组成的复杂的食物链和生态系统。原生动物和后生动物在食物链的最高端，它们捕食细菌，将污泥转化为能量、水和二氧化碳。将传统活性污泥法加以改进，创造适合原生动物和后生动物生长的环境，促进它们对细菌的捕食，就可达到污泥减量化的目的。利用微型动物对污泥进行减量化，包括在常规污水处理系统中培养微型动物（如在传统活性污泥法或膜生物反应器的曝气池中培养微型动物）和两段法工艺。

A　微型动物培养

Liang等人就红斑瓢虫、大型蚤、颤蚓和膀胱螺四种微型动物对污泥的减量化效果进行研究，发现四种微型动物每克体重每天对污泥的减量效果分别为：0.8 mg、0.18 mg、0.54 mg和0.1mg，并发现减量效果与微型动物的门类和大小有关。

B 两段法

所谓的两段法,第一段为分散细菌培养阶段,促进分散细菌生长的同时达到对污水中有机物的降解;第二段为捕食阶段(捕食反应器),促进原生动物、后生动物的生长。国外有关学者曾在捕食反应器中用膜作为保持微型动物的手段,研究了整个系统对污泥的减量和对污水的处理效果,结果表明,污水中80%以上的COD是在第一阶段降低的。虽然第一阶段的污泥产率系数和普通活性污泥法相当,但从整个系统看,污泥的产率系数还是大大降低的。而在分散细菌培养阶段,采用塑料材料制成填料来保持蠕虫等微型动物的研究中,没有蠕虫的反应器污泥产率系数是0.4,而接种蠕虫的反应器污泥产率系数是0.16,减量效果显著。

1.2.4.4 其他减量化技术

A 淹没式生物膜法

淹没式生物膜法指通过在污水反应池中投加填料,利用在填料上生长的生物膜进行污泥减量处理。王宝贞等设计使用了淹没式生物膜曝气池生物工艺,在运行一年的过程中没有剩余污泥的产生和排放。仇春花和肖仲斌等人进行了试验研究,发现这种方法可以较好的降低污泥产量。

B 膜生物反应器

膜生物反应器可以将生物污泥全部截留在反应器内,延长了污泥停留时间,由于污泥龄长,能够使原生动物和后生动物稳定存在,形成较长的微生物生态链,使污泥达到自身氧化降解,因而剩余污泥产量少,甚至可以达到无剩余污泥排放。研究表明,在蚯蚓生物反应器中,当水力负荷为5.3~6.6 $m^3/(m^2 \cdot d)$时,蚯蚓生物反应器对生物膜污泥挥发性悬浮固体降解率为86.67%~96.20%,蚯蚓的增殖和粪的积累在长期的生态循环中并不明显。在自生动态膜生物反应器中,蠕虫的生长可减少污泥产量,能够使污泥浓度控制在4000 mg/L左右,并改善污泥的沉降及脱水性能。

C 接种酶或生物制剂

接种嗜热酶或者生物制剂,与原有的活性污泥结合进行处理。使用生物制剂MCMP在某污水处理厂进行生产性试验后,系统运行6个月没有外排污泥。在剩余污泥中接种嗜热菌的驯化种泥后,在65℃、处理120 h后,TSS和VSS的最大溶解率可分别提高到31.94%和48.04%。

1.3 城市污泥的生物处理与处置现状

按照污泥生物处理过程中起主要作用的微生物及所维持的环境(厌氧/好氧)不同,可将污泥的生物处理方式分为:污泥的好氧消化处理、污泥的厌氧消化处理、利用微型动物摄食对污泥进行处理和污泥堆肥四种方式。

1.3.1 国内对城市污泥的生物处理与处置现状

我国城市污泥生物处理起步较晚,1949年建国前,还没有污泥厌氧消化等生物处理设施,直到20世纪五六十年代,西安、太原、鞍山、成都等地才相继建设了污泥厌氧消化池,并取得了一些污泥生物处理的经验。但污水处理中的污泥处理和处置技术在我国还刚刚起步,在全国现有污水处理设施中,有污泥稳定处理设施的还不到1/4,处理工艺和配套设备较为完善的还不到1/10。在我国仅有的十几座污泥消化池中,能够正常运行的为数不多,所以污泥的生物处理和处置大有发展空间。

污泥的好氧消化处理有很多优点,但能耗高,我国属于能源缺乏的国家,只有当污染量较少时才建议采用。

与此相比,污泥的厌氧消化更适合我国国情。污泥经消化后,有机物含量减少、性能稳定、总体积缩小,消化过程中产生的大量沼气(消化降解1 kgCOD理论上可产生350 L沼气)可以回收利用,因此厌氧消化是目前我国最常用的一种污泥处理方法。通过厌氧消化,一方面可达到污泥减量化、无害化和稳定化的效果;另一方面能以甲烷形式部分回收污泥中有机质的生物质能。该技术水平较成熟,目前在我国已经得到了广泛的应用。此外,由于氢气具有清洁无污染、高热值、高热效率、适用范围广等优点,利用污泥进行厌氧发酵产氢是近年来兴起的一个研究热点。但因我国城市污水处理厂污泥处理技术及设备研究开发起步较晚,现处于中试和工业化应用之间,需要进一步提高有机质的产氢效率和工艺稳定性,目前尚无成熟的污泥处理技术和完善的处理设备,因此急需进行此方面的深入研究。

利用蚯蚓分解污泥,是近年来国际上根据蚯蚓在自然生态系统中具有促进有机物质分解转化的功能而发展起来的一项生物处理技术。国内也有一些科研机构开展了利用蚯蚓处理污泥的试验研究,但因受设备、投资、环境等条件的影响较多,目前在我国应用推广起来难度较大。

我国对城市污泥堆肥的理论研究与实践与国外均相差甚远,20世纪60年代初,我国首次在北京高碑店污水处理厂进行了污泥自然通风堆肥试验,获得了成功,并确定了好氧发酵堆肥工艺的主导地位。目前我国污泥堆肥农用的比例(不足10%)较小,有很大的发展前途和空间。

1.3.2 国外对城市污泥的生物处理与处置现状

污水处理厂初始于19世纪末到20世纪20年代,那时的污水处理厂规模较小,污泥产生量很少,基本为简单的堆积。20世纪20年代到80年代这一阶段,是城市污泥生物处理的发展阶段,发展了城市污泥的厌氧消化技术,它使污泥可以得到稳定化和无害化处理,为后续减量化处理与利用创造了条件。20世纪80年代至今,为城市污泥生物处理成熟阶段,这一阶段国际上开始研究开发好氧－厌氧两段消化、酸性发酵－碱性发酵两相消化及中温－高温双重消化等新工艺,但大多数还处在试验室阶段,达到生产规模的不多。

污泥好氧消化是污泥稳定化处理技术中的一种,其中的自热式高温好氧消化目前在欧美的发达国家已经开始流行并日益受到重视。

国外的城市污泥的处理一般都首选污泥的厌氧消化,该法已有百余年的历史,有丰富的设计与运转经验。该工艺既可以杀灭剩余污泥中的病原菌,实现污泥的减量化、稳定化和无害化,同时产生的沼气可以作为燃料,解决现在日益严峻的能源短缺问题,因此在许多国家都得到广泛应用。两相厌氧消化是近年发展起来的一种新工艺,它将产酸相和产甲烷相分别置于不同的生长环境内进行反应,形成各自的相对优势,以便提高整个消化过程的处理效率、反应速度及稳定性。两相厌氧消化是一种高效稳定的新型污泥处理工艺,在国外,该工艺已相当成熟。

利用蚯蚓及微生物的生命活动来处理城市污泥是一项古老而又年轻的生物技术。美国CBS公司开发和拥有的城市垃圾生化处理系统,是利用高科技对城市生活垃圾和污泥进行有机合成,既解决了城市垃圾堆放和填埋所带来的问题,又生产出急需的有机肥料,使城市的生态进入良性循环。但是这项技术在各国均处于试验阶段,大规模推广还有待技术的发展和完善。

堆肥化技术是国际上从20世纪60年代后期迅速发展起来的一项新的生物处理技术。在美国、日本、欧洲等工业发达国家和地区,污泥堆肥化处置已占相当大的比重,并相继建成了不同规模的堆肥处理厂,与此同时,堆肥化发酵工艺和技术措施的研究也有较快进展。美国在20世纪90年代初,污泥作为生物肥料的利用率就已超过30%,目前美国各州都有污泥生物肥厂,其知名品牌有"Earthlife"、"Nitrohumus"等。

另有一种在利用土壤处理污泥的基础上发展起来的高速生物反应器技术正在推广使用中。该技术是利用土壤中的微生物处理污泥,由于系统是开放的,因而会受到气温和土壤湿度的影响,使土壤利用的时间和区域受到一定的限制。美国SWEC公司在20世纪80年代开始研制开发高速生物反应器,该技术将污泥的脱水、消化和干化相结合,将土壤处理的整个过程放置在室内一个封闭的循环系统中进行。Texaco经过近20年的研究开发,使高速生物反应器技术成熟并得以推广。

1.4 适合生物方法处理的污泥性质

1.4.1 生物处理法对城市污泥性质的要求

生物处理法处理的污泥主要是指在废水处理过程中产生的以有机物为主要成分的污泥,即新鲜污泥或生污泥,该污泥一般呈胶状结构,不易脱水,污泥中所含的氮、磷、钾成分呈有机态,不易被植物所吸收,污泥中的有机物质极不稳定,容易腐化发臭。该污泥一般情况下即可进行生物处理,为提高污泥生物处理效率,可在其处理前进行酸、碱或热处理等预处理。

1.4.1.1 城市污泥厌氧消化处理的泥质要求

在污泥厌氧消化过程中,碳氮比(摩尔比)达到(10~20):1为宜。为了提高污泥厌氧消化效率,可以将剩余污泥与初沉污泥或粪便共同处理,以提高污泥中有机物质的含量。

1.4.1.2 用于饲养蚯蚓的城市污泥泥质要求

城市生活污水经好氧处理产生的活性污泥,按照常规管理,不经发酵处理即可直接饲养蚯蚓,新鲜的剩余活性污泥一次性投料厚度以小于30 cm为宜。长时间堆放发臭的污泥,投密实料不适宜蚯蚓生存,应采用块状投料,一次性投料厚度以小于20 cm为宜。

1.4.1.3 用于堆肥的城市污泥泥质要求

用于堆肥的城市污泥泥质要求包括以下几点:

(1) 污泥密度一般为350~650 kg/m^3;

(2) 污泥组成成分中有机物质量分数(湿重)应不小于20%;

(3) 污泥含水率为40%~60%;

(4) 碳氮摩尔比(C/N)为20:1~30:1。

（5）污泥团块直径小于25 mm。

1.4.2 不适合生物方法处理的污泥类别

利用微生物生命过程中的代谢活动，将有机物分解为简单的无机物，从而去除有机污染物的过程称为生物处理。对污泥进行生物处理的目的是为了减少其中的有机物含量，使其达到一定的生物稳定性水平，便于后续的处置和利用。

污泥的生物处理方法主要包括厌氧/好氧消化和堆肥等。因此，对于含有毒性物质的污泥，如含有机磷化合物的污泥（农药生产过程中污水处理产生的污泥）、重金属含量过高的污泥（制革厂污泥），以及抗生素生产过程产生的污泥均不适合生物法处理。

2 污泥的厌氧消化产甲烷技术

在断绝空气的条件下,依赖兼性厌氧菌和专性厌氧菌的生物化学作用,对有机物进行生物降解的过程,称为厌氧生物处理法或厌氧消化法。厌氧生物处理法的处理对象主要为:处理高浓度有机工业废水、城镇污水所产生的污泥、动植物残体及粪便、生物质等。

2.1 污泥厌氧消化机理

2.1.1 污泥厌氧消化阶段学说

污泥的厌氧生物处理亦可称为厌氧消化、厌氧发酵,是指在厌氧条件下由多种(厌氧或兼性)微生物的共同作用,使有机物分解并产生 CH_4 和 CO_2 的过程。由于厌氧消化过程因兼有降解有机物和生产气体燃料的双重功能,因而得到了广泛的发展和应用。

厌氧消化过程是一个较为复杂的生物处理过程,其中涉及的微生物种群较多,因此厌氧消化过程可分为若干阶段,国际上比较流行的厌氧消化阶段学说可分为:两阶段、三阶段和四阶段学说。

2.1.1.1 两阶段学说

"两阶段学说"流行于20世纪30~60年代,由 Barker 在1936年首次提出,简要描述了沼气的发酵过程。该理论认为沼气发酵可分为两个阶段,即产酸阶段和产甲烷阶段,各个阶段的命名主要是根据其主要产物而定的。图2-1所示为厌氧反应的两阶段学说。

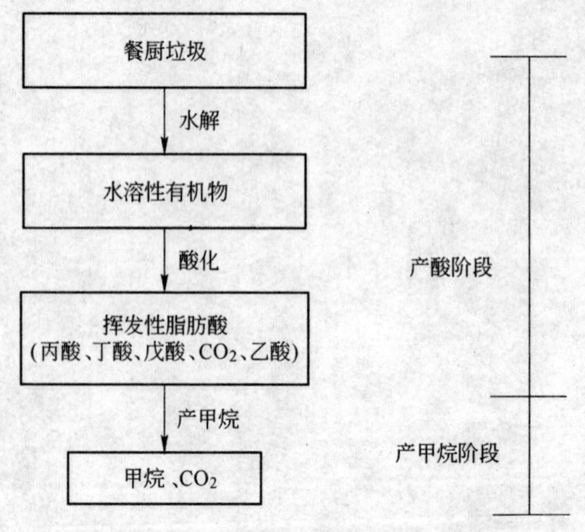

图2-1 厌氧反应的两阶段学说图示

第一阶段:发酵阶段,又称产酸阶段、酸性发酵阶段或水解酸化阶段,主要功能是大分子有机物和不溶性有机物的水解和酸化,主要产物是脂肪酸、醇类、CO_2 和 H_2 等。第一阶段主要参与反应的微生物统称为发酵细菌或产酸细菌,这些微生物的特点是:(1)生长速率快;(2)对环境条件(温度、pH值等)的适应性强。

第二阶段：产甲烷阶段，又称碱性发酵阶段，因为在此发酵阶段产生的有机酸被甲烷菌利用，生成 CH_4 和 CO_2，厌氧消化体系的 pH 值上升至 7.0 ~ 7.5。该阶段主要参与反应的微生物为产甲烷菌（Methane producing bacteria），产甲烷细菌的主要特点是：(1) 生长速率慢，世代时间长；(2) 对环境条件（绝对厌氧、温度、pH 值、抑制物等）非常敏感，要求苛刻。由于甲烷菌没有消除氧化物的过氧化氢酶，因此在接触氧气后会在很短时间内死亡。

2.1.1.2 三阶段学说

对厌氧微生物学进行深入研究后，发现将厌氧消化过程简单地划分为上述两个过程，不能真实反映厌氧反应过程的本质。厌氧微生物学的研究表明，产甲烷菌是一类十分特别的古细菌（Archea），除了在分类学和其特殊的结构外，其最主要的特点是：产甲烷细菌只能利用一些简单有机物作为基质，其中主要是一些简单的一碳物质如甲酸、甲醇、甲基胺类以及 H_2/CO_2 等，两碳物质中只有乙酸，但不能利用其他含两碳或以上的脂肪酸和甲醇以外的醇类。

20 世纪 70 年代，Bryant 发现，原来认为是一种被称为“奥氏产甲烷菌”的细菌，实际上是由两种细菌共同组成的，一种细菌（一种产氢产乙酸细菌）首先把乙醇氧化为乙酸和 H_2；另一种细菌（一种真正意义上的产甲烷细菌——嗜氢产甲烷细菌）则利用 H_2 和 CO_2 产生 CH_4。因而，Bryant 提出了厌氧消化过程的“三阶段学说”。自从 Bryant 于 1967 年提出三阶段学说至今，三阶段学说得到了厌氧领域内专家的广泛认同。该理论认为，厌氧过程主要依靠三大主要类群的细菌，即水解产酸菌、产氢产乙酸菌和产甲烷菌共同完成，因而将厌氧发酵过程划分为三个连续的阶段，即水解酸化阶段、产氢产乙酸阶段和产甲烷阶段。图 2-2 所示为厌氧反应的三阶段理论和四类群理论。

(1) 水解、发酵阶段；

(2) 产氢产乙酸阶段：产氢产乙酸菌，将丙酸、丁酸等脂肪酸和乙醇等转化为乙酸、H_2/CO_2；

(3) 产甲烷阶段：产甲烷菌利用乙酸和 H_2、CO_2 产生 CH_4。

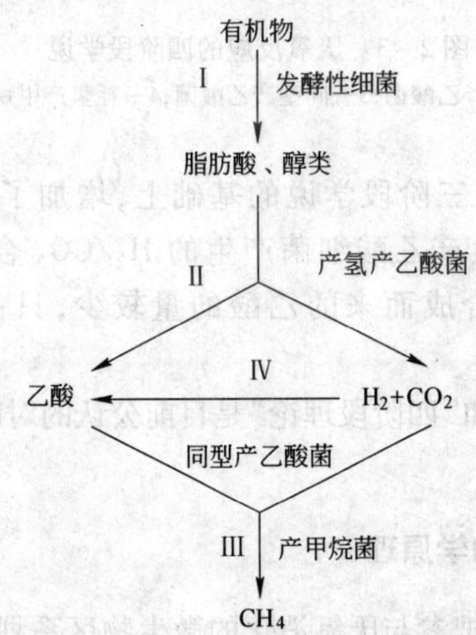

图 2-2 厌氧反应的三阶段理论和四类群理论

（Ⅰ ~ Ⅲ分别为三阶段理论的三个阶段；Ⅰ ~ Ⅳ分别为四类群理论的四个阶段；所产生的细胞物质未表示在图中）

产氢产乙酸细菌在厌氧消化中具有重要作用，它在水解发酵细菌与产甲烷菌之间的共生关系中起联系作用。Bryant 的厌氧三阶段消化理论的主要贡献是将产氢产乙酸菌的作用划分为相对独立的一个阶段。一般认为，在厌氧生物处理过程中，约有 70% 的 CH_4 产自乙酸的分解，其余的则产自 H_2 和 CO_2。

2.1.1.3　四阶段学说

几乎与 Bryant 提出"三阶段学说"的同时，又有人提出了厌氧消化过程的"四阶段学说"，在该学说中，参与厌氧消化过程的微生物被分为五大类，分别为：水解酸化细菌（第一阶段）、产氢产乙酸菌（第二阶段）、同型产乙酸菌（第三阶段）、耗氢产甲烷菌（第四阶段）、耗乙酸产甲烷菌（第四阶段）。图 2-3 所示为厌氧反应的四阶段学说。

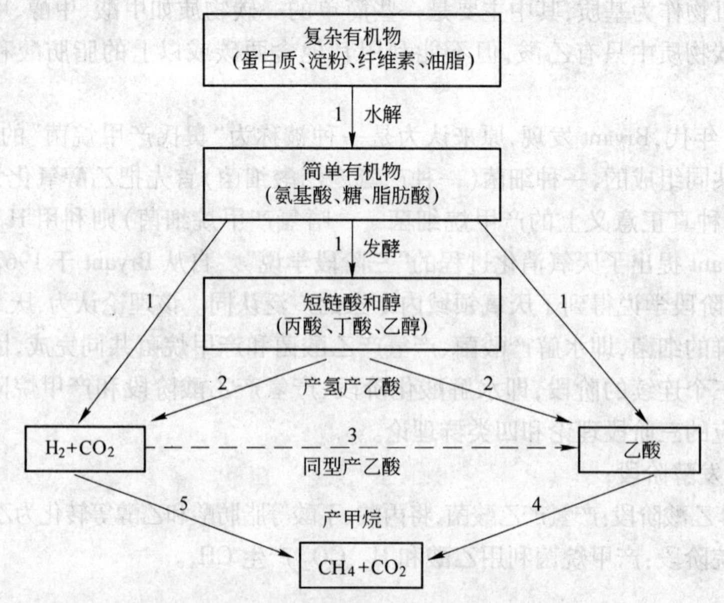

图 2-3　厌氧反应的四阶段学说

1—水解酸化细菌；2—产氢产乙酸菌；3—同型产乙酸菌；4—耗氢产甲烷菌；5—耗乙酸产甲烷菌

实际上，四阶段学说是在三阶段学说的基础上，增加了一类细菌——同型产乙酸菌，其主要功能是可以将产氢产乙酸细菌产生的 H_2/CO_2 合成为乙酸。但研究表明，实际上这一部分由 H_2/CO_2 合成而来的乙酸的量较少，只占厌氧体系中总乙酸量的 5% 左右。

总体来说，"三阶段理论"和"四阶段理论"是目前公认的对厌氧生物处理过程较全面和较准确的描述。

2.1.2　污泥厌氧消化的微生物学原理

厌氧消化过程三阶段学说把参与厌氧消化的微生物区系划分为水解酸化菌、产氢产乙酸菌和产甲烷菌三个种群，揭示了厌氧消化过程的阶段性和连续性。由于微生物种群之间的生态平衡关系是支配厌氧消化过程的本质规律，在本节中着重介绍厌氧消化过程微生物的种类、特性及其代谢相互关系。

2.1.2.1 厌氧消化过程中微生物的种类

A 发酵细菌(产酸细菌)

发酵产酸细菌的主要功能有两种:(1) 水解——在胞外酶的作用下,将不溶性有机物水解成可溶性有机物;(2) 酸化——将可溶性大分子有机物转化为脂肪酸、醇类等。

主要的发酵产酸细菌包括梭菌属、拟杆菌属、丁酸弧菌属、双歧杆菌属等。这些细菌的水解过程较缓慢,并受多种因素(pH 值、SRT、有机物种类等)影响,有时会成为厌氧反应的限速步骤;但产酸反应的速率较快。它们大多数是厌氧菌,也有大量是兼性厌氧菌。发酵产酸细菌可以按功能分为:纤维素分解菌、半纤维素分解菌、淀粉分解菌、蛋白质分解菌、脂肪分解菌等。

B 产氢产乙酸菌

产氢产乙酸细菌的主要功能是将各种高级脂肪酸和醇类氧化分解为乙酸和 H_2;为产甲烷细菌提供合适的基质,在厌氧系统中常常与产甲烷细菌处于共生互营关系。

主要的产氢产乙酸反应有:

乙醇:$CH_3CH_2OH + H_2O \longrightarrow CH_3COOH + 2H_2$

丙酸:$CH_3CH_2COOH + 2H_2O \longrightarrow CH_3COOH + 3H_2 + CO_2$

丁酸:$CH_3CH_2CH_2COOH + 2H_2O \longrightarrow 2CH_3COOH + 2H_2$

注意:上述反应只有在乙酸浓度很低、系统中氢分压也很低时才能顺利进行,因此,产氢产乙酸反应的顺利进行,常常需要后续产甲烷反应能及时将其主要的两种产物乙酸和 H_2 消耗掉。

主要的产氢产乙酸细菌包括互营单胞菌属、互营杆菌属、梭菌属、暗杆菌属等,多数是严格厌氧菌或兼性厌氧菌。

C 产甲烷菌

20 世纪 60 年代,Hungate 开创了严格厌氧微生物培养技术之后,对产甲烷细菌的研究才得以广泛进行。

产甲烷细菌的主要功能是将产氢产乙酸菌的产物——乙酸和 H_2/CO_2 转化为 CH_4 和 CO_2,使厌氧消化过程得以顺利进行。产甲烷细菌主要可分为两大类:乙酸营养型和 H_2 营养型产甲烷菌,或称为嗜乙酸产甲烷细菌和嗜氢产甲烷细菌。一般来说,在自然界中,乙酸营养型产甲烷菌的种类较少,只有产甲烷八叠球菌(Methanosarcina)和产甲烷丝状菌(Methanothrix),但这两种产甲烷细菌在厌氧反应器中居多,特别是后者,因为在厌氧反应器中,乙酸是主要的产甲烷基质,一般来说,有 70% 左右的甲烷是来自乙酸的氧化分解。

典型的产甲烷反应有:

$$CH_3COOH \longrightarrow CH_4 + CO_2$$

$$4H_2 + CO_2 \longrightarrow CH_4 + 2H_2O$$

$$4HCOO^- + 2H^+ \longrightarrow CH_4 + CO_2 + 2HC_3^-$$

$$4CO + 2H_2O \longrightarrow CH_4 + 3CO_2$$

$$4CH_3OH \longrightarrow 3CH_4 + HCO_3^- + H^+ + H_2O$$

$$4(CH_3)_3-NH_4^+ + 9H_2O \longrightarrow 9CH_4 + 3HCO_3^- + 3H^+ + 4NH_4^+$$

$$2(CH_3)_3-S + 3H_2O \longrightarrow 3CH_4 + HCO_3^- + H^+ + 2H_2S$$

$$4CH_3OH + H_2 \longrightarrow CH_4 + H_2O$$

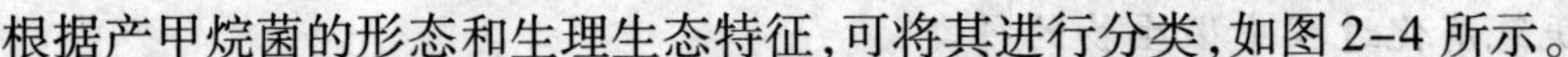

根据产甲烷菌的形态和生理生态特征,可将其进行分类,如图 2-4 所示。

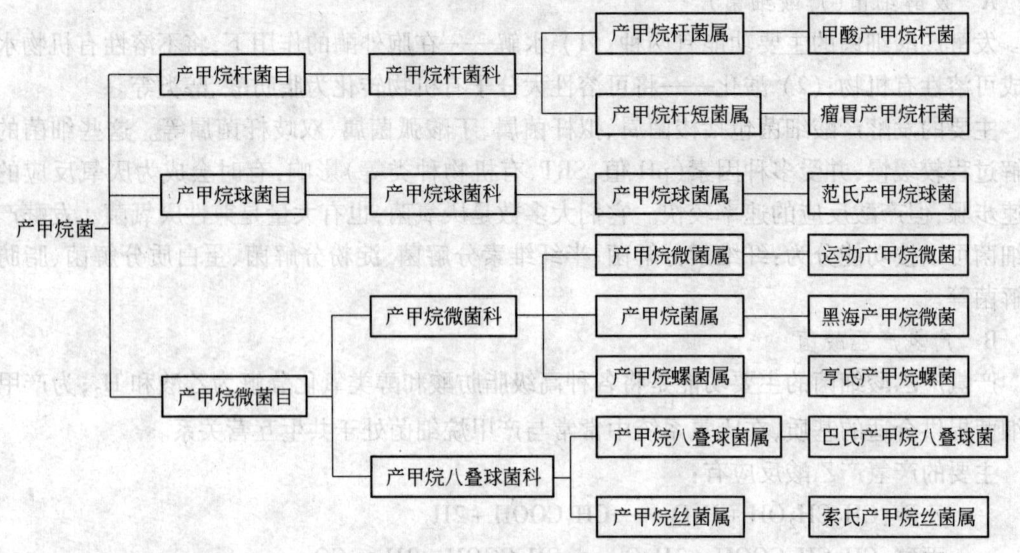

图 2-4　产甲烷菌的分类图示

产甲烷菌有各种不同的形态,常见的有:(1)产甲烷杆菌;(2)产甲烷球菌;(3)产甲烷八叠球菌;(4)产甲烷丝菌等等。

在生物分类学上,产甲烷菌(Methanogens)属于古细菌(Archaebacteria),大小、外观上与普通细菌(Eubacteria)相似,但实际上,其细胞成分特殊,特别是细胞壁的结构较特殊。产甲烷菌在自然界的分布,一般可以认为是栖息于一些极端环境(如地热泉水、深海火山口、沉积物等)中,但实际上其分布极为广泛,如污泥、瘤胃、昆虫肠道、湿树木、厌氧反应器等。产甲烷菌都是严格厌氧细菌,要求氧化还原电位在 -400 ~ -150 mV,氧和氧化剂对其有很强的毒害作用。产甲烷菌的增殖速率很慢,繁殖世代时间长,可达 4 ~6 天。

D　同型产乙酸菌

在 Bryant 提出的三阶段学说影响下,人们将注意力集中在产氢产乙酸菌与产甲烷菌等的互营作用,并将其归入产甲烷相进行研究,却忽略了产酸菌、产氢产乙酸菌与同型乙酸菌之间的相互作用。值得一提的是,同型产乙酸菌在厌氧产酸过程中,具有特殊作用,它既耗氢,又产乙酸,在氢分压高时,它的作用增强;在氢分压低时,它的作用减弱,起到了一个平衡器的作用。但在一般厌氧消化器中,同型产乙酸菌所产乙酸不到4%。尽管人们对自然生态系统中同型产乙酸菌对碳循环的重要贡献有较深入的认识,但却没能在人工厌氧产酸系统中充分发挥同型乙酸菌的作用。

2.1.2.2　厌氧消化过程中微生物的代谢关系

厌氧消化是一个多菌群共同代谢的过程,各类菌群之间的代谢作用相辅相成。在整个厌氧代谢过程中,产甲烷菌并不是孤立进行的,它周围繁多的菌群先于产甲烷菌代谢,以此提供产甲烷菌正常代谢的条件。从物质代谢转化的角度来看,首先,有机物的大分子水解,把纤维素、半纤维素、果胶、淀粉、脂类和蛋白质等物质,经水解发酵生成水溶性糖、醇、酸等分子较小的化合物;然后,微生物进一步把较小分子的化合物降解形成甲烷菌可直接利用的底物,主要是乙酸盐、H_2 和 CO_2 等;最后,产甲烷菌才能利用极简单的小分子化合物代谢产生 CH_4和 CO_2。有机物质在经过厌氧生物转化为甲烷的过程中,涉及一系列微生物菌群代谢,它们的底物和特性完全不同。整个转化过程可以描述为许多种不同微生物类群的直接和间接的共生联合关系。确定的九个步骤分别由专门的菌群调节代谢,这九个步骤分别为:

(1) 有机聚合物水解成有机单体,如糖、有机酸和氨基酸等;

(2) 有机单体转化成 H_2、重碳酸盐、乙酸、丙酸和丁酸,以及其他有机产物,如乙醇、乳酸等;

(3) 产氢产乙酸菌对还原性有机物具有氧化作用,能生成氢气、中碳酸盐和乙酸;

(4) 同型乙酸菌对重碳酸盐的产乙酸呼吸作用;

(5) 硝酸盐还原菌(NRB)和硫酸盐还原菌(SRB)对还原性有机物的氧化作用生成重碳酸盐硼乙酸;

(6) NRB 和 SRB 对乙酸的氧化作用,生成重碳酸盐;

(7) NRB 和 SRB 对氢气的氧化作用;

(8) 裂解乙酸的甲烷发酵;

(9) 重碳酸盐的产甲烷呼吸作用。

在厌氧消化过程中,微生物的相互作用实质上是各类微生物在代谢上的相互影响。每一种微生物都有其自身的代谢途径,他们可以在特定的环境中单独行使其代谢功能。因此,研究他们的代谢条件和代谢途径是非常有用的。但在厌氧消化反应器这样一个杂居的环境中,各类型的微生物生活在一起,各自进行自身特有的代谢,并形成各自的代谢产物,批次之间的相互作用,使他们能正常进行生命活动,然而它们所形成的代谢产物可能引起如下后果:

(1) 产物累积引起的反馈抑制效应;

(2) 代谢产物被其他菌群利用,促进其生长;

(3) 抑制其他菌群;

(4) 造成有利或不利于其他菌群的生态环境。

这些问题在厌氧消化反应器中都有可能出现,而在厌氧消化正常运行或运行失败时,代谢产物的种类及其浓度都有很大的差别,代谢产物引发的问题和后果也完全不同。在正常的厌氧消化过程中,各种微生物代谢过程发生相互偶联,产物得到协调,整个消化过程达到平衡。相反,任何一个代谢过程的失调都有可能引发整个过程的破坏,使厌氧消化过程失衡。因此,研究厌氧消化微生物的相互关联性是一个重要且复杂的内容。

2.1.2.3 甲烷发酵过程微生物的代谢关联性

对厌氧消化过程中发酵液和气体成分进行分析,特别是将一些功能菌的代谢产物进行分析,就不难发现微生物之间的代谢关系。

A 水解酸化菌与甲烷菌之间的相互关系

图 2-5 所示为某反应器内污泥厌氧消化过程中挥发酸和日沼气产量的关系。在厌氧消化开始后的初期阶段,反应器内大量产酸,挥发酸的浓度最高可达 4000 mg/L,此时反应器内以水解酸化过程为主,此后,反应过程逐渐过渡到产甲烷阶段,挥发酸浓度逐渐下降,产气量日渐增高。反应器内水解酸化阶段和产甲烷阶段是两个无法在绝对意义上分开的过

程，这主要是由产酸过程和产甲烷过程没有达到代谢平衡所致。由于产酸菌的繁殖速率较高，在厌氧消化开始初期就大量繁殖，产生较大量的挥发酸。而产甲烷菌的繁殖速率较慢，因此，水解酸化细菌代谢产生的挥发酸不能及时地被甲烷菌利用，故此阶段主要表现为挥发酸的积累。当产甲烷菌数量增加、微生物区系相对完善后，挥发酸很快被消耗，产甲烷则成为主要特征。由于在挥发酸增强的同时，产甲烷菌的数量不断增加，沼气产量也随之增加（如图2-5所示），此时水解酸化阶段和产甲烷阶段构成一个连续的过程。因此可以采用增加接种物的办法缩短这两个阶段之间的时间差，使产甲烷阶段提前。笔者曾在污泥厌氧消化实验中，在反应器内接种容积量35%的厌氧消化液作为启动微生物，此时反应器在第2日即可正常产气，第4日即可达到产气高峰。而接种反应器容积量15%的厌氧消化液时，产气高峰出现在第9日。这说明增加接种物的用量可以较好的保证反应器的正常启动，也说明水解酸化阶段和产甲烷阶段是可以人为调控的。

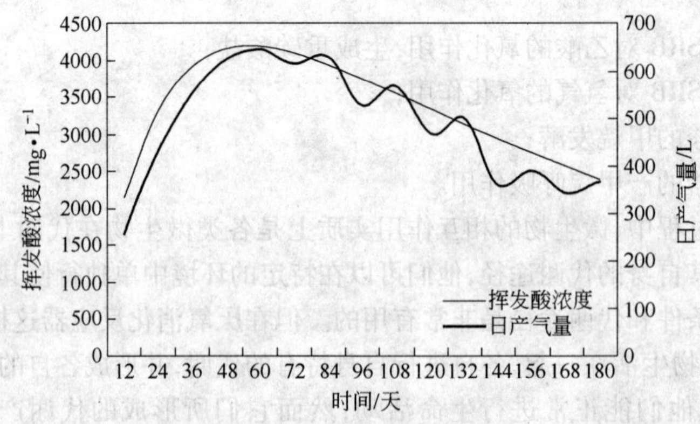

图2-5　污泥厌氧消化过程挥发酸和日沼气产量的相互关系

B　水解酸化菌之间相互关系

在污泥厌氧消化过程中，运行正常的消化罐内挥发酸的乙酸浓度最高，为200～1500 mg/L；丙酸浓度较低，为300～1000 mg/L；丁酸浓度最低，在100 mg/L以下，有时其浓度低于检测线。这几种挥发酸中乙酸的浓度波动是最明显的。当乙酸浓度降到比丙酸低的时候，特别是乙酸浓度低于200 mg/L时，丙酸、丁酸的浓度均有明显的下降。在中温发酵过程中，挥发酸的变化趋势也较为近似。上述这些结果表明，在厌氧消化过程中，产酸菌主要以产乙酸菌为主，产丙酸菌次之，产丁酸菌最少。丙酸、丁酸不能被甲烷菌直接利用，它们在被进一步降解为乙酸后才能转化为甲烷。因此，丙酸和丁酸浓度的下降显然说明了与产乙酸菌的密切关系，这充分说明他们之间有相互依赖的关系和种群消长关系，这种关系无论在常温还是中温消化过程中都比较稳定。

C　产氢和产甲烷菌的相互关系

自1987年Bryant将奥式甲烷杆菌分离后，产氢菌和产甲烷菌之间的共生关系才为人所知。此后，这一关系又为其他许多学者所证实。笔者在餐厨垃圾与污泥的混合消化过程中也发现这一现象。

在污泥的厌氧消化过程中，当产甲烷过程进行正常（甲烷浓度60%～70%）时，向反应器中加入反应器容积20%的餐厨垃圾，当pH值降低至6.0时，氢气浓度出现明显上升，当

pH 值降低至 5.0 时，氢气浓度达到最大，浓度峰值为 50% ~55%。氢气浓度在达到峰值后出现下降的现象，此时 pH 值也随之上升，甲烷浓度也逐步上升。由此可看出，产氢微生物和产甲烷菌两者间有明显的共生关系，沼气中氢气浓度的上升和下降反映了厌氧消化过程中产氢菌和产甲烷菌在代谢上的相互偶联所致。当反应器的环境更有利于产氢菌繁殖时，甲烷菌的活性则不断下降，此时氢气浓度最高时可达 60%。

2.2　污泥厌氧消化产甲烷的工艺

2.2.1　一段式厌氧消化工艺

一段式厌氧消化工艺只有一个沼气池或发酵系统，其沼气发酵的过程只在一个发酵池内进行。一段式污泥厌氧消化工艺的最大优点是操作简单，造价较低。目前，大部分用于实际工业生产的厌氧消化法处理工程都采用一段式工艺。

污泥厌氧消化处理的目的是，最大限度地降解和去除污泥中的有机物，且最大限度地灭杀污泥中的病原微生物，达到污泥最终处置的卫生要求。大部分的研究结果表明，两相厌氧消化与一段式厌氧消化相比，在有机物去除率、气体产率和运行稳定性等方面具有明显的优越性，但也有一些试验结果表明，两种工艺的运行性能并没有明显区别，因此对两相厌氧消化工艺的优越性尚存异义。

污泥两相厌氧消化工艺主要是通过设置酸化罐，提高污泥的酸化速率和效率来提高整个系统的处理效能，而传统污泥单相厌氧消化系统，由于整个降解过程在一个反应器中进行，各大类群微生物需协调生长和代谢，所以无法通过高负荷的方法提高酸化速度和效率。研究结果表明，两相厌氧消化工艺不总是比单相厌氧消化工艺优越，只有在一定的水力停留时间（t_{HR}）和有机负荷下，才能显示出优越性。当进泥浓度较低、t_{HR} 较长（较低负荷），两相系统和单相系统的水解和酸化率均能接近极大值时，只要后续的代谢过程进行得比较完全，则两个系统的处理效率必然相接近。当提高进泥浓度并适当降低 t_{HR}（较高负荷）时，水解和酸化成为系统处理过程的速率限制步骤，则两相厌氧消化工艺开始显示其优越性。研究还表明，酸化段存在明显的产甲烷作用，即相分离不明显并不影响两相厌氧消化工艺的处理效能。污泥的厌氧降解包括有机物的水解发酵、产氢产乙酸和产甲烷等过程，这些反应基本上是单向的，每类细菌利用各自的基质进行生长和代谢，不存在底物竞争的问题。前人一直以抑制酸化段产甲烷菌活性作为两相厌氧消化系统运行成功与否的标志是不恰当的。

2.2.2　两相厌氧消化工艺

2.2.2.1　理论依据

厌氧生物处理是一个复杂的生物学过程，有机物在多种厌氧微生物的作用下最终转化为甲烷、CO_2 和 H_2O。在一段式厌氧反应器中，厌氧消化的各个阶段是同时进行的，并保持一定程度的动态平衡，这种动态平衡很容易受到 pH 值、温度、有机负荷等外界因素的影响而遭受破坏。平衡一旦破坏，首先使产甲烷阶段受到抑制，导致低脂肪酸的积存和厌氧进程的异常变化，甚至引起整个厌氧消化过程的停滞。同时，在厌氧消化过程中，各菌种群的形态特性和最适生存条件并不一致，特别是产酸菌和产甲烷菌。产酸菌种类多，生长快，对环境条件变化不太敏感；而产甲烷菌专一性很强，对环境条件要求苛刻，繁殖缓慢。因此，在一段式厌氧反应器中，不可能满足以及协调各菌种群之间的生存条件，这样不可避免地使一些菌种的生存与繁殖受到抑制或破坏，使污泥得不到很好的处理。

例如，厌氧过程中酸化细菌对酸的耐受能力很强，酸化过程在 pH 值下降到 4 时仍可进行，但是产甲烷过程的最佳 pH 值在 6.5 ~ 7.5 之间。因此 pH 值的降低会减少甲烷生成和氢的消耗，并进一步引起酸化末端产物组成的改变，使乙醇、丙酸、丁酸等产物大量生成。甲烷菌活力下降，进一步加剧了酸的积累，使 pH 值进一步下降。厌氧消化过程随之减缓，严重时甲烷的形成完全中止。

由此提出两相厌氧消化工艺，其实质就是按照厌氧消化过程的不同阶段，将污泥在两个不同的反应器中依次完成厌氧降解过程。根据不同微生物种群的生存环境差异大的特点，将厌氧消化过程作进一步的分解。水解与酸化过程是相互作用，由相同的微生物种群完成的，所以这两个过程是不可分割的。而为了保持较低的氢分压，产乙酸过程需要嗜氢甲烷菌的活动，因此产乙酸和产甲烷过程也是不能分开进行的。这意味着厌氧降解过程的相分离只有一种情况，即发酵产酸和产乙酸阶段的分离。把进行水解和发酵产酸的酸化相与产乙酸和产甲烷的产气相分别在不同反应器或同一反应器的不同空间完成，如果不分开，则会相互抑制，效果差。通过相的分离，可大大削弱传统工艺中因酸的累积而导致的反应器“酸化”问题，使产酸菌和产甲烷菌各自在最佳环境条件下生长，以避免不同种群生物间的相互干扰和代谢产物转化不均衡而造成的抑制作用，产酸相对进水水质和负荷的变化有较强的适应能力和缓冲作用，可大大削减运行条件的变化对产甲烷菌的影响，处理系统中污泥的酸化活性和产甲烷活性均高于一段式工艺，从而系统的处理效率和运行稳定性可得到有效的提高。

2.2.2.2 两相分离

两相分离有很多方法。

(1) 物理化学方法有：调整产酸相反应器 pH 值在较低水平(5.5 ~ 6.5 之间)；或者在产酸相反应器中投加甲烷菌的选择性抑制剂(如氯仿和四氯化碳等)来抑制产甲烷细菌的生长；或者向产酸反应器中供给一定的氧气，调整反应器内的氧化还原电位，利用产甲烷细菌对溶解氧和氧化还原电位比较敏感的特点来抑制其在产酸相反应器中的生长。

(2) 用渗析的方法实现产酸菌和产甲烷菌的分离。选用直径为 1.2 ~ 10 μm 的软性微生物过滤膜可实现产酸相和产甲烷相的分离，以淀粉为主要基质的试验研究表明，产酸相的效率大大提高。但目前该方法还处于研究阶段。

(3) 通过动力学参数有机负荷率、停留时间等的调控实现产酸菌和产甲烷菌的有效分离。目前，试验中最广泛的应用就是将调节 pH 值的物理化学方法与动力学控制法结合起来，这样使较低的 pH 值对产甲烷菌产生一定的抑制性，同时产酸相的污泥停留时间较短，使得世代时间较长的产甲烷菌难以在其中生长繁殖。

实现两相分离对整个工艺有很大的影响，例如可以提高产甲烷反应器中污泥的产甲烷活性。由于实现了相的分离，进入产甲烷相反应器的废水是经过产酸相反应器预处理的出水，其中的有机物主要是有机酸(以乙酸和丁酸为主)，这些有机物为产甲烷相反应器的产氢、产乙酸菌和产甲烷菌提供良好的基质。同时，由于相的分离，可以将甲烷相反应器的运行条件控制在更适合于产甲烷细菌生长的环境条件下，因此，可使产甲烷相反应器中的产甲烷污泥的活性得到明显提高。有研究表明,两相厌氧消化工艺产甲烷相反应器中产甲烷菌的数量比单相反应器中的高20倍,污泥的活性得到一定程度的强化。

相分离还可以提高整个处理系统的稳定性和处理效果。在厌氧发酵过程中产生的氢,不仅能调节中间代谢产物的形成,也能调节中间代谢产物的进一步降解。实现相的分离后,水解和酸化过程产生的大量的氢不会进入到后续的产甲烷反应器中,同时,产酸反应器还能给产甲烷反应器中的产甲烷菌提供更适宜的基质,均有利于产甲烷相的运行。另外,产酸相还能有效地去除某些毒性物质、抑制物质或改变某些难降解有机物的部分结构,减少这些物质对产甲烷相的不利影响或提高其可生物降解性,有利于产甲烷的运行,增加了整个系统的运行稳定性,提高系统的处理能力。

2.2.2.3 工艺特点

用两相厌氧消化工艺处理污泥与一段式厌氧消化工艺相比,具有以下特点:

(1) 两相厌氧消化工艺将产酸菌和产甲烷菌分别置于两个不同的反应器内并为它们提供了最佳的生长和代谢条件,使它们能够发挥各自最大的活性,处理能力和效率比一段式厌氧消化工艺大大提高。

(2) 两相分离后,各反应器的分工更明确,产酸反应器可对污泥进行预处理,不仅为产甲烷反应器提供了更适宜的基质,还能够解除或降低水中的有毒物质,如硫酸根、重金属离子的毒性,改变难降解有机物的结构,减少对产甲烷菌的毒害作用和影响,增强了系统运行的稳定性。

(3) 适当提高产酸相的有机负荷率可以抑制产酸相中的产甲烷菌的生长,同时,提高了产酸相的处理能力。产酸菌的缓冲能力较强,加大有机负荷造成的酸积累不会对产酸相有明显的影响,也不会对后续的产甲烷相造成危害。两相分离能够有效地预防在一段式厌氧消化工艺中常见的酸败现象,即使出现也易于调整与恢复,提高了系统的抗冲击能力。

(4) 由于产酸菌的世代时间远远短于产甲烷菌,产酸菌的产酸速率高于产甲烷菌降解酸的速率,在两相厌氧消化工艺中,产酸反应器的体积总是小于产甲烷反应器的体积。对于不同来源的污泥,体积比应适当调整。

(5) 同一段式厌氧消化工艺相比,对于高浓度有机污泥、含有毒物质及难降解物质的工业废水和污泥,两相厌氧消化工艺具有很大的优势,能够得到满意的处理效果。

2.2.2.4 适用范围

由于两相厌氧消化工艺具有的特性,使其具有比一段式厌氧消化工艺更广泛的适用范围。两相厌氧消化工艺适用于处理富含碳水化合物而有机氮浓度低的高浓度有机污泥,如制糖、酿酒、加工淀粉及柠檬酸等工业污泥。在一段式厌氧反应器中,产酸菌和产甲烷菌的数量大体相等,但两者的生长速率相差悬殊(通常产酸速率为产甲烷速率的14倍)。在一段式工艺中,往往易在高负荷下因过快的产酸速率使产甲烷菌完全处于低pH值环境,而使产甲烷菌受到抑制出现需要较长时间才能恢复的酸败问题。但在两相工艺中,因产酸和产甲烷菌分别处于反应器或同一反应器的不同空间,因而一旦负荷升高,产酸相出水pH值较低并含有高浓度的挥发性脂肪酸(VFA),但由于产甲烷相主体溶液的pH值较高而VFA相对较低,因而具有良好缓冲能力,必要时也可采取将产甲烷相出水回流至其进水等措施在短期内得到恢复,而不至于发生酸败现象。

两相厌氧消化工艺适用于处理有毒有害工业污泥。工业污泥和废水中常含有如硫酸盐、苯甲酸、氰、酚、重金属、吲哚、萘等对产甲烷菌有毒害作用的物质，若直接进入一段式反应器处理，则会因这些物质直接与产甲烷菌的接触而使产甲烷菌中毒，抑制其功能的发挥。在两相厌氧消化工艺中，污泥首先与产酸菌接触，而有很多种类的产酸菌本身或通过其产生的产物具有通过多种途径改变毒物结构或将其分解并削弱或消除毒性的功能。如产酸反应的产物 H_2S 可以与污泥中的重金属离子形成不溶性的金属硫化物沉淀，解除重金属离子对产甲烷菌的毒害作用。

两相厌氧消化工艺适用于处理含难降解有机物的废水。造纸、焦化工业废水及城市垃圾卫生填埋场渗滤液中含有难以被生物降解的芳香族物质，这些大分子物质在一段式反应器中易积累，当积累到一定浓度时对产甲烷菌会产生抑制作用。采用两相厌氧消化工艺处理这些废水，可通过水解产酸菌的作用使这些物质裂解为易降解的小分子有机物并从中获得能源和碳源，便于后续产甲烷菌的代谢。

两相厌氧消化工艺适用于处理含高浓度悬浮固体的废水。含高浓度 SS 的有机工业废水难以直接用厌氧生物滤池（AF）或上流式厌氧污泥床（UASB）等第 2 代厌氧处理工艺处理，废水中较多的 SS 易引起 AF 的堵塞，而 UASB 虽然允许进水中含有一定数量的 SS，但当污泥床中积累大量的原废水中的 SS 时，将影响颗粒污泥的絮凝和沉淀性能，降低污泥的产甲烷活性，降低混合液的 pH 值，而使反应难以正常进行。采用两相工艺处理这类废水时，废水中的 SS 经污泥床的截留作用并在产酸相的水解和酸化作用下，使其浓度大大降低，从而可保证后续产甲烷相的正常运行。

2.2.2.5　存在的问题

在污泥两相厌氧消化的处理中，由于产甲烷菌的降解速率慢于产酸菌，因此产甲烷相成为厌氧消化过程的限制阶段。产甲烷菌对于不同基质的代谢速度是不同的，产甲烷菌的反应速率与产酸相产物的种类有关。对于产甲烷菌的研究表明，甲酸、甲醇、甲胺和乙醇能够直接为产甲烷菌所利用，而和产甲烷菌互营共生的产氢、产乙酸细菌能够很快地将乙醇、丁酸转化为乙酸供产甲烷菌利用。有研究表明，产甲烷菌所产生的甲烷中有 70% 左右来源于乙酸。产酸相发酵产物中应尽可能避免出现丙酸和乳酸，因为乳酸易转化为丙酸，丙酸的积累容易导致酸败现象。

另外，两相厌氧消化系统处理污泥时，产酸相不宜采用 UASB 或膨胀颗粒污泥床（EGSB），因为反应器内的颗粒污泥与以悬浮物为主的絮状污泥难以迅速分离，所以在反应器的选择上也存在一些困难。从诸多研究结果来看，污泥两相厌氧消化工艺更注重强调的是一个概念而不是具体的反应器类型，它从另一个角度引导人们对污泥厌氧消化过程进行理解和灵活运用。

2.2.3　三阶段污泥厌氧消化工艺

污泥的厌氧消化可分为三个阶段：水解发酵、酸性发酵和甲烷发酵，为了提高有机物的消化率和去除率，开发了三阶段厌氧消化工艺。这种消化类型的特点是消化在三个互相连通的消化池内进行。原料先在第一个消化池滞留一定时间进行分解和产气，然后液料从第一个消化池进入第二个消化池，再进入第三个消化池继续发酵产气。该消化工艺滞留期长，有机物分解彻底，但投资较高。

2.3 影响污泥厌氧消化产甲烷的因素

2.3.1 pH 值

pH 值是厌氧反应的重要影响因素之一。厌氧处理中，水解菌与产酸菌对 pH 值有较大范围的适应性，大多数这类细菌可以在 pH 值为 5.0 ~ 8.5 范围生长良好。而产甲烷菌对 pH 值的适应范围较窄，应维持在 6.5 ~ 7.8 范围内，最宜 pH 值范围是 7.0 ~ 7.3，pH 值的突然改变会引起细菌活力的明显下降。非产甲烷菌，如水解菌、产酸菌等对 pH 值的变化不如产甲烷菌敏感，在 pH 值发生较大变化时，这些细菌受到的影响较小，它们能继续将进泥中的有机物转化为脂肪酸等，导致反应器内有机酸的积累、酸碱平衡失调，这将使产甲烷菌的活性受到更大抑制，最终导致反应器的运行失败。因此，应特别注意反应器内 pH 值的控制。

传统厌氧系统通常维持一定的 pH 值，使其不限制产甲烷菌生长，并阻止产酸菌（可引起挥发性脂肪酸累积）占优势，因此，必须使反应器内的反应物能够提供足够的缓冲能力来中和任何可能的挥发性脂肪酸积累，这样就阻止了在传统厌氧消化过程中局部酸化区域的形成。而在两相厌氧系统中，各相可以调控不同的 pH 值，以便使产酸过程和产甲烷过程分别在最佳的条件下进行，pH 值的控制对产甲烷阶段尤为重要。

2.3.2 碱度

消化液的碱度通常由其中氨氮的含量决定。它能中和酸而使消化液保持适宜的 pH 值。在消化系统中，NH_3 和 CO_2 反应生成 NH_4HCO_3，使消化液具有一定的缓冲能力，在一定范围内避免 pH 值的突然降低。缓冲剂是在有机物分解过程中产生的，消化液中有 H_2CO_3、氨（NH_3 和 NH_4^+）和 NH_4HCO_3 存在。HCO_3^- 和 H_2CO_3 组成缓冲溶液。当溶液中脂肪酸浓度在一定范围内变化时，不足以导致 pH 值变化。该缓冲溶液一般以碳酸盐的总碱度计。因此在消化系统中，应保持碱度在 2000 mg/L 以上，使其有足够的缓冲能力。在消化系统管理过程中，应经常测定碱度。

氨有一定的毒性，一般以不超过 1000 mg/L 为宜。氨的存在形式有 NH_4^+ 和 NH_3，两者的平衡浓度决定于 pH 值。当有机酸积累，pH 值降低时，NH_3 解离为 NH_4^+，当 NH_4^+ 浓度超过 150 mg/L 时，消化受到抑制。

2.3.3 丙酸

丙酸是厌氧生物处理过程中一个重要的中间产物，有研究指出，在城市污水处理剩余污泥的厌氧消化中，系统甲烷产量的 35% 是由丙酸转化而来。同其他的中间产物（如丁酸、乙酸等）相比，丙酸向甲烷的转化速率是最慢的，有时丙酸向甲烷的转化过程限制了整个系统的产甲烷速率。丙酸的积累会导致系统产气量的下降，这通常是系统失衡的标志。

在厌氧消化处理污水处理厂的剩余污泥、猪粪、食品垃圾以及一些工业废水时，都发现在系统失败前，丙酸浓度的异常增长。在超负荷厌氧消化系统中，丙酸与乙酸比率的变化规律在提高进料浓度后该比率迅速升高，在其他监测指标发生变化之前优先指示出系统超负荷的工况。鉴于丙酸积累和系统失衡之间的这种相关性，有学者提出把丙酸浓度或丙酸与乙酸浓度之比作为衡量厌氧反应器异常状况的指标。

丙酸浓度的增加对产甲烷菌有抑制作用，因此丙酸积累会造成系统失衡。研究表明，通过加入苯酚造成系统中丙酸浓度增加（苯酚厌氧降解产生丙酸）时，丙酸浓度最高积累至 2750 mg/L，同时 pH 值低于 6.5，在此条件下未观察到对底物葡萄糖产甲烷的抑制作用，因此有人认为，丙酸的高浓度并不意味着厌氧消化系统的失衡。从以上的分析可以看出，系统失衡时常常伴随着丙酸的积累，但是丙酸积累可能只是系统失衡的结果，并不是原因。

控制厌氧消化系统中的丙酸积累，应当控制合适的条件以减少丙酸的产生，并且同时创造有利条件促进丙酸转化。首先，可以采用两相厌氧消化工艺。水解产酸菌和产甲烷菌的最佳生长环境条件不同，通过相分离可以有效地为两类微生物提供优化的环境条件。适当控制产酸相的 pH 值从而抑制丙酸的产生，在产甲烷相中，由于较低的氢分压以及利用氢的产甲烷菌的存在，促进丙酸被有效转化，从而提高反应器效率和系统稳定性。在废水高温厌氧处理中，当丙酸是主要的有机污染物而氢气的产生不可避免时，应采用两相厌氧反应器，在第二相中，丙酸可以被去除。两相系统处理能力提高的原因主要为在第二个反应器中，氢分压的降低促进了丙酸的氧化。

由于有机负荷的提高往往造成丙酸的产生，从而导致丙酸的积累和系统的失衡，所以，抑制厌氧消化系统中的丙酸积累，还可以选择抗冲击负荷的反应器形式。当处理水质或水量波动大的废水时，选用抗冲击负荷的反应器形式就能有效增强系统的稳定性。和其他形式的厌氧反应器相比，厌氧折流板反应器（ABR）具有良好的抗冲击负荷能力，它将反应器分成不同的隔室，在每一个隔室中，水流呈完全混合的状态以促进微生物和基质的接触，而整个反应器中，水流则是推流状态以实现微生物种群的分离。当发生冲击负荷时，第一个隔室中较低的 pH 值和较高的底物浓度使产乙酸菌和丁酸发酵菌大量生长，从而限制了产丙酸菌的生长。虽然第一个隔室会发生氢的积累，但是多隔室的构造使过量的氢气可以从系统排出，从而增强了系统的稳定性。

2.3.4 搅拌

厌氧消化是细菌体内的内酶和外酶与底物进行的接触反应，因此，必须使二者充分混合，才能有效地反应。一般情况下，厌氧消化装置需要设置搅拌设备。搅拌的目的是使消化原料分布均匀，增加微生物与消化基质的接触，也使发酵的产物及时分离，从而提高产气量，加速反应，充分利用厌氧消化池的体积。若搅拌不充分，除代谢率下降外，还会引起反应器上部泡沫和浮渣层，以及反应器底部沉积固体物的大量形成。通过改变消化罐的形状和搅拌办法，可提高搅拌效率。混合搅拌的方法随消化状态的不同而异，对于液态发酵用泵喷水搅拌法；对于固态或半固态用消化气循环搅拌法和机械混合搅拌法等。适当的搅拌是工艺控制的重要组成部分。

2.3.5 重金属

在消化液中添加少量的钾、钠、钙、镁、锌、磷、锰等元素能促进厌氧反应的进行，主要是因为钙、镁、锰等二价金属离子是酶活性中心的组成成分，其中锰、锌离子还是水解酶的活化剂,能提高酶活性,促进反应速度,有利于纤维素等大分子化合物的分解。但过量的金属离子或有毒重金属离子对甲烷发酵有抑制作用,主要表现在两个方面:第一,与酶结合产生变性物质,使酶的作用消失;第二,重金属离子与氢氧化物的絮凝作用,使酶沉淀。

多种金属离子共存时,毒性有拮抗作用,忍受浓度可提高。如 Na^+ 单独存在时,临界浓度为 7000 mg/L,而与 K^+ 共存,K^+ 浓度达到 3000 mg/L 时,Na^+ 的临界浓度可提高 80%,达到 12600 mg/L。重金属的毒性可以用硫化物络合法降低,例如锌浓度过高时,可加入 Na_2S,产生 ZnS 沉淀,毒性即降低。

进水中铜、锌、镍、铅这四种不同的重金属离子浓度对两相厌氧消化工艺有一定的影响。产酸相的污泥对铅有很好的吸附作用,铜次之,而对锌和镍没有很好的吸附作用。对产甲烷相的产气情况进行观察,并与到达该反应器的重金属离子浓度进行比较,发现相分离没有预期那样提供保护作用。将这四种金属直接加入到产甲烷相反应器中,发现所有的金属离子都会引起 COD 去除率的明显下降,而在停止重金属的加入后,又会立即恢复。在这四种金属中,镍和铅对产气的影响较大。研究报道,微量金属元素铁、钴、镍的氮化物与无机营养液中其他物质混合,只能达到很低的乙酸利用率,为 4 ~ 8 kg/m^3;而当铁、钴、镍的氯化物直接加入厌氧消化反应器内时,乙酸的利用率则高达 30 kg/m^3,并且反应器内的甲烷优势菌发生变化,由索氏甲烷丝状菌占优势转变到由巴氏甲烷八叠球菌占优势。

我国城市污泥的重金属含量普遍低于欧美等国家,其污染主要以锌和铜为主,其他重金属含量较低。以重金属的平均值进行比较,即使是含量最高的锌,也低于瑞典城市污泥中锌的含量,更远远低于英国和美国。容易超标的锌、铜、镉、铅的含量分别比英国低 96%、13.1%、35.0%、58.7%,比美国低 52%、44%、8%、39%。因此,工业发达国家所强调的城市污泥农用的重金属污染问题在我国并不会像人们想象的那样严重。

2.3.6 碳氮摩尔比

充足的发酵原料是产生甲烷的物质基础,在厌氧消化工艺中,产酸细菌和产甲烷菌生长所需营养由污泥提供。污泥中的碳源担负着双重任务:其一是作为反应过程的能源,其二是合成新细胞。麦卡蒂等人提出污泥细胞质(原生质)的分子式是 $C_5H_7NO_2$,即合成细胞的碳氮摩尔比约为 5∶1。此外,碳还需要作为能源,因此要求碳氮摩尔比为(10 ~ 20)∶1 为宜。如果碳氮摩尔比太高,细胞的氮含量不足,消化液的缓冲能力低,pH 值容易降低;如果碳氮摩尔比太低,氮含量过多,pH 值可能上升,铵盐容易积累,会抑制消化进程。根据勃别尔的研究,各种污泥的碳氮摩尔比如表 2-1 所示。通过将贫氮原料与富氮原料进行适当的配合来形成有适宜碳氮摩尔比的混合原料。

表 2-1 厌氧消化污泥中底物含量及其碳氮摩尔比

底 物	污泥种类		
	初次沉淀污泥	活性污泥	混合污泥
碳水化合物 *w*/%	32.00	16.50	26.30
脂肪、脂肪酸 *w*/%	35.00	17.50	28.50
蛋白质 *w*/%	39.00	66.00	45.20
碳氮摩尔比(C/N)	(9.40 ~ 10.35)∶1	(4.60 ~ 5.04)∶1	(6.80 ~ 7.50)∶1

2.3.7 温度

温度是影响污泥厌氧消化的重要因素，主要是通过厌氧微生物细胞内某些酶的活性而影响微生物的生长速率和微生物对基质的代谢速率，从而影响到污泥厌氧消化的效果和反应器所能承载的有机负荷。根据对温度的适应性，甲烷菌可分为两类，即中温甲烷菌（适应温度区为 30～38℃）和高温甲烷菌（适应温度区为 50～55℃）。

根据厌氧消化温度的不同，可把消化过程分为常温消化（自然消化）、中温消化（28～38℃）和高温消化（48～60℃）。常温消化也称自然消化、变温消化，其主要特点是消化温度随着自然气温的四季变化而变化，但常温消化过程的甲烷产量不稳定，转化效率低。一般认为 15℃是厌氧消化在实际工程应用中的最低温度。在中温消化条件下，温度控制恒定在 28～38℃，此时甲烷产量稳定，转化效率高。但因中温消化的温度与人体温接近，故对寄生虫卵及大肠菌的杀灭率较低。高温消化的温度控制在 48～60℃，因而分解速度快，处理时间短，产气量大，并且能有效杀死寄生虫卵。高温对寄生虫卵的杀灭率可达 99% 以上，大肠菌指数为 10～100，能满足卫生要求（卫生要求对蛔虫卵的杀灭率应达到 95% 以上，大肠菌指数为 10～100）。但高温消化需加温和保温设备，对设备工艺和材料要求高。消化时间是指产气量达到产气总量的 90% 时所需时间。中温消化的消化时间约为 20 天，高温消化所用时间要少得多，约为 10 天。

产甲烷菌对温度的剧烈变化比较敏感，中温或高温厌氧消化允许的温度变化范围为 ±(1.5～2.0)℃。当变化达到 ±3℃时，就会抑制消化速度；有 ±5℃的剧烈变化时，就会停止产气，使有机酸大量积累。因此，厌氧消化过程要求温度相对稳定，一天内的变化范围应在 ±2℃内。

2.3.8 氧化还原电位

厌氧环境是厌氧消化过程正常进行的最基本条件。厌氧环境的主要标志是厌氧消化液具有较低的氧化还原电位（ORP，Oxidation Reduction Potential），其值应为负值。

不同的厌氧消化系统和厌氧微生物对 ORP 的要求并不相同。研究资料表明，高温厌氧消化系统要求适宜的氧化还原电位为 －600～－500 mV；中温厌氧消化系统及浮动温度厌氧消化系统要求的氧化还原电位应低于 －380～－300 mV。产酸菌对氧化还原电位的要求不甚严格，甚至可以在 －100～100 mV 的兼性条件下生长繁殖，而甲烷菌最适宜的氧化还原电位为 －350 mV 或更低。

2.3.9 挥发性脂肪酸

挥发性脂肪酸是厌氧消化过程中重要的中间产物。厌氧消化过程中，常常由于负荷的急剧变化、温度的波动、营养物质的缺乏等原因造成挥发性酸的积累，从而抑制甲烷菌的生长。在正常运行的中温消化池中，挥发性脂肪酸质量浓度一般在 200～300 mg/L 之间。对于挥发性脂肪酸是否是毒性物质，一直存在争议。部分研究人员认为，有机酸浓度超过 2000 mg/L 时就对厌氧消化不利。而麦卡蒂等则认为，只要 pH 值正常，则甲烷菌能够忍受高达6000 mg/L的有机酸浓度。

2.3.10 水力停留时间与有机负荷

厌氧消化效果的好坏与生物固体停留时间(SRT,Solid Retention Time)有直接关系,对于无回流的完全混合厌氧消化系统,SRT等于水力停留时间(HRT,Hydraulic Retention Time)。随着水力停留时间的延长,有机物降解率和甲烷产率可以得到提高,但提高的幅度与污泥的性质、温度条件、有无毒物等因素相关。

另外,厌氧消化的效果还取决于有机负荷的大小。污泥厌氧消化的有机负荷一般以容积负荷表示,容积负荷表示单位反应器容积每日接受的污泥中有机物质的量(可按VS计或按COD计),其单位可用 $kg/(m^3 \cdot d)$ 表示。

有机负荷是消化工艺设计的重要参数。有机负荷过高,可能影响产甲烷菌的正常生理代谢,反应器内脂肪酸可能因此而积累,pH值下降,污泥消化不完全;有机负荷过低,污泥消化较完全,产气率较高,但相应地,消化周期长,基建费用增高。

2.4 污泥厌氧消化产甲烷技术进展

2.4.1 污泥厌氧消化产甲烷研究现状

随着世界范围的环境质量标准的提高,污泥农用和土地利用的途径越来越受到各种环境法规的限制,同时,污泥本身性质也在不断变化。在传统的厌氧消化工艺中,产酸菌和产甲烷菌在单相反应器内完成厌氧消化的全过程。由于二者的特性有较大的差异,对环境条件的要求迥异,传统的厌氧消化工艺无法使产酸菌和产甲烷菌都处于最佳的生理生态环境条件,因而影响了反应器的效率,处理后的污泥不达标。在此趋势下,国内外的环保人士竞相寻求新型的厌氧消化工艺。目前,就两相厌氧消化、前处理厌氧消化等方向展开了研究。传统的污泥厌氧消化技术有中温消化和高温消化两类。在实际工程中,中温应用最为广泛,工艺最为成熟稳定;高温由于其能耗较高,目前仅被美国和北欧一些国家采用。两相厌氧消化包括高温酸化(55℃)、中温甲烷化(35℃)和中温酸化(35℃)、高温甲烷化(55℃)。厌氧消化预处理手段包括:机械破碎法、碱溶法、超声波法、臭氧氧化法、γ辐照法以及高能电子束辐照等。

污泥的厌氧消化可分为三个阶段:水解发酵、酸性发酵和甲烷发酵,后两个阶段进行得很快,而水解过程进行缓慢,是厌氧消化的限速步骤,所以导致厌氧消化较长的停留时间和较大的消化池体积。水解缓慢的主要原因之一,是由于微生物细胞壁和细胞膜的存在。因为污泥是厌氧菌的基质来源,而污泥本身主要是由微生物构成的,厌氧菌进行发酵所需的基质就包含在微生物的细胞膜内,因此,只有打破细胞壁/细胞膜,将这些有机质释放出来,厌氧菌才能利用它们进行厌氧消化。所以,对污泥进行预处理,提高厌氧消化过程中污泥的水解速率及固体悬浮物化学需氧量(SCOD)的含量,能够有效地改善污泥的消化性能。

厌氧消化是处理污泥时常用的减容稳定工艺,具有能耗低、污泥稳定性好、产生沼气等优点,但由于污泥固体的生物可降解性低,完全的厌氧消化需相当长的时间,即使20~30天的停留时间，也仅能去除30% ~50%的挥发性固体(VSS)，污泥固体细胞分解为小分子和胞内生物大分子水解为小分子，是厌氧消化的限速步骤，因此，提高厌氧消化效率的一个主要途径是促进污泥细胞的分解，增强其生物可降解性。

高廷耀在污泥两相和单相厌氧消化过程中发现，采取高温55℃停留1 ~2天，中温35℃停留5 ~9天的工艺条件，可得出如下结论：对病原菌的灭活率，两相工艺优于单相，最低灭活率仍可达90%。以气浮浓缩污泥为研究对象时，对于较高浓度的气浮浓缩污泥，水力停留时间大于10天，挥发性固体(VS)的有机负荷小于3.77 kg/(m^3 · d)的条件下，两相厌氧消化系统的VS去除率超过40%，优于单相系统。但两相系统的甲烷化罐出现较高浓度的有机酸积累。国外学者进行的中温(35℃)和高温(55℃)两相消化剩余污泥的试验表明，两相系统的有机物去除率在50.7% ~58.8%之间，分别高于中温单相(去除率为43.5%)、高温单相(去除率为46.8%)，每1 g挥发性固体VS的甲烷产率在424 ~468 mL之间，总大肠菌群去除率达到98.5% ~99.6%。

据报道，挪威的Hias污水处理厂运用热解对污泥进行厌氧消化的强化处理，运行3年，效果良好。该厂采用相应的蒸气压将污泥在130 ~180℃加热30 min，生物细胞破裂分解，细胞内水释放出来而改变了污泥的黏滞度，使污泥中含有更高的溶解性固体，以提高消化池污泥浓度。与无强化处理的技术相比，热解处理可使消化池体积减半，而且大幅度增强污泥脱水性能，污泥脱水率可提高60% ~80%，消化污泥的缓冲能力加强，污泥更为稳定，臭味大大减少且易于堆放。此外，还可以起到消毒灭菌的作用，并提高产气量。王治军等人采用热水解预处理来改善污泥厌氧消化性能，结果表明：热水解的最佳温度为170℃，反应时间为30 min，热水解污泥的厌氧消化性能和系统处理效率都得到显著提高，COD去除率最大时提高了20.18%，日均产气量增加了79.2% ~99.55%。热碱预处理技术也可以得到较好的效果。在pH值为11、温度为90℃的条件下，处理挥发性悬浮固体(VSS)含量为6.82%的剩余污泥，10 h便使其VSS水解45%，同时，SCOD达到70 mg/L。污泥厌氧消化工艺的研究表明，结合臭氧氧化技术，可以使挥发性固体平均降解率提高至65%，并减少1/3的厌氧消化池容积。

除了单一消化外，污泥与其他废弃物的联合厌氧消化也可以取得较好的效果。以生活污泥(质量分数为75%)和城市垃圾有机残渣(质量分数为25%)的混合基质为研究对象，在高温(56℃)、中温(36℃)两相厌氧消化条件下进行处理，沼气中CH_4浓度超过60%时，每1 g挥发性悬浮固体VSS的沼气产率可以达到0.4 ~0.6 L之间。我国学者付胜涛等人进行了初沉污泥和厨余垃圾的混合中温厌氧消化研究，其结果表明，在所有的反应器运行过程中，进料有机负荷(按VS计)为1.66 ~4.19 g/(L · d)，所有反应器系统中均没有出现如pH值降低、碱度不足、氨抑制和VFA积累等抑制现象。在两种进料条件下，相应的VS去除率分别为61.8% ~66.4%和67.5% ~70.4%，每1 g挥发性固体VS的甲烷产率分别为0.441 ~0.447 L和0.47 ~0.482 L。在以剩余污泥和水果、蔬菜垃圾为混合基质的研究中，采取高温停留3天、中温停留10天的条件，其结果与中温单相消化相比，两相系统可提高40%的VS去除率，且沼气产量增加0.37 m^3/kg。赵庆良等人进行了污泥、马铃薯加工废水、猪血和灌肠加工废水的高温酸化(75℃，2.5天) - 中温甲烷化(37℃，10天)两相厌氧消化。他认为在污泥中混合一定比例的其他高浓度有机废物进行高温/中温两相厌氧消化，在技术上是可行和有效的。控制高温产酸相在75℃和2.5天可基本达到水解与产酸(兼作灭菌)的目的，控制中温产甲烷相在37℃和10天(或14天)可达到最佳产气效果，系统稳定性较好。

2.4.2 污泥厌氧消化处理存在的主要问题

由于污泥的主要成分是有机物质，厌氧工艺被认为是经济有效的污泥处理工艺之一。厌氧消化工艺在通过厌氧微生物将污泥中的有机物质转变为稳定的腐殖质和无机物质的同时，还能够产生能源物质甲烷，实现污泥的稳定化与资源化。厌氧处理过程，特别是高温消化，能有效控制污泥中的病原菌和寄生虫卵的数量，显著改善了污泥的卫生条件。

虽然厌氧消化工艺是一种高效的污泥稳定化处理方法，但是在污泥处理过程中，该工艺也不断面临着各种新问题。污泥厌氧消化处理研究所面临的挑战主要有两个方面，即污泥中有机物质含量偏低和消化污泥脱水性能变化情况，它们都会影响到该工艺的处理效能，是该工艺在实际应用中的瓶颈。

2.4.2.1 污泥中有机物质含量偏低

据调查，我国生活污水污泥中的有机物含量质量分数约为50%～70%，与西方国家的有机物含量(60%～80%)相比偏低，但碳水化合物含量较高，属高碳水化合物低脂肪类型。对于各种工业废水处理产生的污泥，其中的有机物含量还要低于生活污水污泥，如造纸污泥的灰分含量比较高，其有机物含量一般仅为30%～50%。

另一方面，随着近年来对出水COD、氮和磷的排放标准要求愈加严格，越来越多的生物营养去除(BNR)工艺得到了普遍的应用。而只有当在污水中获得足够的碳源时，BNR工艺才能实现氮、磷的充分去除。因此，为了保留进水COD中的颗粒有机成分，这些污水处理厂中往往省去了初沉池。

此外，为了保证活性污泥的消化能力，必须采用较长的污泥固体停留时间(一般大于10天)。这就导致了在污水处理工艺中已经发生了部分污泥的稳定化，使剩余污泥中的有机物质(挥发性固体)含量偏低。

2.4.2.2 消化污泥脱水性能变化

传统厌氧消化理论认为，因污泥产生的沼气使污泥有较大的空隙，所以经过厌氧消化的污泥，大部分污泥的脱水性能会得到提高。因为厌氧消化能使污泥中的细小颗粒和比表面积减小，从而改变了污泥和水的结合程度，使污泥的脱水性能得到改善。另外，污泥的停留时间、碱度和搅拌方法都能对污泥的脱水性产生直接或间接的影响。

但实验结果表明，当污泥的停留时间达到某个特定值时，其脱水性能最佳，超过这个值时，对脱水性能不会有多少影响。但当稳定时间不足时，污泥的脱水效果甚至会比稳定前有所下降。消化污泥的碱度通常超过2000 mg/L，在进行化学调节时，如用无机盐混凝剂，则所加的混凝剂需先中和碱度，再起到混凝作用，因此，只有加入过量的混凝剂，才能达到同样的脱水效果。在这方面，过去曾用淘洗法来降低污泥的碱度，其目的是为了节省混凝剂用量，但却需增设淘洗池及搅拌设备，加上目前高效混凝剂种类的不断开发，淘洗法已逐渐被淘汰。消化污泥的搅拌方式如采用水力提升或机械搅拌，则污泥絮体会因受机械剪切而被破坏,导致脱水性能下降。

有研究表明,无论是好氧消化还是厌氧消化,均使消化污泥的脱水性能变差。活性污泥以胞外聚合物(EPS)和阳离子形成的结合体为基质,由包含微生物菌落、有机物和无机物在内的物质组成。虽然大部分生物聚合物存在于活性污泥絮体内,但仍有少量生物胶体游离于溶液中。这些生物胶体正是污泥调质需要的主要部分,污泥性质的恶化也常常伴随着污泥絮体中生物聚合物的释放。

3　厌氧消化过程的理论模型

3.1　污泥厌氧消化产甲烷动力学原理

3.1.1　概述

污泥的厌氧消化过程是污泥所参与的、以微生物(包括水解菌、产酸菌及产甲烷菌等这些微小的生物体)为主体所催化的生化反应过程。厌氧消化过程有以下主要特征。

(1) 微生物是反应过程的主体。首先,微生物是反应过程的催化剂,它摄取了原料中的养分,通过微生物内特定的酶系进行复杂的生化反应,把污泥转化为有用的产品(生物能);同时,它又如同微小的反应器,原料中的反应物通过渗透作用经由微生物细胞壁和细胞膜进入到微生物体内,在酶的作用下进行催化反应,把反应物转化为产物,接着产物又被释放出来。因此,微生物的特性及其在反应过程中的变化,将是影响发酵过程的关键因素。

(2) 厌氧消化过程的本质是复杂的酶催化反应体系。微生物内所进行的一切分解和合成过程,统称为代谢作用。在反应过程中,一方面,微生物通过同化作用将外界摄取的营养物质转化为自身的组成物质;另一方面,又将微生物内的组成物质不断地分解排出,这称为异化作用。从简单的小分子有机物质转化为大分子有机物的合成过程需要能量的消耗;而分解作用形成的小分子物质又可以作为合成物质的原料,同时伴随着能量的释放过程。这一复杂的反应体系就是通过微生物的代谢作用来维持微生物内物质和能量的自身平衡的。

(3) 厌氧消化过程是动态的。厌氧消化过程是微生物与有机物分子之间的反应,在反应过程中,微生物自己能进行再生产,即在反应进行的同时,微生物也得到生长。微生物在反应过程中,其形态、组成、活性都处在一个动态变化的过程。例如,在反应过程中,微生物都要经历生长、繁殖、维持和死亡等若干个阶段,每个不同的阶段都有不同的活性。从微生物的组成分析,它包含蛋白质、脂肪、碳水化合物等,这些成分含量的大小也随着环境的变化而变化。微生物能通过代谢机制进行定量调节以适应外界环境的变化。

以上这些因素,再加上实际操作中有机类垃圾的来源不同,成分复杂,湿度、碳氮摩尔比、粒度、杂质含量等的不同,造成了厌氧消化过程的描述和控制的复杂性。

针对不同的厌氧消化设备和消化工艺,依据经验、理论和对实验结果的分析,在做出必要的简化和合理假设的条件下,运用适当的数学工具得到输入参数与输出变量之间的关系表达式,以此定量描述整个厌氧消化过程各参数的特性变化。

模型建立后,模型参数估值成为解决问题的关键。因为参数估值的合理性和准确性关系到模型的实用性和可靠性。本章将简单介绍厌氧消化的一些基本理论,然后把重点放在厌氧消化过程建模和模型参数求解的常用方法上。

3.1.2　厌氧消化动力学原理

微生物的生长、繁殖代谢是一个复杂的生物化学过程。该过程既包括微生物体内的生化反应，也包括微生物体内和体外的物质交换，还包括微生物体外的物质传递和反应。该体系具有多相、多组分、非线性的特点。多相是指体系内含有气相、液相和固相；多组分是指体系内含有多种营养成分，有多种代谢产物和中间产物的生成；非线性是指微生物的代谢过程需要用非线性方程来描述。每个微生物都经历着生长、成熟和衰老的过程，同时伴随有变异和退化。因此，要对这样一个反应过程进行准确的描述几乎是不可能的。为了工程上应用的方便，首先要进行合理的简化，在简化的基础上，建立过程的数学模型。模型假设有以下几点。

(1) 微生物反应动力学是对微生物群体的动力学行为的描述，而不是对单一微生物进行描述。所谓微生物群体是指在一定条件下微生物的大量聚集。

(2) 不考虑微生物之间的差别，认为其内部结构是一致的。

(3) 微生物视为单组分，有确定的化学方程式描述。

(4) 发酵罐内基质（污泥）的物性认为是均匀一致的。

3.1.2.1　厌氧消化过程计量学方程及产率系数

反应计量学是对反应物的组成和反应转化程度的数量化研究，它与反应热力学和动力学一起构成了反应工程学的理论基础。根据反应计量学，就可以知道反应过程中各有关反应组分的变化规律以及各反应之间的数量关系，但对厌氧消化过程而言，由于众多组分参与反应和代谢途径的错综复杂，并且在微生物生长的过程中还伴随着代谢产物生成的反应，因此，要用标以正确系数的反应方程式表示由反应组分组成的有机物转化为生成物的反应几乎是不可能的，这需要通过一些特殊的方式加以简化处理。

为了表示出消化过程中各物质和各组分之间的数量关系，最常用的方法就是建立各元素之间的原子衡算方程式。在这种方法中，首先要确定微生物的元素组成及其分子式。一般将微生物的分子式定义为 $C_\alpha H_\beta O_\delta N_\gamma$，而忽略其他微量元素或成分，比如 P、S 和灰分。不同的微生物，其组成当然是不一样的；即便是同一微生物，所处生长阶段不同，其组成也是不一样的。为此，在实际中，常采用平均微生物组成，并给出了经验分子式。

周少奇根据生化反应电子流守恒原理，建立了有机类垃圾厌氧消化过程的生化计量学方程。该计量方程式将蛋白质、死菌体和其他动植物残渣归结为含氮有机物（$C_a H_b O_c N_d$），将淀粉、纤维素和木质素归结为碳氢类化合物（$C_\alpha H_\beta O_\gamma$），中间产物为乙酸（$CH_3COOH$）、丙酸（$C_2H_5COOH$）和丁酸（$C_3H_7COOH$），终产物为氢气（$H_2$）和甲烷（$CH_4$）及二氧化碳（$CO_2$）。根据计量方程式，我们就可以对初始有机物、中间产物、终产物以及微生物之间的关系进行定量描述，在此之前，需要阐明一下产率系数的概念。

产率系数分为宏观产率系数和理论产率系数。当微生物生长时，并且还伴随有其他产物的生成，则所消耗的基质一部分用于微生物的生长，一部分用于生成代谢产物。假定发酵过程中所消耗的基质总量为 ΔS_T，其中用于微生物生长的基质数量为 ΔS_G，用于生成代谢产物的量为 ΔS_R。

若定义 $Y_{x/S} = \Delta x / -\Delta S_T = \Delta x / -(\Delta S_G + \Delta S_R)$，此时，求得的对基质的微生物产率系数称为宏观产率系数；若定义 $Y_{x/S} = \Delta x / -\Delta S_R$，此时，求得的对基质的微生物产率系数为理论产率系数。在实际中，很难准确测量用于微生物生长的量到底有多大，而这个值和用于生成代谢产物的量相比又很小。因此，通常采用理论产率系数的简化式（忽略 ΔS_G）来求解产率系数。为了简明扼要地表述，我们仅以水解阶段的计量方程式为例，说明各参数之间的定量关系。

$$C_6H_{10}O_5 \cdot nNH_3 \longrightarrow \gamma_e C_6H_{10}O_5 + (1-\gamma_e) C_6H_{10}O_5 \cdot mNH_3 + [n-(1-\gamma_e)]NH_3$$

此计量方程式是污泥($C_6H_{10}O_5 \cdot nNH_3$)水解为可溶有机物($C_6H_{10}O_5$)和不可溶有机物($C_6H_{10}O_5 \cdot mNH_3$)以及氨氮的表达式。通过此方程式,可以计算出可溶性有机物的产率系数为$1/\gamma_e$;也可以计算不可溶有机物的产率系数为$1/(1-\gamma_e)$;氨氮的产率系数为$1/[n-(1-\gamma_e)]$,其中γ_e为污泥中可降解系数。

3.1.2.2 污泥厌氧消化微生物生长动力学模型

厌氧消化过程,包括微生物的生长、基质的消耗和代谢产物(氢气、甲烷)的生成,要定量描述厌氧消化过程的速率,显然,微生物生长动力学是其核心。

A 微生物比生长速率和浓度表达式

在不同的污泥厌氧消化工艺中,有一个共同的特点,就是都必须经过水解、酸化过程才能将污泥降解并产生生物气体。因此,可以用同一个方程来表述两个不同阶段中微生物的生长过程。对于水解过程,用 Monod 模型来表述;而对于接下来的几个消化过程,由于相关的厌氧菌受不同基质的抑制或限制作用,常采用形式较复杂的 Haldane 模型来阐述厌氧菌生长。对于仅受基质限制的微生物,其生长动力学模型通常可以采用 Monod 模型来描述;对于同时受基质限制和基质抑制的微生物而言,以采用反竞争性抑制模型来表达。图 3-1 所示为 Monod 模型和反竞争性抑制模型的比生长速率对比。从图 3-1 可以看出,当基质浓度低时,微生物比生长速率(μ)随基质浓度的提高而增大,并达到最大值;当基质浓度继续提高时,μ 反而会降低。底物的抑制作用影响因子可以采用以下方程形式来表述:

$$f=\frac{K_I}{K_I+C} \tag{3-1}$$

式中,K_I、C 分别表示底物(或产物)对厌氧菌的抑制系数和底物(产物)浓度。

水解菌的比生长速率表达式如下:

$$\mu_h=\mu_{hmax}\frac{C_s}{K_{ss}+C_s} \tag{3-2}$$

式中,μ_h、μ_{hmax}、C_s、K_{ss} 分别为水解菌比生长速率,d^{-1};水解菌最大比生长速率,d^{-1};挥发性固体浓度,g/L;挥发性固体的半速率系数,g/L。

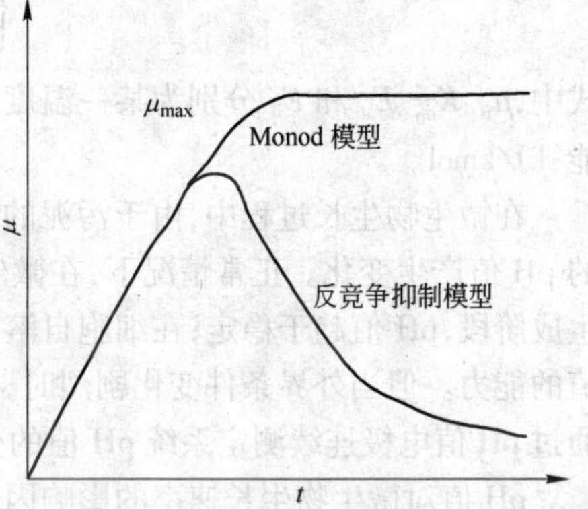

图 3-1 Monod 模型和反竞争性抑制模型的比生长速率对比

产酸菌的比生长速率表达式如下:

$$\mu_2=\frac{\mu_{2,max} \cdot S_2}{K_{s,2}+S_2+K_{I,S_2\to m_2}S_2^2} \tag{3-3}$$

式中,μ_2 为产酸菌的比生长速率,d^{-1};$\mu_{2,max}$为水解菌的最大比生长速率,d^{-1};S_2 为挥发性脂肪酸浓度,g/L;$K_{s,2}$为半速率系数,g/L;$K_{I,S_2\to m_2}$为产酸菌的生长抑制系数,g/L。

产甲烷菌的比生长速率表达式如下:

$$\mu_3=\frac{\mu_{3,max}}{1+\frac{K_{s,3}}{S_3}+K_{I,S_3\to m_3}S_3+K_{I,NH_3\to m_3}c(NH_3)} \tag{3-4}$$

式中,μ_3 为产甲烷菌或产氢菌的比生长速率,d^{-1};$\mu_{3,max}$为最大比生长速率,d^{-1}; S_3 为乙酸浓度，g/L；$K_{s,3}$为半速率系数，g/L；$K_{I,NH_3\to m_3}$为氨氮的抑制系数，g/L。

水解菌浓度变化速率为：

$$\frac{dX_h}{dt}=\mu_h X_h - K_{dh}X_h \tag{3-5}$$

式中，K_{dh}为水解菌的比死亡速率，d^{-1}；X_h为水解菌浓度，g/L。

产酸菌菌浓度变化速率为：

$$\frac{dX_a}{dt}=\mu_a X_a - K_{da}X_a \tag{3-6}$$

产甲烷菌和产氢菌浓度变化速率用相同表达式表述如下：

$$\frac{dX_m}{dt}=\mu_m X_m - K_{dm}X_m \tag{3-7}$$

式中，K_{dm}为不同过程相应厌氧菌的衰减常数。

B　系统 pH 值和温度的影响因子

在污泥厌氧消化过程中，除了满足微生物生长的内部因素外，还需要维持微生物生长的适宜的环境条件，其中 pH 值和温度是最重要的两个外部因素。

根据微生物适宜的温度，厌氧消化常分为常温发酵、中温发酵和高温发酵三种。当温度偏低时，微生物的生长缓慢；随着温度的升高，生长速率变大；当温度超过一定范围时，由于细胞内部结构物质的变性导致微生物热死亡。通常，温度对微生物生长速率的影响因子可以通过下面的关系式来表达：

$$\begin{cases}\mu=\mu_0 e^{-E_a/RT}\\ K_d=K_{d_0}e^{-E_d/RT}\end{cases} \tag{3-8}$$

式中，μ_0、K_{d_0}、E_a和E_d分别为某一温度下的比生长速率，d^{-1}；细菌死亡速率，d^{-1}；细菌活化能，kJ/kmol。

在微生物生长过程中，由于污泥的利用，随着反应过程的进行，生成有机酸和氨氮，系统的 pH 值产生变化。正常情况下，在微生物的生长阶段，pH 值有上升或下降的趋势；在产物生成阶段，pH 值趋于稳定；在细胞自溶阶段，pH 值会上升。可见，微生物本身具有调节 pH 值的能力。但当外界条件变化剧烈时，微生物失去调节能力，pH 值就会发生波动。实际中，通过 pH 值电极连续测定系统 pH 值的变化，并通过加酸碱来使 pH 值维持在适宜的范围内。

pH 值对微生物生长速率的影响因子可用式(3-9)描述：

$$F(\mathrm{pH})=\frac{1+2\times 10^{0.5(pK_L-pK_H)}}{1+10^{(\mathrm{pH}-pK_H)}+10^{(pK_L-\mathrm{pH})}} \tag{3-9}$$

C　氨氮的抑制模式及影响因子

Kaare Hvid Hansen 在研究猪粪厌氧消化的过程中，总结了氨氮抑制产气的四阶段模式。Poggi-Varaldo 在中温消化中应用未驯化的产乙酸产甲烷菌群，Angelidaki 和 Ahring 在应用经过驯化的高温产乙酸产甲烷菌群进行厌氧消化的过程中也得到了相近的模式。

该四阶段模式如下：

$$0<c(NH_3)<1.10,\quad f=1.0 \tag{3-10}$$

$$1.10<c(NH_3)<1.16,\quad f=\frac{1.0}{-12+c(NH_3)/0.128} \tag{3-11}$$

$$1.16 < c(NH_3) < 1.34,\ f=0.67 \tag{3-12}$$

$$c(NH_3) > 1.34,\qquad f=\frac{1.0}{-12+C(NH_3)/0.095} \tag{3-13}$$

随着游离氨浓度的增加,f(抑制因子)呈现不同形式的下降。当游离氨的浓度为1.1 mg/L时,f是稳定的;当游离氨的浓度从1.1~1.16 mg/L时,f从1.0降到0.67;当游离氨的浓度在1.16~1.34 mg/L之间时,f保持稳定下降;在第四阶段,随着游离氨浓度的增高,f以不同的速率相对稳定下降。非离子化NH_3的浓度主要取决于三个因素:总的氨氮浓度、温度和pH值。pH值对氨氮中游离氨所占的比例有很大影响,当pH值上升到8时,游离氨仅占总氨氮的0.1%左右。

3.1.2.3 污泥厌氧消化中底物消耗动力学

污泥的消耗速率可以通过微生物的比生长速率和产率系数联系起来,污泥的降解速率可以通过式(3-14)~式(3-16)表达:

$$\frac{dS_h}{dt}=-\frac{\mu_h X_h}{Y_h} \tag{3-14}$$

式中,μ_h为水解菌的比生长速率,d^{-1};X_h为水解菌的浓度,g/L;Y_h为S_h的产率系数(水解菌/基质)。

$$\frac{dS_a}{dt}=\frac{\mu_h X_h}{Y_{vh}}-\frac{\mu_a X_a}{Y_a} \tag{3-15}$$

式中,μ_a为产酸菌的比生长速率,d^{-1};S_a为X_a的基质浓度,g/L;X_a为产酸菌的浓度,g/L;Y_a为S_a的降解系数(产酸菌/基质);Y_{vh}为S_a的产率(产酸菌/基质)。

$$\frac{dA}{dt}=\frac{\mu_a X_a}{Y_{va}}-\frac{\mu_m X_m}{Y_m} \tag{3-16}$$

式中,X_m为产甲烷菌质量浓度,g/L;μ_m为产甲烷菌的比生长系数,d^{-1};A为系统乙酸总质量浓度,g/L。

3.1.2.4 产物生成动力学

污泥厌氧消化过程的甲烷生成速率表达式如下:

$$\frac{dc(CH_4)}{dt}=V_{mmax}X_m\left(\frac{A_u}{A_u+K_m}\right)\left(\frac{K_{im}}{K_{im}+A_u}\right) \tag{3-17}$$

式中,V_{mmax}为标准状态下(0℃,1.01325×10^5 Pa)CH_4的体积。

氢气生成速率表达式如下:

$$\frac{dc(H_2)}{dt}=V_{hymax}X_{hy}\left(\frac{A_u}{A_u+K_m}\right)\left(\frac{K_{im}}{K_{im}+A_u}\right) \tag{3-18}$$

式中,V_{hymax}为标准状态下(0℃,1.01325×10^5 Pa)H_2的体积。

根据Keshtkar的理论,在厌氧过程,只有水解阶段生成氨氮,但整个过程都会消耗氨氮,因此氨氮浓度随时间的变化可表示为:

$$\frac{dc(NH_3)}{dt}=\mu_h X_h Y_{NH_3}-[(\mu_h-K_{dh})X_h+(\mu_a-K_{da})X_a+(\mu_x-K_{dx})X_x]\times Y_N \tag{3-19}$$

当$\mu_i-K_{di}\leqslant 0$,Y_N的值为0。

$$c(NH_3)=c(NH_{3(u)})+c(NH_4^+),c(NH_4^+)=\frac{c(NH_{3(u)})\times c(H^+)}{K_N\times M_{NH_3}} \tag{3-20}$$

式中,M_{NH_3}为 NH_3 的摩尔质量,17 g/mol;$c(NH_4^+)$表示氨离子浓度,g/L。

污泥厌氧消化过程伴随着生物反应热现象,是致使系统温度改变从而影响发酵过程的重要因素之一,它的存在造成保温过程中温控的复杂性。虽然目前有少量文献对此进行了研究,但未能深入分析厌氧消化的微生物动力学,因而不能将产热过程和微生物的生长紧密联系起来。在发酵系统保温装置的设计中,人们为了简化设计,常常忽略生物反应热的影响,但是,温度是影响污泥厌氧消化过程的最重要的调控参数之一,其对厌氧消化过程微生物的活性有重要的影响。在实际发酵中,通常要求温差控制在 $\Delta T \leqslant 1$℃。因此,对污泥厌氧消化过程中生物反应热的计算需引起一定的重视。

微生物参与的发酵过程的产热速率,可用与生成产物相似的方程来进行处理。若采用比产热速率概念,则有式(3-21):

$$q_{H_v} = \frac{1}{C_X}\frac{dH_v}{d\tau} = \frac{1}{Y_{X/H_v}}\mu + \frac{1}{Y_{P/H_v}}q_P + m_{H_v} \tag{3-21}$$

式中,q_{H_v}、Y_{X/H_v}、Y_{P/H_v}、m_{H_v}分别为比产热速率,W/(d·g);微生物热产率系数,W/g;产物热产率系数,W/g;细菌维持能,W/(d·g)。

3.1.2.5 发酵系统内的相平衡

在厌氧消化系统中,存在二氧化碳、甲烷等实际气体,可视作理想熔体;描述其气相和溶解平衡的经验性公式可由亨利定律来加以描述。

亨利定律表述为:稀薄气体的蒸气分压力正比于其液相浓度。因此,我们可以用式(3-22)来描述二氧化碳、甲烷气体在液相浓度和相应蒸气分压力的关系:

$$c(CO_2) = \frac{p_c}{H_c}, \quad c(CH_4) = \frac{p_m}{H_m} \tag{3-22}$$

式中,H_c、H_m 分别为二氧化碳和甲烷的亨利常数。

在厌氧消化过程中,伴随有甲烷的产生和逸出,对二氧化碳而言,还存在二氧化碳的消耗。它们的蒸气分压力随时间的变化规律用式(3-23)来表示:

$$\frac{dp_c}{dt} = \frac{RT}{V_g}\left(\frac{N_c}{44} - \frac{p_c}{p}F_t\right), \quad \frac{dp_m}{dt} = \frac{RT}{V_g}\left(\frac{N_m}{44} - \frac{p_m}{p}F_t\right) \tag{3-23}$$

式中,$F_t = \frac{N_c}{44} + \frac{N_m}{16}$,忽略水蒸气分压力影响;$R$ 为气体常数;T 为厌氧消化温度;V_g 为消化罐内液体容积。

3.1.2.6 发酵系统内的液相电离平衡

厌氧消化液相内存在离子的电离平衡,比如二氧化碳和水作用可以形成弱碱根离子 HCO_3^- 和氢根离子 H^+;乙酸电离可以形成乙酸根 CH_3COO^-;氨根离子电离可以形成氨氮和氢离子。这些物质的电离,将影响系统的 pH 值,进而影响整个发酵过程的进行。简化后的电离平衡总方程式如下:

$$c(H^+) + c(NH_4^+) = c(OH^-) + c(HCO_3^-) + c(CO_3^{2-}) + c(Ac^-) \tag{3-24}$$

式中,$c(Ac^-)$为酸根离子浓度。

相关组分的电离方程及平衡常数如式(3-25)~式(3-28)所示:

$$CO_2 + H_2O \rightleftharpoons HCO_3^- + H^+ \qquad k_1 = \frac{c(HCO_3^-)c(H^+)}{c(CO_2)} \tag{3-25}$$

$$HCO_3^- \rightleftharpoons CO_3^{2-} + H^+ \qquad k_2 = \frac{c(CO_3^{2-})c(H^+)}{c(HCO_3^-)} \tag{3-26}$$

$$HAc \rightleftharpoons Ac^- + H^+ \qquad k_3 = \frac{c(CO_3^{2-})c(H^+)}{c(HAc)} \tag{3-27}$$

$$NH_4^+ \rightleftharpoons NH_3 + H^+ \qquad k_4 = \frac{c(NH_3)c(H^+)}{c(NH_4^+)} \tag{3-28}$$

式中,$k_1 \sim k_4$ 为对应组分的电离平衡常数。

3.1.2.7 *污泥厌氧消化相分离的依据*

污泥厌氧消化可按工艺不同分为单相和两相工艺。在两相工艺中,实现相分离的途径分为化学法、物理法和动力学控制方法。目前常用的是动力学控制的方法。该方法利用产酸菌和产甲烷菌生长速率上的差异,控制两个反应器的有机负荷率(R_{OL})、水力停留时间(t_{HR})等参数来实现相的分离。这种相的分离不是绝对的,只是在发酵的不同阶段,哪一菌群处于优势菌群,哪一种处于劣势菌群。

两相(产酸相和产甲烷相)分离是通过控制反应两相的水力停留时间来实现的。定义一个跟水力停留时间 t_{HR} 和进料间隔时间 t_R 相关的参数 R。令 $t_{HR} = t_R(R+1)$,从而得到:$R = t_{HR}/t_R - 1$,该参数将被应用于确定新的循环状态变量的求解中。

对半连续操作而言,我们假定,物料在发酵罐内停留时间 t_R,相当于进行时间为 t_R 的间歇式发酵,然后体积为 V_s 的发酵液排出系统,随后,相同体积的新鲜物料加入反应罐,最后充分混合。新循环状态变量的确定可以通过以下方程来计算,用 C_{Af} 表示进料状态,用 C_{Ae} 表示出料状态,那么对于下一个 t_R 而言,新循环状态变量的确定方式如下:

$$C_{Al} = \frac{C_{Af} + RC_{Ae}}{R+1} \tag{3-29}$$

3.2 污泥厌氧消化模型的参数求解

3.2.1 模型参数求解的方法

模型参数的估算关系到数值模拟的准确性和可靠性,是模型能否推广应用的重要影响因素,因此,需要对模型参数进行准确求解和优化。对一个实际的发酵过程,其动力学方程参数是不能完全依据推理得到的,必须辅以实验方法来确定。

动力学参数的求解方法很多,常用的有积分法、微分法,以及随着计算机技术的进步发展起来的回归法、神经网络法以及遗传算法等。积分法受方程积分难易程度的影响,只应用于最简单的动力学形式,对较复杂的动力学模型参数求解则是相当困难,甚至是不可能的。微分方法是根据不同实验条件下的反应速率,直接由反应速率方程估计参数值,结合线性化作图更加方便。随着计算机技术的进步发展起来的回归法(常用的是最小二乘法),因为不受参数数目多少的限制,又不受动力学方程的形式和实验方法的约束,具有普遍的适用性,其缺点是往往只能得到局部最优解。遗传算法除了具有非线性回归方法的优点外,通常可以计算得到目标函数的全局最优解,且不受初始值的限制,因而具有更大的优势。本节中动力学参数的估值将采用微分方法和遗传算法,对便于通过实验数据求取的动力学参数采用微分方法,而其余的参数通过遗传算法求解。因此,重点对以上两种方法的原理和步骤进行介绍。

3.2.2　微分法求解动力学参数

对于幂函数型动力学，例如 $r_s = k_r C_s^n$，两边取对数，则有 $\ln r_s = \ln k_r + n\ln C_s$，根据实验数据，以 $\ln r_s$ 对 $\ln C_s$ 对应作图，可确定参数 k_r 和 n 的值。图 3-2 给出了微分法求解动力学参数的示意图，其中函数 $f(C)$ 代表模型中假设的函数关系。

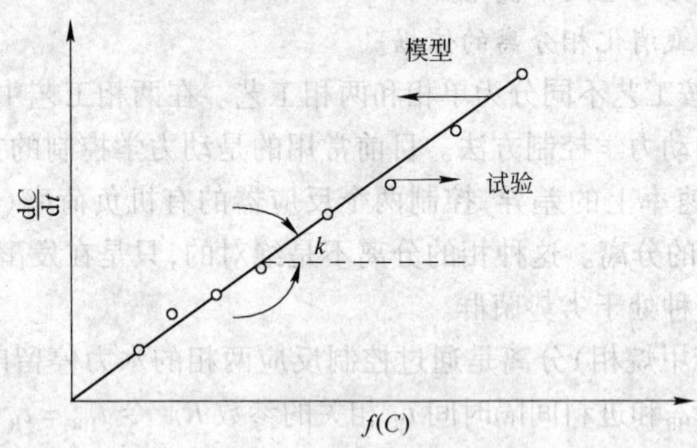

图 3-2　微分法求解动力学参数示意图

下面以 Monod 模型参数的求解为例，说明微分法的具体用法。微生物的比生长速率可在一定时间范围内直接用图解微分法求解：

$$\frac{1}{\mu} = \frac{1}{\overline{C_x}} \frac{\Delta C_x}{\Delta t} \tag{3-30}$$

式中，$\overline{C_x}$ 为测定时间区间 Δt 内微生物浓度的平均值。

根据 Monod 模型的 μ—S 关系式可以得到式(3-31)：

$$\frac{1}{\mu} = \frac{K_S}{\mu_{max}} \frac{1}{C_S} + \frac{1}{\mu_{max}} \tag{3-31}$$

以 $\frac{1}{\mu}$ 对 $\frac{1}{C_S}$ 作图，可确定动力学参数。从实验数据的获取到动力学参数的求解，整个过程表示在图 3-3 中。

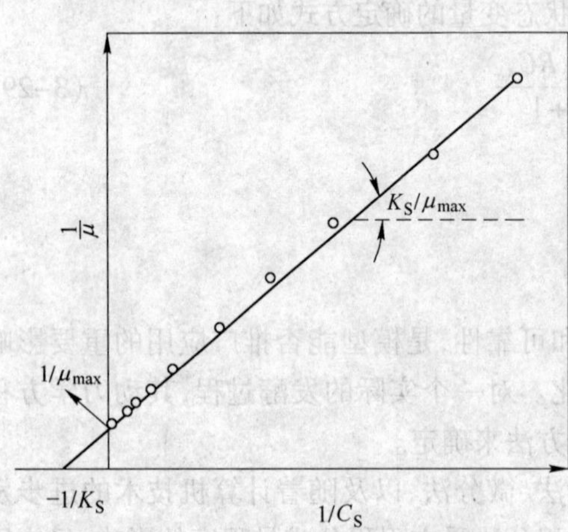

图 3-3　求解动力学参数的 L-B 作图法

当然，除了图 3-3 提到的 L-B 作图法外，根据不同的线性化方法，可以采用比如 E-H 作图法及 Langmuir 作图法等以外的求解方法，它们的计算过程类似，但计算的精度有所不同，具体求解过程这里不再详述，可参见文献。

3.2.3　遗传算法在求解动力学参数中的应用

3.2.3.1　遗传算法简介

现存的生命是经过漫长的岁月，在适应了地球上各种各样的环境条件，逐渐进化和发展起来的。更确切地说,正是由于突然变异和种群交配,才使得更适合自然环境的种群和个体得以生存下来。生物学家和物理学家一直都在探索和解释生物进化的机构和原理,并为此作出不懈的努力。近几十年来,随着计算机技术的不断发展,研究者们开始从情报处理的角度观察和研究生物进化过程。其中一项很著名的研究就是利用计算机来仿真生物的遗传和进化过程,后来发展演变成非常著名的“遗传算法”。遗传算法(GA,genetic algorithm)就是通过模仿生物进化过程而开发出来的一种概率探索、自我适应、自我学习和最优化的方法。现在,遗传算法已经广泛应用于许多不同的领域,如系统工程中的优化求解、过程模型参数的确定、过程的最优化控制等。

美国密执安大学的学者 J. H. Holland 首先开始有关遗传算法的研究,特别是其在 1975 年的著作《Adaptation in Natural and Artificial System》中 Genetic Plan 一节的内容更成为遗传算法的起源和基础。之后,Goldberg 出版了《Genetic Algorithm in Search, Optimization, and Machine Learning》一书,该书对以后遗传算法的研究和进展产生了巨大的影响。1985 年以后,每隔一年都要召开有关遗传算法的国际会议“International Conference on Genetic Algorithm (ICGA)”,有关遗传算法的研究开始扩大到整个世界范围内。

遗传算法最主要的应用就是对特定的过程和系统进行优化。与非线性规划法等优化方法相比较,遗传算法具有计算精度高、收敛速度快等优点。适用遗传算法得到的全局最优解一般不受初始条件的影响和限制,这一特性特别适合具有复杂和高度非线性化特性的生物过程。遗传算法在生物过程中的应用主要包括过程的最优化控制——求解最优化轨道(最优温度轨道、最优 pH 值轨道等)、优化发酵培养基、确定生物反应模型的参数等。

3.2.3.2 遗传算法在求解动力学参数中的应用

遗传算法的计算方法多种多样,这里,以单纯的遗传算法(SGA, Simple genetic althorithm)来介绍其求解动力学参数的具体方法。生物体的特征是由基本构成单位——基因(gene)所组成的染色体又称个体(chromosome)来加以显示的。而生物体本身又是由多个这样的染色体所形成的集团或种群(population)所构成的。每个染色体由多个基因构成,每一个基因所处的位置被称为基因座(locus)。染色体的数量则称为种群数(population size)。所形成的生物体要通过其在外界环境下生存的适合度(fitness)来进行评价、筛选和生存竞争。按照“优胜劣汰、适者生存”的原则,适合度较高的个体以较高的概率得到生存和传代,而适合度较低的个体则在种群选择的过程中被逐渐淘汰掉。另外,染色体中的一部分基因还要经过突然变异(mutation)而发生变化。不断地重复上面的操作保证了生物个体进化的不断进行,而操作循环的次数被称为传代数(generation)。下面详细介绍遗传算法求解模型参数的具体步骤。

定义如下的目标函数:

$$J_i = \sum_j (x_j - x'_j)^2 \tag{3-32}$$

式中,x_j 和 x'_j 分别为模型参数的计算值和对应发酵时刻的实测值。

适合度和选择概率的定义式分别如下:

$$f_i = \frac{1}{1 + J_i} \quad (0 \leqslant f_i \leqslant 1) \tag{3-33}$$

$$S_i = \frac{f(i)}{\sum_{i=1}^{m} f(i)} \qquad (0 \leqslant S_i \leqslant 1) \tag{3-34}$$

遗传算法具体的计算步骤及计算规则如下。

(1) 基因生成。规定待优化模型参数的最大值,并将其 N 等分,再由计算机随机产生由二进制文字序列构成的初代染色体种群 M 个。种群 M 的选择取决于过程对于精度、计算量以及收敛速度的要求。每个染色体就代表一整套完整的模型参数向量。在本节求解中,染色体中基因序列长度均为 8 个字节,其长度的选取原则上主要取决于求解变量的计算精度及总的计算量和收敛速度。

(2) 染色体各基因序列的解码化。按照图 3-4 所示的方式,将各染色体的各段基因序列由二进制文字序列转变为十进制的数字序列。解码后的各染色体实际上就是待求变量的序列集合,即代表一套完整的模型参数向量的十进制数值。

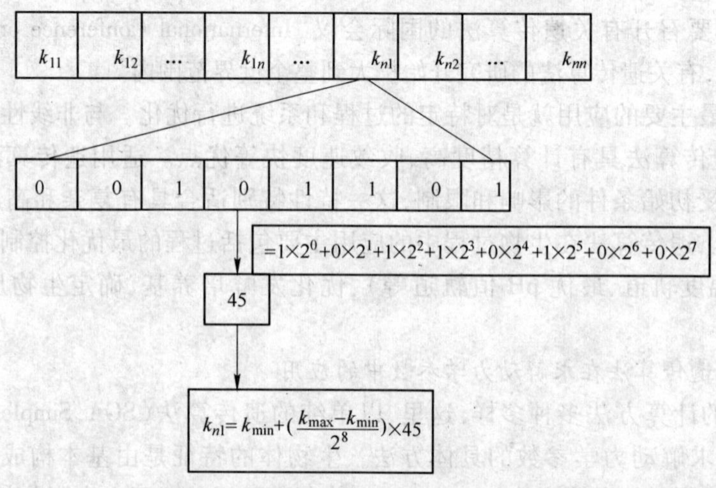

图 3-4　染色体的构成以及染色体中各基因序列的解码化

(3) 计算目标函数值。将解码后的染色体,也就是 M 个不同的模型向量的十进制数字值代入建立的模型中迭代求解,然后代入上面的目标函数公式,计算目标函数值 J。

(4) 求解适合度。根据上一步计算得到的 J,代入适合度的定义式,计算每一条染色体对应的适合度。

(5) 计算出染色体适合度之后,根据选择概率的定义式,计算选择概率。

(6) 染色体种群的选择——Roulett 圆盘选择法。

在求出所有 M 个染色体的选择概率之后,利用人们最容易接受理解的 Roulett 圆盘选择方法来确定进入下一代的染色体种群,见图 3-5。

在圆盘上标记上各染色体的选择概率 S 以及对应的面积,将圆盘按逆时针方向旋转。很显然,选择概率 S 越大,其对应的圆弧部分停留在停止位置上而被选择的概率也越大。将圆盘旋转 M 次,可以得到 M 个进入下一代的染色体种群。这样,适合度高的染色体进入下一代的可能性较大,适合度较低的染色体进入下一代的可能性较小,但也不是绝对没有可能。这种种群选择的方法充分体现了生物个体进化过程中的"优胜劣汰,适者生存"的原则。另外,在进行个体交叉和突然变异等"遗传操作"时,个体非常容易受到破坏而消失。

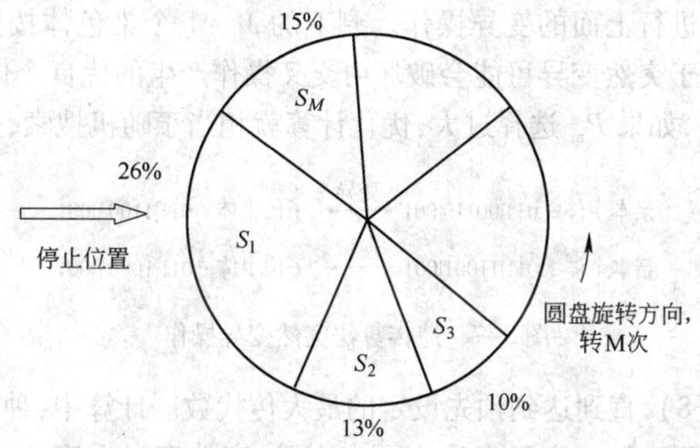

图 3-5　Roulett 圆盘选择法

为了防止适合度高的染色体 i 在下一步的遗传操作中被破坏，将种群中适合度最高的个体保留，让其不经过下一步的遗传操作而无条件的进入下一代的种群中去。这种方法称为 E-litist 保存选择方法。在一般情况下，遗传算法中常常结合这两种方法来对种群进行选择。除了以上两种选择方法以外，还有期望值法（expected-value selection）、种子排序法（ranking selection）和分组淘汰法（tournament selection）等多种方法，这里不再赘述。

（7）交叉操作。从所选定的 M 个染色体种群中任选两个个体作为亲本交配个体，然后在其中一个亲本个体的基因序列中随机地选择一点或多点作为交叉操作的交叉点（cross-over point）。按照图 3-6 的方式，在交叉点处亲本交配个体的基因序列进行交换，但各随机数小于预先设定的交叉概率 P_c 时，上述交叉操作进行；否则交叉操作不进行。剩下的 $M-2$ 个个体也按照同样的步骤进行交叉操作。这样交叉操作即告完成。交叉方式主要有“一点交叉”（one-point crossover）或“多点交叉”（multi-point crossover）两种方式，见图 3-6。应选择合适的交叉方式和交叉概率进行交叉操作。具体方法是由计算机随机产生 0－1 的数字，当其小于交叉概率时则进行交叉操作，否则，不进行交叉操作。

亲本个体 1：00110|00101　　单点交叉 →　　子代个体 1：00110|11001
亲本个体 2：01010|11001　　　　　　　　　子代个体 2：01010|00101

亲本个体 1：001|10001|011　　多点交叉 →　　子代个体 1：001|01110|011
亲本个体 2：010|01110|000　　　　　　　　　子代个体 2：010|10001|000

图 3-6　遗传算法交叉操作

突然变异操作。上述的“交叉操作”，实际上是在上一代种群的范围内进行的操作，新的遗传个体的“遗传特性”都是从上一代染色体的基因序列中继承下来的。持续不断地在原有种群的基础上进行交叉操作，必然导致“近亲繁殖”的恶果。从优化计算的角度来看，交叉操作不可能寻找到复杂函数和系统的全局最优解，而可能会使优化求解陷入局部最优解之中。突然变异操作按照图 3-7 进行，在染色体的某一基因序列上，用与其对立的基因序列与原有的基因序列进行置换，产生了完全不同于原有种群的新的个体，从而避免了“近亲繁殖”的不良后果。正是由于突然变异操作的存在，保证了利用遗传算法的复杂函数或系统的优化计算可以寻找到全局的最优解。从 M 个种群中任选一个个体作为亲本变异个体，然后在该亲本个体中随机地选取一段基因序列，用与其对立的基因序列进行置换，再由计算机产生［0，1］范围的随机数，当该随机数大于预先设定的突然变异概率的 P_m 时，该变异操作不进行；反之，进行上面的变异操作。剩下的 $M-1$ 个染色体按照同样的步骤，由计算机来完成操作。由于突然变异可能会破坏由交叉操作产生的优良个体，因此，一般情况下 P_m 应该小于 P_c，另外，如果 P_m 选择过大，优化计算就相当于随机搜索，这时计算很难收敛。

亲本个体：011|00110|001 —变异→ 子代个体：011|11001|001

亲本个体：011|11001|001 —逆位→ 子代个体：011|10001|001

图 3-7　遗传算法突然变异操作

（8）重复（2）~（8），直到达到预先设定的最大传代数。计算中，种群数 $M=20$，最大传代数 1000，交叉概率 $P_c=1.0$，交叉方法为两点交叉，突然变异概率 $P_m=0.07$，种群的选择方式为 Roulett 圆盘法 + Elitist 保存选择法。图 3-8 给出了遗传算法求解模型参数的简单示意图，可以通过计算流程图对遗传算法有一个总体的认识和了解。

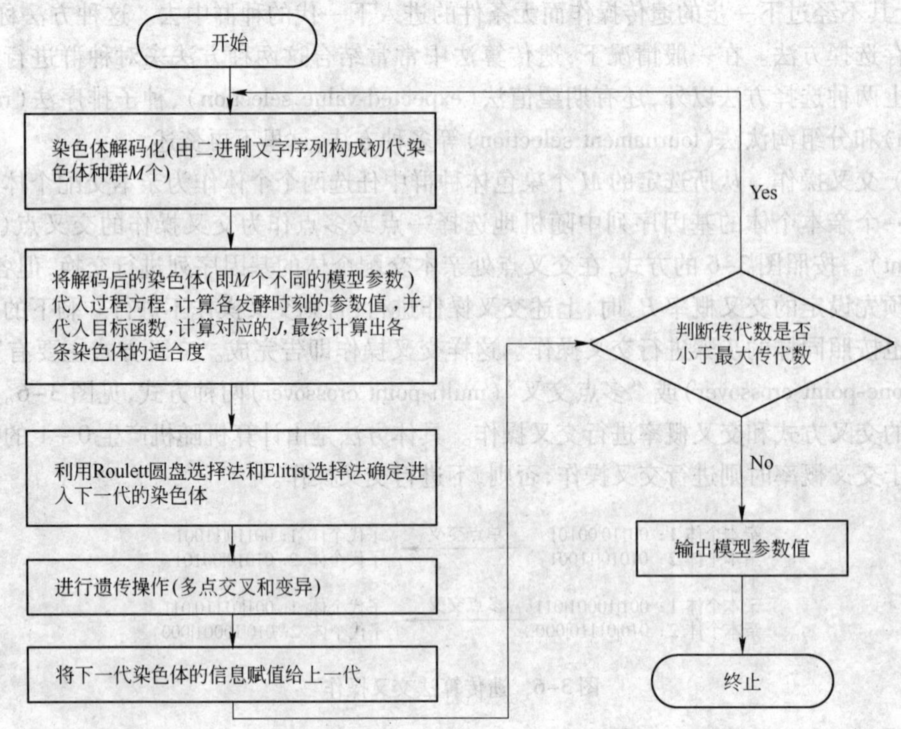

图 3-8　遗传算法求解动力学参数的流程图

4 污泥厌氧消化产甲烷的工程设计与实例

自从1881年法国工程师Mouras采用厌氧方法处理废水中经沉淀的固体物质以来,厌氧消化技术已经有100多年的历史。20世纪60年代末以来,厌氧消化技术获得了蓬勃发展。Mccarty和Young于1969年推出了第一个基于微生物固定化原理的高速厌氧反应器——厌氧滤池,提高了固体停留时间,这是现代厌氧生物处理技术发展的一个里程碑。1974年,荷兰Lettinga等人研发的UASB反应器内的颗粒污泥,保证了高浓度的厌氧污泥,极大提高了反应器的有机负荷,推动了厌氧技术的工程化应用。由于厌氧消化技术具有低能耗,且回收沼气作为能源等优点,此项技术已成为环境工程界研究的热点。

4.1 完全混合式(CSTR)反应器

4.1.1 完全混合式反应器的基本构造

CSTR反应器有如下优点:可以投入高悬浮固体含量的物料,消化器内物料均匀分布,避免了分层状态,增加了底物和微生物的接触机会;消化器内温度分布均匀;进入消化器的抑制物质能够迅速分散,保持较低浓度水平;避免了浮渣、结壳、堵塞、气体逸出不畅和短流现象。CSTR反应器结构见图4-1,由罐体、顶置式搅拌机、正负压保护器、进料管、出料管等组成,用于存放发酵原料进行厌氧发酵,厌氧微生物在无氧条件下对原料中的有机物进行消化、分解,同时产生沼气。反应器采用下进料上出料方式,并带有机械搅拌。进料泵将调节池里的混合料提升至CSTR反应器,厌氧微生物对有机物进行消化,同时产生沼气。当反应器的混合料达到设计液位时,以后每天进入新料的同时也排出等量旧料,以保证反应器内的微生物能够不断得到新鲜的有机物,进而保证每天都有稳定的产气量。

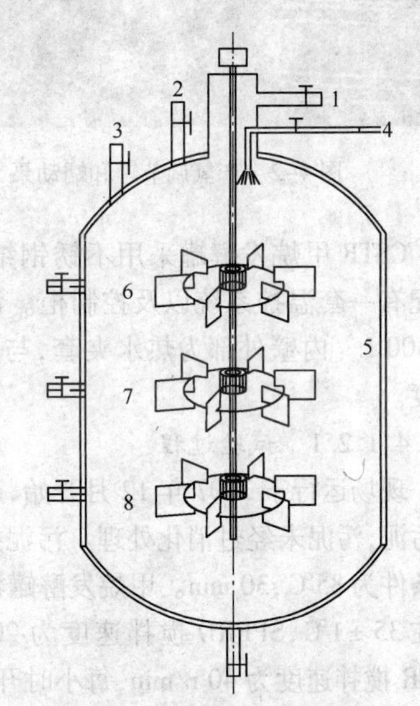

图4-1 甲烷发酵罐结构简图
1—进料管;2—安全阀;3—沼气出管;4—沼气采样管;5—发酵罐体;6~8—搅拌叶

搅拌器的类型以及反应器的形状对反应器的整体混合传质条件,具有重要的影响。随着发酵、化工等领域的发展,工业搅拌器也经历了一个快速发展的历程,众多研究者以及专业搅拌器生产厂商提出了多种搅拌器类型,常用的搅拌器有:径向流涡轮搅拌器、轴向流搅拌器以及组合式搅拌器等。其中,径流式搅拌器分散性能好,而功耗较大,作用范围小；而轴向流搅拌器的轴向混合性能较好，功耗低，作用范围大。组合桨是将径向流搅拌器和轴向流搅拌器进行组合使用，进一步提高反应器的搅拌混合效果。在众多搅拌器中，Rushton 涡轮具有结构简单、搅拌性能良好、应用广泛的优势，是常用的反应器搅拌系统（见图 4-1）。

4.1.2　完全混合式反应器的运行实例

同济大学赵由才教授课题组目前已经研发出了颗粒污泥和餐厨垃圾为主的产氢产甲烷一体化装置，运行装置主要包括产氢（产甲烷）调节罐、进料泵、螺旋推流滚筒式氢气发酵罐（SPFRD）、完全混合式甲烷发酵罐（CSTR）等。

氢气和甲烷罐前端的调节罐采用长圆柱形不锈钢结构，内部设有搅拌装置，容积为 300 L（见图 4-2）。SPFRD 产氢罐采用不锈钢材料，内部设有两组扬板结构，一组轴向布置，一组与轴向成一定的角度布置。整个反应器的容积为 500 L（见图 4-3）。

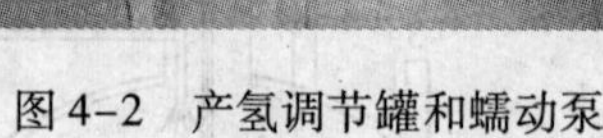

图 4-2　产氢调节罐和蠕动泵

图 4-3　SPFRD 餐厨垃圾产氢发酵罐

CSTR 甲烷发酵罐采用不锈钢结构，内部设有机械搅拌装置，容积为 1500 L。此外，还配有一套温控系统以及控制柜。污泥热休克处理装置内壁采用搪瓷反应釜，有效容积为 300 L。内壁外部为热水夹套，与配备的一套温度控制系统一同控制反应釜内物料的温度。

4.1.2.1　试验过程

现场运行于 2007 年 12 月开始，产氢罐 SPFRD 污泥取自于上海市曲阳污水处理厂沉淀池污泥，污泥未经过消化处理。污泥接种前，先在污泥热休克处理装置中进行休克处理。处理条件为 85℃，30 min。甲烷发酵罐污泥取自于太仓市某污泥消化池污泥。体系的温度维持在 35 ±1℃，SPFRD 搅拌速度为 20 r/min，搅拌间隔为每小时开启 5 min。甲烷发酵罐 CSTR 搅拌速度为 40 r/min，每小时开启 5 min。

SPFRD 产氢罐采用间歇进料，分阶段提高 SPFRD 体系的负荷。SPRRD 装料后的第 3 天末开始每天进料。接种污泥和餐厨垃圾的质量比为 1∶1。起始进料量为 200 kg。CSTR 甲烷罐内装 0.6 m^3 的厌氧污泥，进料采用由餐厨垃圾逐步替换为 SPFRD 产氢罐出料的方式。表 4-1 所示为联合产氢产甲烷工艺进料。

表4-1　联合产氢产甲烷工艺进料

进料周期/d	SPFRD 罐进料量/kg		CSTR 罐进料量/kg	
	餐厨垃圾	污　泥	餐厨垃圾	SPFRD 出料
1~3	—	—	20	
4~13	10	10	5	20
14~22	15	15		30
23~29	25	25		50

4.1.2.2　测试结果

在 SPFRD 产氢罐中,经过 1 天的停滞期后,产氢罐产生的生物气中,氢气浓度迅速上升,于第 3 天攀升至 45% 左右后迅速回落,这既是阶段性 VFA 累积的结果(试验中,此时 pH 值较低),又是由于在第 3 天末开始第一次进料,对产氢体系有所冲击。第 5 天开始,氢气浓度逐步回升,于第 7 天达到阶段性高峰 37% 左右。在此后的 8~13 天中,氢气浓度在波动中达到平衡,基本维持在 38% 的水平。由于第 14 天进料负荷提高 0.5 倍,体系的稳定性受到影响,氢气浓度迅速下降至 26.6%(第 16 天),第 17 天开始,氢气浓度开始升高,说明进料负荷对产氢体系的影响在降低。第 23 天,进料负荷的再次提高,仍然对产氢体系的稳定性产生负面影响,反应在氢气浓度曲线上,可观测到进料峰,体系氢气浓度于第 25 天上升至阶段性最高峰 41.2%,而后开始逐步下降。

由此看来,对于联合工艺,进料负荷的提高对反应体系的冲击影响是一个值得关注的问题。在实际工程应用中,进料负荷提高时,应采用分时分批进料,降低由于进料负荷的提高对反应体系的影响。除了氢气外,SPFRD 中产生的生物气体中还有少量的甲烷,平均水平在 6%~8%。

在 CSTR 产甲烷罐中,第 1 天,所产生物气中甲烷所占的体积分数为 46%,此后第 3 天有所回落至 43%,说明连续添加餐厨垃圾作为原料,对甲烷体系有一定的影响。此后,甲烷气体的浓度逐步上升,第 4 天,进料性质的改变,并未对甲烷体系的稳定性产生较大影响,甲烷浓度继续上升,于第 6 天达到阶段性最大值 55%。此后,甲烷浓度略微有些波动。第 13 天的负荷提高对 CSTR 甲烷体系有一定的影响,甲烷体积分数有所下降,于第 15 天达到最低值 48%,此后又渐渐回升。第 23 天的进料再次对甲烷体系产生一些影响,甲烷浓度小幅度下降。

总体说来,相对于 SPFRD 产氢罐气相组分变化来说,CSTR 甲烷罐两次负荷提高出现的进料峰没有 SPFRD 中明显,这也说明甲烷罐体系的缓冲能力比产氢罐高,抗冲击负荷的能力要比产氢罐强。

在 CSTR 甲烷罐中,开始进料为餐厨垃圾,起始甲烷日产量为 188 L,第 2 天和第 3 天甲烷产量分别达到 341 L 和 368 L。从第 4 天开始,由于 SPFRD 产氢罐开始出料,CSTR 甲烷罐调整进料成分后,甲烷日产量有小幅度下降,减少至 312 L。此后,随着甲烷罐内甲烷菌对进料成分改变后的逐渐适应,甲烷日产量开始逐步上升,第 7 天达到阶段性峰值 444 L。第 10 天的峰值是 8~10 天的甲烷总产量(此阶段气体采样出现问题,浓度无法获得)。在 4~13 天内,CSTR 甲烷罐内甲烷的平均表观产率每 1 g 挥发性污泥产 CH_4 为 216.32 mL,与甲烷浓度曲线相一致,由于第 14 天和第 22 天两次进料负荷的提高,甲烷日产量曲线也出现两次较大幅度的波动。第 14~22 天和第 23~29 天,CSTR 甲烷罐内甲烷的平均表观产率分别为每1 g 挥发性污泥产 $CH_4$189.42 mL 和 130.32 mL。总体说来,随着进料负荷的增加,CSTR

甲烷罐的甲烷产量呈下降趋势。

4.1.2.3　发酵单元设计

A　SPFRD 产氢发酵罐

SPFRD 结构简图见图 4–4。SPFRD 水力停留时间 t_{HR} 为 5 天，总容积为 270 m^3。结合联合产氢产甲烷工艺运行情况，SPFRD 产氢罐由两个发酵单元组成，每单元容积为 135 m^3。结构设计参数为 $D = 3100$ mm，$L = 18600$ mm，即长径比为 6∶1。

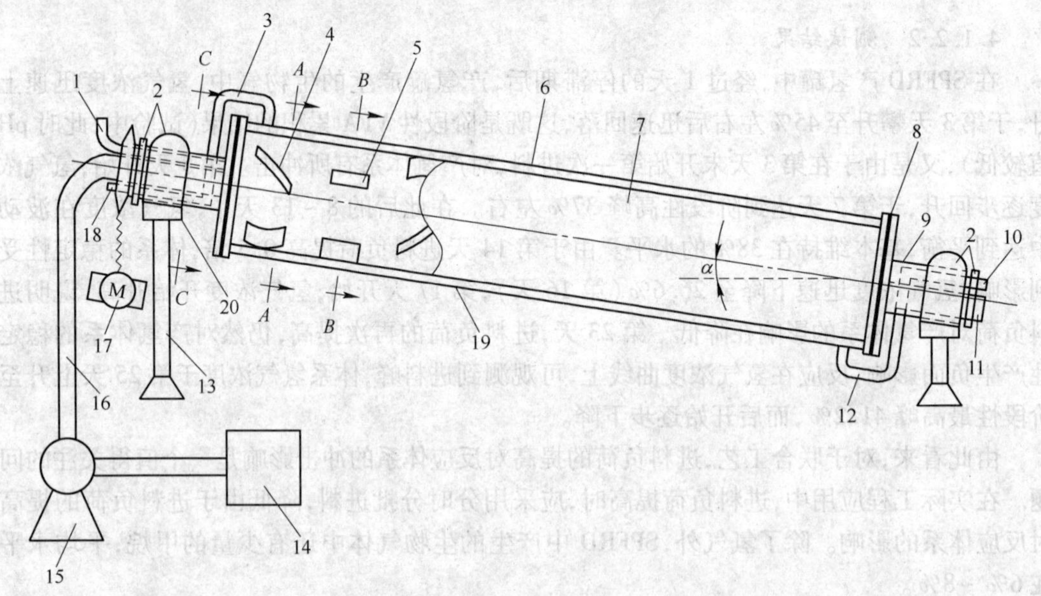

图 4–4　10 t/d 餐厨垃圾处理厂 SPFRD 产氢罐结构示意图

1—气体出口；2—密封机件；3—进热水弯管；4—螺旋扬板；5—轴向扬板；6—夹套；7—内管；8—封盖（两端）；9—转轴（两端）；10—出热水管；11—出料管；12—出热水弯管；13—支座（两端）；14—进料槽；15—进料泵；16—进料管；17—电动机；18—进热水管；19—夹套；20—机械密封支座

B　CSTR 产甲烷发酵罐

CSTR 产甲烷罐水力停留时间 t_{HR} 为 14 d，总容积为 800 m^3。CSTR 甲烷罐也由两个发酵单元组成，每单元容积为 400 m^3（见图 4–5）。

C　设计及运行参数

10 t/d 餐厨垃圾联合产氢产甲烷处理厂主体发酵设备主要包括 SPFRD 产氢罐以及 CSTR 产甲烷发酵罐。餐厨垃圾处理厂能否顺利运行，关键在于控制 SPFRD 产氢罐以及 CSTR 产甲烷发酵罐的运行参数。结合联合产氢产甲烷工艺前期运行的结果，将处理厂主体发酵设备的尺寸以及运行参数列于表 4–2 中。

表 4–2　10 t/d 餐厨垃圾联合产氢产甲烷处理厂主体发酵设备的尺寸以及运行参数

处理规模	进罐垃圾流量/$t \cdot d^{-1}$		8.8
	峰值因素/%		10
SPFRD 氢气罐	容积/m^3	计算容积	2×135
		有效容积	2×105

续表 4-2

SPFRD 氢气罐	设计负荷	单位有效容积的 VS 量/kg·$(m^3 \cdot d)^{-1}$	10.2
		停留时间/d	5
	最大负荷	单位有效容积的 VS 量/kg·$(m^3 \cdot d)^{-1}$	11.2
		停留时间/d	4.5
		发酵温度/℃	36
		pH 值	4~5
CSTR 甲烷罐	容积/m^3	计算容积	2×400
		有效容积	2×320
	设计负荷	单位有效容积的 VS 量/kg·$(m^3 \cdot d)^{-1}$	3.3
		停留时间/d	14
	最大负荷	单位有效容积的 VS 量/kg·$(m^3 \cdot d)^{-1}$	3.6
		停留时间/d	12.7
	发酵温度/℃	36	
	pH 值	7~9	
氢 气	产量/$m^3 \cdot d^{-1}$	50	
	年均氢气含量/%	50	
甲 烷	产量/$m^3 \cdot d^{-1}$	240	
	年均甲烷含量/%	50	

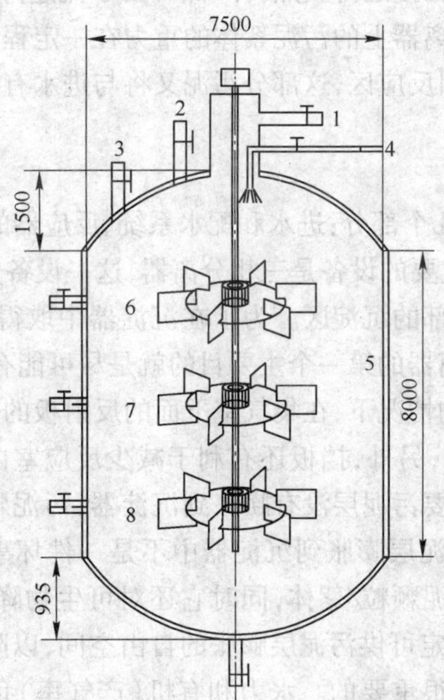

图 4-5 10 t/d 餐厨垃圾处理厂 CSTR 产甲烷罐结构示意图

1—进料管;2—安全阀;3—沼气出管;4—沼气采样管;5—发酵罐体;6~8—搅拌叶

4.2　UASB 反应器

4.2.1　UASB 原理

UASB 反应器(见图 4-6)内,废水被尽可能均匀地引入反应器的底部,污水向上通过包含颗粒污泥或絮状污泥的污泥床。厌氧反应发生在废水和污泥颗粒接触的过程中。在厌氧状态下产生的沼气(主要是甲烷和二氧化碳)引起了内部的循环,这对于颗粒污泥的形成和维持有利。在污泥层形成的一些气体附着在污泥颗粒上,附着和没有附着的气体向反应器顶部上升。上升到表面的污泥撞击三相反应器气体发射器的底部,引起附着气泡的污泥絮体脱气。气泡释放后污泥颗粒将沉淀到污泥床的表面,附着和没有附着的气体被收集到反应器顶部的三相分离器的集气室。置于集气室单元缝隙之下的挡板的作用为气体发射器和防止沼气气泡进入沉淀区,否则将引起沉淀区的絮动,阻碍颗粒沉淀。包含一些剩余固体和污泥颗粒的液体经过分离器缝隙进入沉淀区。

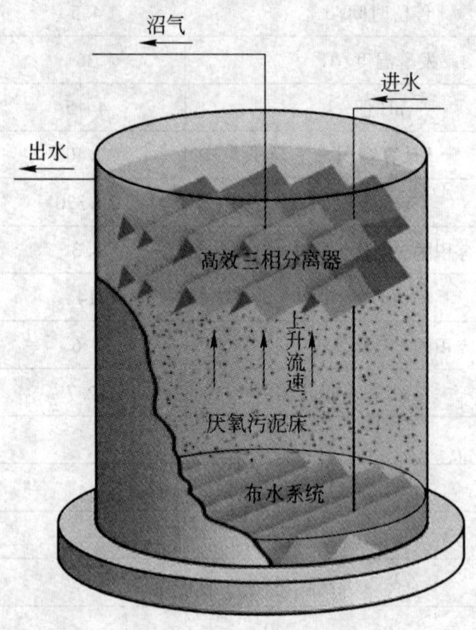

图 4-6　UASB 反应器

由于分离器斜壁沉淀区的过流面积在接近水面时增加,因此,上升流速在接近排放点时降低。由于流速降低,污泥絮体在沉淀区可以絮凝和沉淀。累积在三相分离器上的污泥絮体的重力在一定程度上将超过其保持在斜壁上的摩擦力,致使污泥絮体滑回反应区,这部分污泥又将与进水有机物发生反应。

4.2.2　UASB 反应器的构成

UASB 反应器包括以下几个部分:进水和配水系统、反应器的池体和三相分离器。

在 UASB 反应器中,最重要的设备是三相分离器,这一设备安装在反应器的顶部并将反应器分为下部的反应区和上部的沉淀区。为了在沉淀器中取得对上升流中污泥絮体/颗粒的满意的沉淀效果,三相分离器的第一个主要目的就是尽可能有效地分离从污泥床/层中产生的沼气,特别是在高负荷的情况下,在集气室下面的反射板的作用是防止沼气通过集气室之间的缝隙逸出进入沉淀室,另外,挡板还有利于减少反应室内高产气量所造成的液体絮动。反应器的设计应该是只要污泥层没有膨胀到沉淀器,污泥颗粒或絮状污泥就能滑回到反应室(应该认识到,有时污泥层膨胀到沉淀器中不是一件坏事,相反,存在于沉淀器内的膨胀的泥层将网捕分散的污泥颗粒/絮体,同时它还对可生物降解的溶解性 COD 起到一定的去除作用)。另外,存在一定可供污泥层膨胀的自由空间,以防止重的污泥在暂时性的有机或水力负荷冲击下流失是很重要的。水力和有机(产气率)负荷率两者都会影响到污泥层以及污泥床的膨胀。UASB 系统的原理是在形成沉降性能良好的污泥絮凝体的基础上,结合在反应器内设置污泥沉淀系统使气、液、固三相得到分离。形成和保持沉淀性能良好的污泥(其可以是絮状污泥或颗粒型污泥)是 UASB 系统良好运行的根本点。

4.2.2.1 三相分离器的原理

在 UASB 反应器中的三相分离器(GLS)是 UASB 反应器最有特点和最重要的装置。它同时具有两个功能:(1)能收集从分离器下的反应室产生的沼气;(2)使得在分离器之上的悬浮物沉淀下来。对上述两种功能,均要求三相分离器的设计避免沼气气泡上升到沉淀区,如其上升到表面将引起出水混浊、沉淀效率降低,并且损失了所产生的沼气。设计三相分离器的原则是:

(1) 间隙和出水面的截面积比 影响到进入沉淀区和保持在污泥相中的絮体的沉淀速度。

(2) 分离器相对于出水液面的位置 确定反应区(下部)和沉淀区(上部)的比例。在多数 UASB 反应器中,内部沉淀区是总体积的 15% ~20% 。

(3) 三相分离器的倾角 这个角度要使固体可滑回到反应器的反应区,在实际中,是在 45°~60°之间。这个角度也确定了三相分离器的高度,从而确定了所需的材料。

(4) 分离器下气液界面的面积 确定了沼气的释放速率。适当的释放率大约是 1~3 $m^3/(m^2 \cdot h)$。速率低时有形成浮渣层的趋势,速率非常高时则导致形成气沫层,速率过低或过高,都导致堵塞释放管。

对于低浓度污水处,当水力负荷是限制性设计参数时,在三相分离器缝隙处保持大的过流面积,使得最大的上升流速在这一过水断面上尽可能的低是十分重要的。原则上只有出水截面的面积(而不是缝隙面积)才是决定保持在反应器中最小沉速絮体的关键。

4.2.2.2 进水和配水系统的要求

进水系统兼有配水和水力搅拌的功能,为了保证这两个功能的实现,需要满足如下原则:

(1) 进水装置的设计使分配到各点的流量相同,确保单位面积的进水量基本相同,防止发生短路等现象;

(2) 很容易观察进水管的堵塞,当堵塞发生后,必须很容易被清除。

(3) 应尽可能地(虽然不是必须的)满足污泥床水力搅拌的需要,保证进水有机物与污泥迅速混合,防止局部产生酸化现象。

为确保进水等量地分布在池底,每个进水管仅与一个进水点相连接是最理想状态,只要保证每根配水管流量相等,即可取得均匀布水的要求;因此,有必要采用特殊的布水分配装置,以保证一根配水管只服务一个配水点。为了保证每一个进水点达到应得的进水流量,建议采用高于反应器的水箱式(或渠道式)进水分配系统。对于连续流的布水器形式,这种敞开的布水器的一个好处是可以容易用肉眼观察堵塞情况。对高浓度废水,由于水力负荷较低,采用脉冲式进水分配装置是一种较好的选择。

4.2.3 UASB 反应器的主要设备

4.2.3.1 反应器的池体

有两种基本几何形状的 UASB 反应器,即矩形和圆形。这两种类型的反应器都已大量应用于实际中。

圆形反应器具有结构较稳定的优点,同时,对于圆形反应器,在同样的面积下,其周长比正方形的少 12%。所以,圆形池子的建造费用比具有相同面积的矩形反应器至少要低 12%。但是圆形反应器的这一优点仅仅在采用单个池子时才成立,所以,单个或小的反应器可以建造成圆形的。而大的反应器经常建成矩形的或方形的。当建立两个或两个以上反应器时,矩形反应器可以采用共用壁。所以,当建造多个反应器时,矩形反应器有其优越性。对于采用公共壁的矩形反应器,池型的长宽比对造价也有较大的影响。对于大型 UASB 反应器,建造多个池子的系统是有益的,这可以增加处理系统的适应能力。如果有多个反应池的系统,则可以关闭一个进行维护和修理,而其他单元的反应器继续运行。

混凝土结构的 UASB 反应器是最为常见的结构和材料形式,但是采用标准化和系列化的设计必须考虑结构的通用性和简单性,在此基础上形成的系列化设计才能有生命力和推广的价值。

A　平面布置

池体的标准化主要是根据三相分离器的尺寸进行布置的,目前生产的三相分离器的平面尺寸是 2 m×5 m。根据这一形式布置池体有以下几种方式(如图 4-7 ~ 图 4-9 所示)。图 4-7 中(a)为整个池表面均采用三相分离器的形式,而(b)是池顶的一部分采用池体本身结构构成气室;这样可以节省一部分三相分离器的投资。整个池子分成单池单个分离器、双池每池单个分离器和单池两个分离器的形式。很明显,如果需要也可以构成双池每池两组分离器的形式。由于三相分离器尺寸的原因,所以池子的宽度是以 5 m 为模数,长度方向是以 2 m 为模数。原则上如果采用管道或渠道布水,池子的长度是不受限制的。如前所述,反应器的长宽比的范围涉及建筑物的经济性,所以在上述范围内选择时,要结合池子组数考虑适当的长宽比。

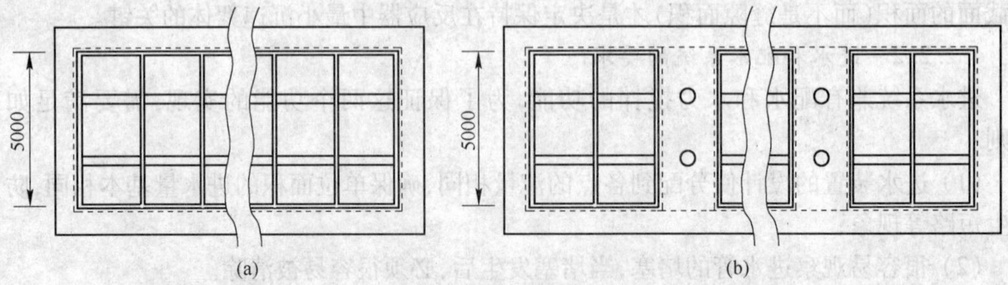

图 4-7　矩形单池 UASB 反应器装配式三相分离器和反应器平面尺寸布置

(a) 池面均布分离器;(b) 部分采用分离器

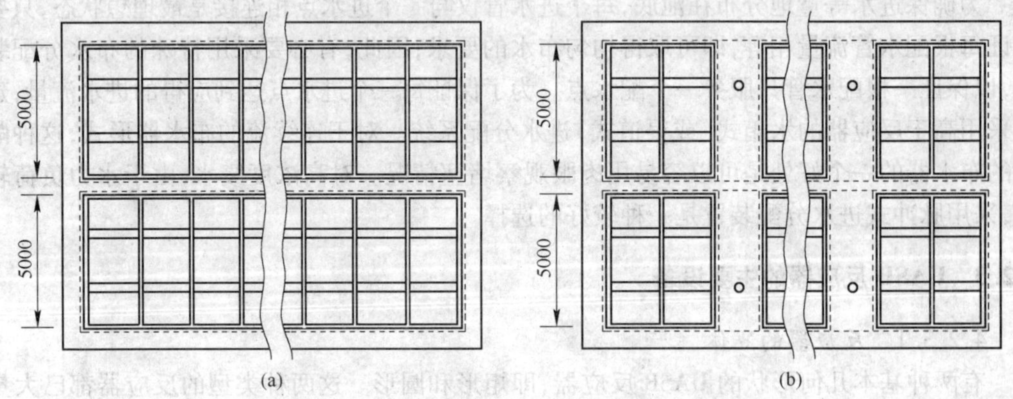

图 4-8　矩形双池 UASB 反应器装配式三相分离器和反应器平面尺寸布置

(a) 池面均布分离器;(b) 部分采用分离器

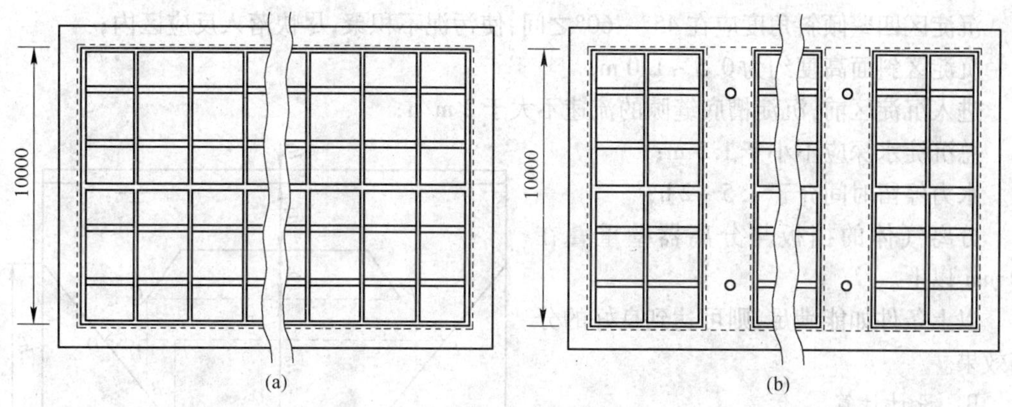

图 4-9 矩形单池大跨度的 UASB 反应器装配式三相分离器和反应器平面尺寸布置
(a) 池面均布分离器；(b) 部分采用分离器

由于反应器的高度推荐范围为 4 ~6 m,表 4-3 给出了 5 m 高的反应器的尺寸选择的系列。从原则上讲,安排 2 m×5 m 的三相分离器的平面布置还可以有其他多种的平面配合形式,如宽度可以以 2 m 为模数,而长度以 10 m 为模数。构成 4 m×5 m,4 m×10 m,6 m×5 m,6 m×10 m,6 m×15 m...... 的系列。甚至可以采用三相分离器横竖混合布置的形式。但是考虑通用性和简单性的原则,推荐如表 4-3 所示的组合方式。

表 4-3 矩形反应器的平面尺寸和有效体积的选用 m^3

池型	长/m 宽/m	6	8	10	12	14	16	18	20	22	24	26
单池	5	150	200	250	300	350	400	450	500	550	600	650
双池	5	300	400	500	600	700	800	900	1000	1100	1200	1300
池型	长/m 宽/m	10	12	14	16	18	20	22	24	26	28	30
单池	10	500	600	700	800	900	1000	1100	1200	1300	1400	1500
双池	10	1000	1200	1400	1600	1800	2000	2200	2400	2600	2800	3000

注：反应器有效高度 5 m。

B 设备固定形式

三相分离器设备固定的形式可以采用牛腿和工字钢支撑的两种形式。需要说明的是,由于在运行过程中,三相分离器的气室内有一定量的沼气,所以会形成比较大的浮力,需要考虑上部的固定措施,固定措施可以借助出水管和出气管,以及其他形式。

4.2.3.2 三相分离器的设计

A 设计要求

UASB 的重要构造是指反应器内三相分离器的构造,三相分离器的设计直接影响气、液、固三相在反应器内的分离效果和反应器的处理效果,对污泥床的正常运行和获得良好的出水水质起着十分重要的作用。根据已有的研究和工程经验，三相分离器应满足以下几点要求：

沉淀区的表面水力负荷小于 1.0 m/h；

三相分离器集气罩顶以上的覆盖水深可采用 0.5 ~1.0 m；

沉淀区四壁倾斜角度应在45°~60°之间，使污泥不积聚，尽快落入反应区内；

沉淀区斜面高度约为0.5~1.0 m；

进入沉淀区前，沉淀槽底缝隙的流速不大于2 m/h；

总沉淀水深应不小于1.5 m；

水力停留时间介于1.5~2 h；

分离气体的挡板与分离器壁重叠在20 mm以上。

以上条件如能满足，则可达到良好的分离效果。

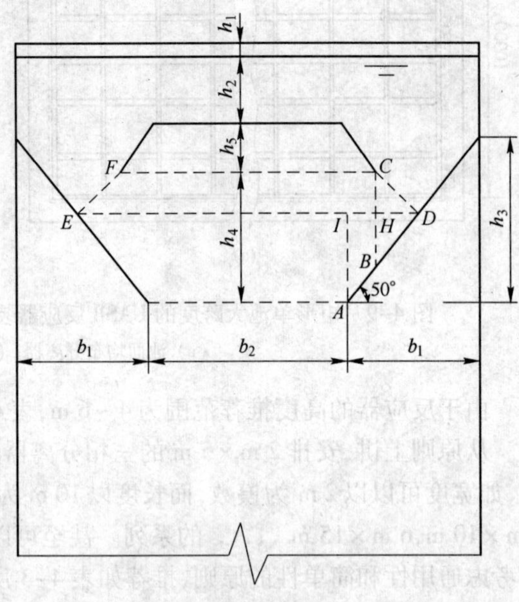

图4-10　回流缝计算图

B　设计计算

a　沉淀区的设计

沉淀器（集气罩）斜壁倾角为θ。

沉淀区面积：$A = 3.14D^2/4$

表面水力负荷 $q = Q/A$

b　回流缝设计

h_2 的取值范围为0.5~1.0 m，h_1 一般取0.5。

依据回流缝计算图图4-10中几何关系，则：

$$b_1 = h_3/\tan\theta$$

式中　b_1——下三角集气罩底水平宽度；

θ——下三角集气罩斜面的水平夹角；

h_3——下三角集气罩的垂直高度，m。

下三角集气罩之间的污泥回流缝中混合液的上升流速 v_1，可用下式计算：

$$v_1 = Q_1/S_1 = 4Q_1/3.14b_2$$

式中　Q_1——反应器中废水流量，m^3/s；

S_1——下三角形集气罩回流缝面积，m^2。

上下三角形集气罩之间回流缝流速 v_2 的计算：

$$v_2 = Q_1/S_2$$

式中　S_2——上三角形集气罩回流缝面积，m^2：

$$S_2 = 3.14(l_{CF} + l_{EQ}) \cdot l_{CE}/2$$

$$l_{EQ} = l_{CF} + 2l_{EH}$$

$$l_{EH} = l_{CE} \times \sin\theta$$

l_{CE}——上三角形集气罩回流缝的宽度，$l_{CE} > 0.2$ m；

l_{CF}——上三角形集气罩底宽。

参数选取时应满足计算结果 $v_2 < v_1 < 2.0$ m/h。

确定上下集气罩相对位置及尺寸：

$$l_{BC} = l_{CE}/\cos 50°$$

$$l_{HG} = (l_{CF} - b_2)/2$$

$$l_{EG} = l_{EH} + l_{HG}$$
$$l_{AE} = l_{EG}/\sin 40°$$
$$l_{BE} = l_{CE} \times \tan 50°$$
$$l_{AB} = l_{AE} - l_{BE}$$
$$l_{DI} = l_{CE} \times \sin\theta = l_{AB} \times \sin\theta$$
$$h_4 = l_{AD} + l_{DI} = l_{BC} + l_{DI}$$

C 气液分离设计

由图 4-11 可知,欲达到气液分离的目的,上、下两组三角形集气罩的斜边必须重叠,重叠的水平距离(*AB* 的水平投影)越大,气体分离效果越好,去除气泡的直径越小,对沉淀区固液分离效果的影响越小,所以,重叠量的大小是决定气液分离效果好坏的关键。

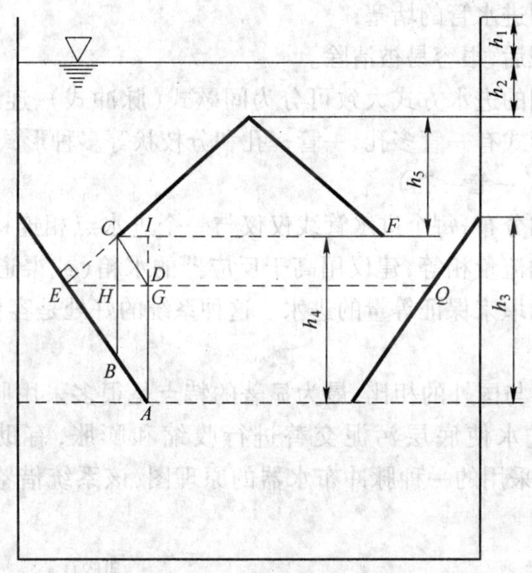

图 4-11 三相分离器设计计算草图

由反应区上升的水流从下三角形集气罩回流缝过渡到上三角形集气罩回流缝再进入沉淀区,其水流状态比较复杂。当混合液上升到 *A* 点后,将沿着 *AB* 方向斜面流动,并设流速为 v_a,同时假定 *A* 点的气泡以速度 v_b 垂直上升,所以气泡的运动轨迹将沿着 v_a 和 v_b 合成速度的方向运动,根据速度合成的平行四边形法则,则有:

$$\frac{v_b}{v_a} = \frac{AD}{AB} = \frac{BC}{AB}$$

要使气泡分离后进入沉淀区的必要条件是:

$$\frac{v_b}{v_a} > \frac{AD}{AB}\left(= \frac{BC}{AB}\right)$$

根据斯托克斯(Stokes)公式,可得气体上升速度 v_b 为

$$v_b = \frac{\beta g(\rho_i - \rho_g)d^2}{18\mu}$$

式中 v_b——气泡上升速度,cm/s;

g——重力加速度,cm/s^2;

β——碰撞系数,取 0.95;

μ——废水的动力黏度系数,g/(cm · s),

$$\mu = v\beta$$

一般情况,在消化温度为 25℃时,沼气密度可选择 $\rho_g = 1.12$ g/L;水的密度选择 $\rho_1 = 997.0449$ kg/m^3;水的运动黏度系数 $\mu = 0.0089 \times 10^{-4}$ m^2/s;气泡直径可取 $d = 0.01$ cm。

4.2.3.3　进水分配系统

进水分配系统的合理设计对 UASB 处理厂的良好运转是至关重要的。进水系统兼有配水和水力搅拌的功能,为了这两个功能的实现,需要满足如下原则:

(1) 确保单位面积的进水量基本相同,以防止短路等现象发生;

(2) 尽可能满足水力搅拌需要,保证进水有机物与污泥迅速混合;

(3) 很容易观察到进水管的堵塞;

(4) 当堵塞被发现后,很容易被清除。

在生产装置中采用的进水方式大致可分为间歇式(脉冲式)、连续流、连续与间歇相结合等方式。布水管的形式有一管多孔、一管一孔和分枝状等多种形式。

A　连续进水方式(一管一孔)

为了确保进水均匀分布,每个进水管线仅仅与一个进水点相连接,是最为理想的情况。为保证每一个进水点的流量相等,建议用高于反应器的水箱(或渠道式)进行分配,通过渠道或分配箱之间的三角堰来保证等量的进水。这种系统的好处是容易观察到堵塞情况。

B　脉冲进水方式

我国 UASB 反应器与国外的相比,最为显著的特点是很多采用脉冲进水方式。有些研究者认为,脉冲方式进水使底层污泥交替进行收缩和膨胀,有助于底层污泥的混合。图 4-12 为北京环科院采用的一种脉冲布水器的原理图,该系统借鉴了给水中虹吸滤池的布水方式。

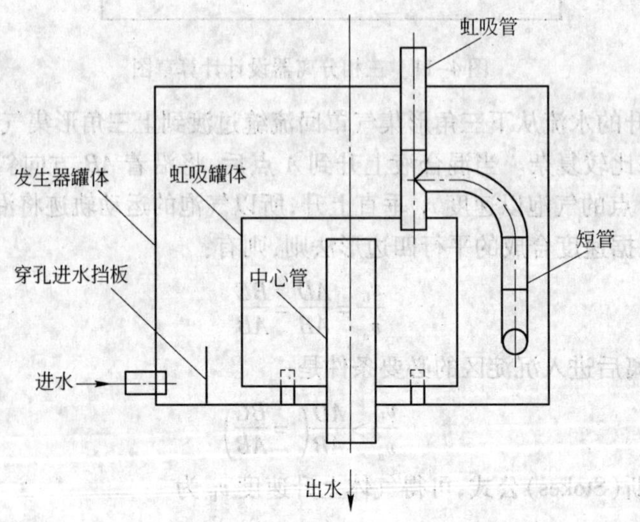

图 4-12　脉冲布水系统原理

C　一管多孔配水方式

采用在反应器池底配水横管上开孔的方式布水,为了配水均匀,要求出水流速不小于

2.0 m/s。这种配水方式可用于脉冲进水系统。一管多孔式配水方式的问题是容易发生堵塞,因此,应该尽可能避免在一个管上有过多的孔口。

D 分枝式配水方式

这种配水系统的特点采用较长的配水支管增加沿程阻力,以达到布水均匀的目的。根据实践,最大的分枝布水系统的负荷面积为 54 m^2。大阻力系统配水均匀度好,但水头损失大;小阻力系统水头损失小,如果不影响处理效率,可减少系统的复杂程度。

对其他类型布水方式,我国也有很多设计和运行经验。与三相分离器一样,不同形式的布水装置之间,很难比较孰优孰劣。事实上,各种类型的布水器都有成功的经验和业绩。

4.2.4 其他设计考虑

4.2.4.1 配水管道设计

对重力布水方式,污水通过三角堰进入反应器时可能吸入空气,会引起对甲烷菌的抑制;进入的大量气体与产生的沼气会形成有爆炸可能的混合气体;同时,气泡太多可能还会影响沉淀功能。因为,直径大于 2.0 mm 的气泡在水中以大约 0.2~0.3 m/s 速度上升,若采用较大的管径使液体在管道的垂直部分的流速低于这一数值,可适当地避免直径超过 2 mm 的空气泡进入反应器,同时还可避免气阻。在反应器底部用直径较小的管道,形成较高的流速和产生较强的扰动,使进水与污泥之间混合加强。

污水中存在的大的物体可能堵塞进水管,设计良好的进水系统,要求可疏通堵塞。对于压力流,采用穿孔管布水器(一管多孔或分枝状),需考虑设置液体反冲洗或清堵装置,可采用停水分池分段反冲。采用一管多孔布水管道,布水管道尾端最好兼作放空管和排泥管,以利于清除堵塞。采用重力流布水方式(一管一孔),如果进水水位差仅仅比反应器的水位稍高(水位差小于 10 cm),将经常发生堵塞。在水箱中的水位(三角堰的底部)与反应器中的水位差大于 30 cm 时很少发生这种堵塞。无论采用哪一种布水方式,尽可能地少采用弯头等非直管。

4.2.4.2 出水系统的设计

出水系统的设计在 UASB 反应器设计中也占有重要地位。因为出水是否均匀也将影响沉淀效果和出水水质。为了保持出水均匀、沉淀区的出水系统通常采用出水渠(槽)。一般每个单元三相分离器沉淀区设一条出水渠,而出水渠每隔一定距离设三角出水堰。常用的布置形式有两种(如图 4-13 所示)。出水渠宽度常采用 20 cm,水深及渠高由计算确定。

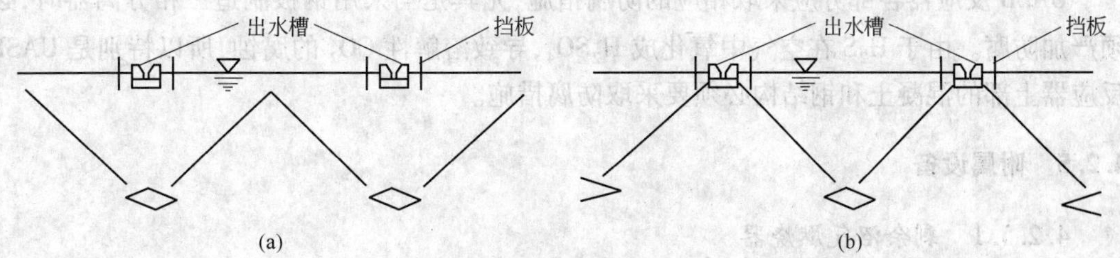

图 4-13 出水渠的布置形式

图 4-13 (b)出水渠的特点是出水渠与集气罩成一整体,有助于装配化和整体安装,简化施工过程。一般出水渠前设挡板,可防止漂浮物随出水带走,可提高出水水质。当所处理

废水中含悬浮固体较多,设置挡板是很必要的。如果沉淀区水面的漂浮物很少,有时也可不设挡板。

4.2.4.3 排泥系统的设计

由于在厌氧消化过程中微生物的不断增长,或进水不可降解悬浮固体的积累,必须在污泥床区定期排除剩余污泥。所以,UASB 反应器的设计应包括剩余污泥的排除设施。一般认为排去剩余污泥的位置是反应器的 1/2 高度处。但是大部分设计者推荐把排泥设备安装在靠近反应器的底部。也有人在三相分离器下 0.5m 处设排泥管,以排除污泥床上面部分的剩余絮体污泥,而不会把颗粒污泥排走。UASB 反应器排污泥系统必须同时考虑上、中、下不同位置设排泥设备,应根据生产运行中的具体情况考虑实际排泥的要求,从而确定在什么位置排泥。

设置在污泥床区池底的排泥设备,由于污泥的流动性差,必须考虑排泥均匀性。因为大型 UASB 反应器一般不设污泥斗,而池底面积较大,所以必须进行均布多点排泥。每个点服务面积多大合适,尚缺乏具体资料,根据实践经验,建议每 10 m^2 设一个排泥点。当采用穿孔管配水系统时,如能同时把穿孔管兼作穿孔排泥管是较为理想的。专设排泥管管径不应小于 200 mm,以防发生堵塞。为了简化设计,可在反应器 1/2 高度处和三相分离器下 0.5 m 处在池壁分别各设一个排泥口,口径可取 100 mm。

此外,在池壁全高上设置若干(5~6)个取样管,可以取反应器内的污泥样,以随时掌握污泥在高度方向的浓度分布情况,并可计算反应器的污泥总量,以确定是否需要排泥。

4.2.4.4 浮渣清除方法的考虑

有的废水含有一些化合物会促使沉淀区和集气罩的液面形成一层很厚的浮渣层。厚度太大时会阻碍沼气的顺利释放,或堵塞集气室的排气管,导致部分沼气从沉淀区逸出,严重干扰了沉淀区的固液分离效果。为了清除沉淀区液面和气室液面形成的浮渣层,必须设置专门的清除设备或预防措施。

在沉淀区液面产生的浮渣层,可采用撇渣机或刮渣机清除,其构造与常规的沉淀池和气浮池撇(刮)渣机相同,或采用人工清渣。

在气室形成的浮渣,清除较为困难,可用定期进行循环水或沼气反冲等方法减少或去除浮渣,这时必须设置冲洗管和循环水泵(或气泵)。

4.2.4.5 防腐措施

UASB 反应器各部分应采取相应的防腐措施,尤其是当采用钢板制造三相分离器时,必须严加防腐。由于 H_2S 在空气中氧化成 H_2SO_4,导致溶解性 CO_2 的腐蚀,所以特别是 UASB 反应器上部的混凝土和钢结构必须要采取防腐措施。

4.2.5 附属设备

4.2.5.1 剩余沼气燃烧器

一般不允许将剩余沼气向空气中排放,以防污染大气。在确有剩余沼气无法利用时,可安装余气燃烧器将其烧掉。燃烧器应装在安全地区,并在燃烧器前安装阀门和阻火器。剩余气体燃烧器,是一种安全装置,要能自动点火和自动灭火。剩余气体燃烧器和消化池盖或贮气柜之间的距离,一般至少需要 15 m,并应设置在容易监视的开阔地带。

4.2.5.2 保温加热设备

厌氧消化像其他生物处理工艺一样受温度影响且厌氧工艺受温度影响更加显著。中温厌氧消化的最优温度范围在30～35℃，可以计算在20℃和10℃的消化速率大约分别是30℃下最大值的35%和12%。所以，加温和保温的重要性是不言而喻的。如果工厂或附近有可利用的废热或者需要从出水中间回收热量，则安装热交换器是必要的。

4.2.5.3 监控设备

为提高厌氧反应器的运行可靠性，必须设置各种类型的计量设备和仪表，如控制进水量、投药量等计量设备和pH计（酸度计）、温度测量等自动化仪表。自动计量设备和仪表是自动控制的基础。对UASB反应器实行监控的目的主要有两个，一个是了解进出水的情况，以便观测进水是否满足工艺设计情况；另一个是为了控制各工艺的运行，并判断工艺运行是否正常。由于UASB反应器的特殊性，还要增加一些检测项目，如挥发性脂肪酸、碱度和甲烷等。但是，这些设备属于标准设备，其中一些设备还很难形成在线的测量和控制。

4.3 卵形反应器

卵形反应器又称为卵形消化池，由于其受力条件好，能充分搅拌，污泥不致沉淀附着于底部死角，同时，它还具有上部狭窄，表面产生的浮渣易消除，单位容积表面积小，保温效果好等优点，已越来越引起工程界的重视。

卵形消化池无论是从运行角度，还是从建筑施工角度讲，都是最佳的池形。卵形消化池具有混合搅拌充分，池顶部和底部截面积小，排砂除渣较容易，表面积比（池壳表面积/池容积）小，保温效果好等工艺优点。卵形消化池的结构和受力条件最好，特别是建筑与艺术较完美的得到了统一，在整个污水与污泥的处理过程中，消化池是个重要的标志性基本设施。由于采用预应力混凝土技术和支架、模板的不断发展，使卵形消化池得到了很大的发展，而且国外目前在建及待建的大型中温厌氧消化池，绝大部分是卵形消化池。

4.3.1 卵形反应器的基本构造

由于卵形反应器常年满水运行，内部充满沼气，运行后不能渗水漏气，故池体混凝土中掺入了高效复合防水剂，以改善混凝土的孔结构，提高密实度，降低水化热。同时，在正常水位以下1.0 m处至壳顶范围内设置了5 mm厚不锈钢钢板作内衬，池体内部其余部位均刷防腐防渗涂料，以满足其对水密性、气密性的严格要求。污泥采用中温消化工艺，内部温度达35℃左右。为使卵形反应器有良好的保温效果，同时减小池体在壁面温差作用下的温度应力，地面以上壳体表面设置了100 mm厚高发泡聚氨酯保温层。为使上部壳体无黏结预应力筋，所建立的环向预应力更加安全可靠，在环向预应力筋的张拉锚固区，长度约1.0 m的范围内，在池体中先预埋导管，进行无黏结预应力筋去皮除油处理，待张拉锚固后，端部再经过真空灌浆，使其与夹片锚具共同工作，进一步提高了锚固区的安全度。

4.3.2 卵形反应器的设计计算

4.3.2.1 外形计算

卵形反应器是大容量消化池的最佳选择形式。卵形结构形式，相对于传统柱形消化池具有明显优点，(1)可避免池底沉淀形成死区而造成定期停产清理的问题，可长期持续运

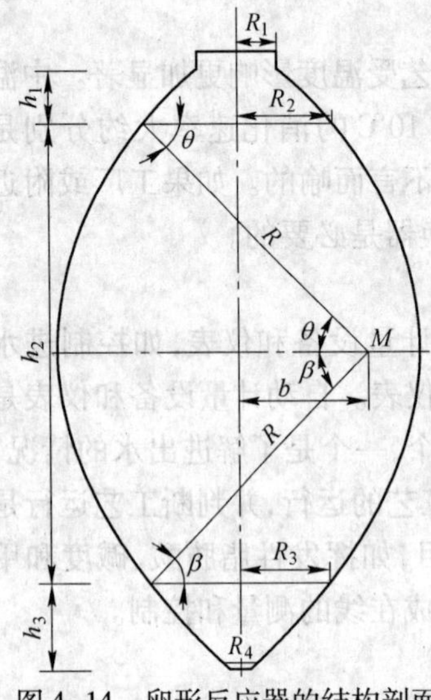

图 4-14　卵形反应器的结构剖面

行;(2)卵形反应器在沼气搅拌过程中降低了挥发性固体物质的含量,减少了细菌及臭气;(3)卵形反应器为污泥的循环和混合提供了最佳条件,有利于沼气收集;(4)卵形反应器可大大降低热量损失,实现自身节能。

从外形上看,卵形消化池由三部分组成,上部和下部为圆台体,中间部分由半径为 R 的一段圆弧(如图 4-14 所示,M 点为弧线圆心)绕中心轴线水平旋转而成,旋转体和上下两圆台相切。工艺计算时,上下圆台体积和表面积可由圆台公式求得,中间旋转体的体积和表面积公式可由多重积分求出。卵形池总高 H 和其最大胸径 D 的比值一般在 1.4~2.0,壳体弧线半径 R 取值范围(0.74~0.84)D。设卵形消化池顶部圆台、上部旋转体、下部旋转体、底部圆台的体积分别为 V_1、V_2、V_3、V_4,表面积分别为 S_1、S_2、S_3、S_4,则有如下关系式:

$$R_2 = R\cos\theta - b$$
$$R_3 = R\cos\beta - b$$
$$h_1 = (R_2 - R_1)\cot\theta$$
$$h_2 = R(\sin\theta + \sin\beta)$$
$$h_3 = (R_2 - R_1)\cot\beta$$
$$V_1 = 1/3\ h_1(R_2^2 + R_1^2 + R_1R_2)$$
$$V_2 = \pi[R_3(\sin\theta - \sin 3\theta/3) - bR_2(\sin\theta\cos\theta + \theta) + b_2R\sin\theta]$$
$$S_1 = \pi(R_2^2 - R_1^2)/\sin\theta$$
$$S_2 = 2\pi R[R\ \sin\theta + b\cdot\arcsin(\cos\theta) - \pi b/2]$$

同理,可求出 V_3、V_4 和 S_3、S_4。

消化池总高 $H = h_1 + h_2 + h_3$

消化池池容 $V = V_1 + V_2 + V_3 + V_4$

根据地形、气候及结构条件,如需矮胖形池型,H/D 取低值;如需瘦长型,H/D 取高值。

4.3.2.2　*污泥加热*

中温消化常见的工作温度范围一般为 30~37℃,由于甲烷菌对温度变化的敏感性很强,实际工作时温度波动范围不宜超过 1~2℃,所以,在运行中应尽可能保持所设计的温度无大的波动。为保证消化池内温度恒定,必须由污泥循环泵从池中抽取污泥进行循环加热。污泥加热采用热交换器在池外实现。热交换器形式很多,最常用的是同心套管式热交换器和螺旋板式热交换器,热媒多为热水。同心套管式热交换器采用逆向流的方式,内管为污泥管,外管为热媒管。为防止污泥在内管中结垢和堵塞,管中污泥流速为 1.0~1.5 m/s,内管最小管径为 100 mm,外管热水流速为 0.6~1.5 m/s。套管式热交换器两端的弯管是可以拆卸的,并接有冲洗水管,可方便地对热交换管路进行清洗。在不易清洗的介质情况下,螺旋板式热交换器很适合使用。对于相同的传热量而言,螺旋板热交换器比管式热交换器更紧凑和更容易安装。这种形式的紧凑型换热器是将较长的两块金属板片(平行的)同时卷绕形成两个同心的螺旋形通道,通道两侧采用垫片或焊接等方法密封,使每种介质沿单一的连续通道流动。热水从螺旋板热交换器中心进入，并从内侧沿螺旋流道向外流动；同时，污泥从外周边进入流道沿螺旋流道流向中心，从而两种流体完全以逆向方式流动。

在大多数应用场合，当流体从单一的、弯曲成螺旋形的通道中流动时，可产生二次流动效应，从而激发湍流。螺旋板换热器由于流体在螺旋通道中流动，在较低雷诺数（$Re>800$时）即可达到湍流，且由于一般都选用较高的流速（流速大于1 m/s），总传热系数一般是套管式热交换器的1.5～3倍。正是这一点，改善了流体间的热传递，被诱发的湍流可使流体充分搅匀，不易沉积污垢，清洗周期一般比管式换热器长得多，这一点对于用于污泥加热的热交换工况尤其重要。

4.3.2.3 反应器的搅拌

消化池中污泥的混合和搅拌，对于提高污泥的分解速率和分解率，增加产气量，是很有效果的。通常使用的方法是沼气搅拌法和机械搅拌法。气体搅拌法是指用气体压缩机将沼气从池底压入池内的方法。与其他方法比较，由于气体搅拌法不破坏污泥絮体，因此，污泥在二级消化池中的沉淀、浓缩效果较好。气体从消化池底部压入时，池内的污泥被带到上部，有利于气体与污泥的分离。压缩沼气的竖管以插入到消化池有效深度2/3处为宜。竖管环状布置，位置在消化池半径的2/3处，如果池径较大，可考虑设置内外两环；每根竖管的气体流速为7～15 m/s，搅拌时可分区域轮流搅拌，节省能耗。消化池沼气循环搅拌所需气量有多种表示方式，如m^3/[1000 m^3（池容）·min]、m^3/[m（池径）·min]、L/s、m^3/[m^2（平面面积）·min]等。美国水污染控制联合会所推荐的沼气循环搅拌气量单位为L/s，其数值见表4-4。美国环保署建议沼气循环搅拌气量为5～7 m^3/[1000 m^3（池容）·min]（抽升管式沼气循环搅拌）、4～5 m^3/[1000 m^3（池容）·min]（自由释放式沼气循环搅拌）。沼气搅拌的缺点是在产气量不足或在启动期间，搅拌无法充分进行。

表4-4 沼气搅拌循环气量

消化池直径/m	沼气搅拌循环气量/$L\cdot s^{-1}$	消化池直径/m	沼气搅拌循环气量/$L\cdot s^{-1}$
6	16～19	21	42～56
9	24～28	24	47～61
12	24～28	27	63～85
15	31～38	31	71～94
18	42～56	34	78～108

最常用的机械搅拌器是螺旋搅拌器，即在消化池内安装中心导流筒，在筒内安装由电机带动的螺旋桨，当螺旋桨旋转时，不断地将管内污泥提升到泥面，形成循环搅拌。螺旋搅拌器设备组成简单，操作容易，可以通过竖管向上或向下两个方向推动污泥，因此，在固定污泥液面的前提下，能够有效地消除浮渣层。螺旋桨式搅拌器特别适用于卵形消化池，其运行简单，维修量少。螺旋桨式搅拌器的能力，一般情况下按照搅拌一次所需时间为2～5 h考虑，螺旋桨与中心导流筒的间隙为0.05 m，导流筒中污泥流速一般取0.3～0.4 m/s。机械搅拌的缺点是螺旋桨发生故障时，消化池需打开，消化系统要停止运行；并且当纤维性物质附着在叶片或螺旋桨上时，会使电动机的效率降低甚至工作困难；同时，如果消化池内的液面比螺旋桨低时，将导致空转，不可能进行有效搅拌。传动用的电动机因安装在消化池外面的池顶上，所以在电动机轴穿过池顶部分必须严格气密。

4.3.3　卵形反应器的运行实例

4.3.3.1　*洛杉矶终点岛污水处理厂概况*

美国洛杉矶终点岛污水处理厂位于洛杉矶南部 32 km 处，设计规模为 114 000 m^3/d，商业、生活污水和工业废水各占 50% 左右。此污水处理厂水处理部分包括粗格栅、曝气沉沙池、初沉池、生物曝气池、二沉池和过滤设备（1997 年新增加）。从二沉池出来的活性污泥首先在气浮池内气浮浓缩，然后再与初沉池污泥混合进入卵形中温厌氧消化池，消化后的污泥经离心脱水后最终处置。

厂内建有 4 座预应力混凝土结构的卵形反应器。每一座消化池体积为 5200 m^3，总高为 31 m，最大内径 20 m。通过变换进泥阀门的位置可以实现单级消化或两级消化；一般情况下，仅两座消化池运行，另外两座备用。

消化池的初级混合是通过周边沼气喷嘴喷射来实现的。来自消化池的沼气经压缩后，通过 28 个位于距消化池底 7 m 的射流喷嘴喷入消化池的污泥中。气体混合系统运行和间歇的时间约各一半。二级混合由一个污泥循环泵来连续完成，它将污泥从池底打到池顶。此卵形反应器的进排泥控制采用溢流方式。消化池内的污泥液面可通过排泥阀的开启保持恒定。一旦消化池内的污泥液面达到排污的高度，消化池内的加料量将与消化污泥从池底排到污泥槽的污泥量相同，排出的消化污泥被输送到污泥脱水离心机。但是，此厂内的消化池运行液面比实际设计的低，这主要有两个原因：(1) 消化池和脱水离心机之间缺少一中间污泥贮存池，这迫使污水处理厂的操作人员通过改变污泥液面来弥补消化池进泥量的波动；(2) 在消化池中偶尔出现泡沫问题，沼气管线与泡沫收集器和喷射器之间安装位置不合适，泡沫和气体系统经常使在线气体处理设备（如流量计和火焰扑灭器）产生问题，所以，必须降低消化池污泥液面以阻止泡沫流出气体管线。

由于卵形反应器没采用内导流循环管机械搅拌系统，而采用了常规的气体搅拌系统，因此，池内易于产生浮渣和泡沫。卵形反应器顶部形成的浮渣是由浮渣破碎装置和沼气搅拌来清除的，气体搅拌不能有效去除浮渣。另外，由于以下几个原因使排渣口也不能使用：(1) 打开排渣口时，空气和沼气的混合可能导致爆炸；(2) 沼气和浮渣的气味污染运行环境；(3) 排渣口的橡胶密封不一定很严密，容易发生沼气的泄露。从设备运行时起，就没有使用消化池上的排渣口，而使用 U 形管排出浮渣，给运行带来很大不便。

卵形反应器总体上运行情况良好。1996 年使用两座卵形反应器，每天消化约 480 m^3 的初级和预浓缩污泥，水力停留时间为 18 天，可挥发性固体减少量在 50% 以上，每 1 kg 挥发性固体的沼气产量大约为 1.0 m^3，消化污泥中挥发酸中和率在 0.15 以下。运行几年以后，将其中一个消化池排空维修时，消化池内没有发现砂粒堆积，不需维修工像进入常规柱形消化池内那样到池里面维修。由于污泥中存在机械处理段没有除去的砂粒，污泥泵和脱水机内存在一定程度的磨损，所以机械处理段对沉砂的有效去除是很重要的。由于浮渣不能通过浮渣口排出，气体搅拌和浮渣破碎装置也不能防止浮渣和泡沫的形成，使卵形反应器的浮渣达 15 cm 厚，所以，操作工人不得不通过位于消化池边上的人工浮渣排放口来移出浮渣。虽然如此，但此浮渣层厚度还是比柱形消化池小得多（一般平底消化池内浮渣厚度可达 1 m 以上）。

4.3.3.2 北京小红门污水处理厂卵形反应器

北京市政四公司承建的小红门污水处理厂工程于2002年9月开工建设,2004年初,该厂的预处理工程建成并开始运行,达到了初步截污的目的,2005年11月19日,该厂正式投入运营,日处理污水能力达60×10^4 m^3的小红门污水处理厂竣工投产。2008年1月,小红门污水处理厂五个卵形反应器圆满完工,开始试运行。设计为无黏结预应力混凝土结构,全高45 m,地面以上35 m,最大直径为26.97 m,容积为12300 m^3,为国内容积最大的卵形反应器之一,共五座,总容积为61500 m^3。小红门卵形反应器对污水处理过程中产生的污泥进行消化处理,使污泥的卫生指标提高,减少细菌及臭气,避免对环境的二次污染。经过消化产生的沼气是高效清洁的生物能源,为使能源充分利用,小红门污水处理厂还设计了沼气利用系统,用来做普通燃料和驱动鼓风机等动力设备,做到了环保节能,是一种有效的循环经济模式。卵形反应器的应用,是环境保护的深度实施和科技发展进步的体现。卵形反应器的建造是一种全新施工技术的探索,丰富了特种结构的施工技术,推动了特种结构施工技术的进步。

4.3.3.3 武汉三金潭污水处理卵形反应器

2009年11月,由中国中铁四局市政分公司承建的单体规模居世界第三、亚洲第一的武汉市三金潭污水处理厂卵形污泥厌氧消化池顺利竣工交验。武汉三金潭污水处理厂是武汉市实施"清水入湖"、"清水入江"的重点工程之一。卵形污泥厌氧消化池的应用,将对污水处理过程中产生的污泥进行消化处理,使污泥的卫生指标提高,减少细菌及臭气,避免对环境的二次污染。

新消化池在启动过程中会不可避免地产生爆炸性气体,这牵涉到重大的安全运行问题,为此,在调试启动前须做好充分的准备工作。对新消化池进行闭水、闭气试验和沉降观测。制订多套调试启动方案,且每套方案都有应急处置预案,同时,这些方案又互为应急预案。对经过清水单机调试的投泥泵、沼气压缩机、污泥循环泵、热交换器、热水泵、气水搅拌装置、阀门等设备做进一步检查,以确保运行正常。消化池的启动实质上是培养甲烷菌的过程。随着甲烷菌的增多,沼气逐渐产生并与池中的空气混合,当空气中甲烷含量(体积分数)达到5%~15%时将形成爆炸性气体,给启动带来不安全因素,因此,如何缩短甲烷菌的培养时间以减少爆炸性气体存在的空间和时间是启动的关键。

研究表明,只要将O_2含量降至12%以下,就可大大降低爆炸发生的可能性,而置换即可达到此目的。可用氮气置换,此法安全、易于操作,但成本较高。也可用合格的沼气($\varphi(O_2)\leqslant2\%$)置换。随着甲烷菌在消化池内逐渐繁殖,沼气逐步产生(关掉放空阀),当池内气压升至设计压力时放空(打雷期间不得放空),经测试,消化池内气体合格后将消化池与气柜连通,气柜每上升30~50 cm放空1次,如此反复2天左右即可完成置换工作。

中温消化的最佳池温是35℃左右,夏季启动时,污泥可不加热,且经过一个夏季后池温即可正常。但夏天的不利条件是雷雨较多,给启动带来一定的危险。从已有的调试经验来看,在20~30℃下启动成功后再慢慢升高池温是可行的,故建议在5~6月份启动。由于消化池启动过程中会产生爆炸性气体,因此要加强气体监测,一旦发现爆炸性气体就要立即采取有效安全措施。投泥期间不搅拌,在化验显示消化池内气体不会爆炸时再开始搅拌。当消化池内pH值不小于6.6、脂肪酸/总碱度<0.3、$\varphi(O_2)<2\%$、$\varphi(CH_4)>55\%$时,即认为启动成功,可以转入低负荷运行,然后逐步增加负荷至正常运行。

4.4　IC 反应器

4.4.1　IC 厌氧反应器

4.4.1.1　IC 厌氧反应器的基本构造

IC 反应器(Internal Circulation Reactor) 是由荷兰 PAQUES 公司于 20 世纪 80 年代中期在 UASB 反应器的基础上开发成功,并在 1986 年以后应用于生产。它是基于 UASB 反应器颗粒化和三相分离器而改进的新型反应器,实际上相当于由两个 UASB 反应器的单元相互重叠而成。

图 4-15 为 IC 反应器构造示意图。IC 反应器的工作原理如下:污水直接进入反应器的底部,通过布水系统与颗粒污泥混合,在第一级高负荷的反应区内包含有一个污泥膨胀床,在这里大部分的 COD 被转化为沼气。沼气被一级三相分离器所收集,由于采用的负荷高,产生的沼气量很大,其在上升的过程中会产生很强的提升能力,迫使污水和部分污泥通过提升管上升到反应器顶部的气液分离器中,在这个分离器中产生的气体离开反应器,而污泥与水的混合液通过下降管回到反应器的底部,从而完成了内循环的过程。从底部第一个反应室内的出水进到上部的精细处理区进行后处理,在此产生的沼气被二级三相分离器所收集,因为 COD 浓度已经降低很多,所以产生的沼气量降低,因此,扰动和提升作用不大,从而出水可以保持较低的悬浮物。

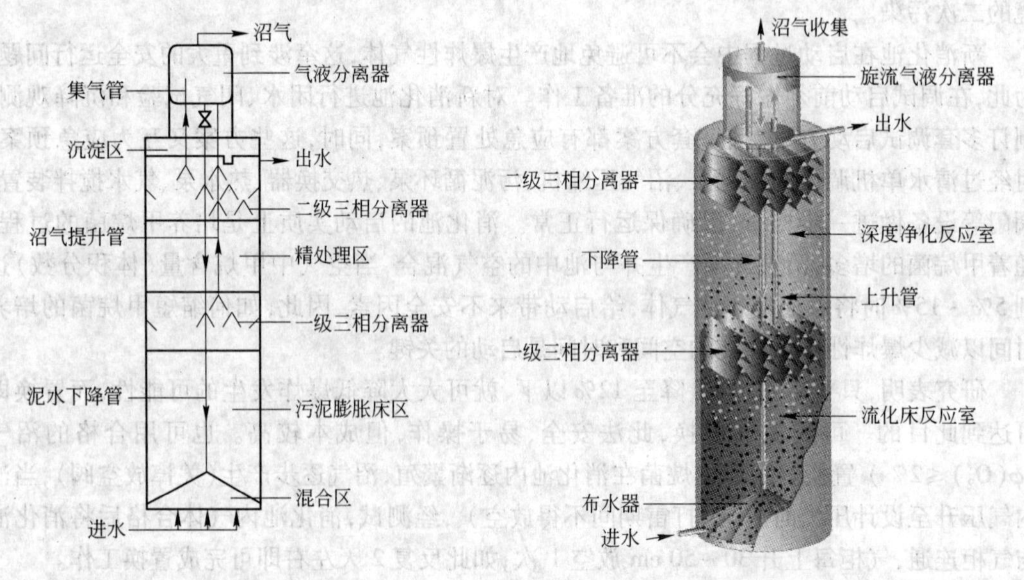

图 4-15　IC 反应器构造图

在反应器的较低部分,液体的上升流速在 10 ~ 20 m/h 之间。经过下部反应室处理后的污水进入上部反应室,所有剩余的可生化降解的有机物将被去除。在这个反应室里的液体的上升流速一般在 2 ~ 10 m/h。

可以看出,IC 反应器把四个重要的工艺过程集合在同一个反应器内,这四个工艺过程是进液和混合布水系统、流化床反应室、内循环系统和深度净化反应室。事实上,IC 反应器也可简单化理解为两个上下组合的 UASB 反应器,一个是下部的高负荷部分,一个是上部的低负荷部分。用下面的第一个UASB反应器产生的沼气作为动力,实现了下部混合液的内循环,使废水获得强化的预处理,上面的第二个UASB反应器对废水继续进行后处理,使出水可达到预期的处理要求。IC反应器有机负荷高,水力停留时间短,抗冲击负荷能力强,占地面积省,基建投资省,启动期短。但在高负荷运行时,出水的SS浓度受产气率的影响较大,内部结构复杂,运行费用高,处理效果受三相分离器的影响较大。

4.4.1.2 IC反应器的特点

A 良好的污泥保留

由于第二厌氧反应室内的污泥负荷较低,又具有相对长的水力停留时间和接近于推流的流动状态(第二反应区的液相上升流速一般均为2~10 m/h),且由于大量的COD已在流化床反应室中去除,第二厌氧反应室的产气量很少,不足以产生很大的流体湍动。加之内循环流不通过第二厌氧反应室,因此,流体的上流速度很小,这些都十分有利于颗粒污泥的沉降和留在反应器内,即使反应器负荷数倍于UASB时也是如此,从而解决了高COD负荷条件下污泥被冲出系统的问题。而且,由于内循环和一级三相分离器的存在,第二厌氧反应室几乎不受第一厌氧反应室的影响,从而具有生物固体停留时间(t_{SR})大于水力停留时间(t_{HR})的特征,真正实现了“高负荷与污泥流失相分离”的第三代厌氧反应器的设计思想,既保持了污泥的高浓度,又强化了传质过程,从而给有机负荷的提高提供了较大的余地。同时,由于第二厌氧反应室的污泥浓度通常较低,有相当大的空间允许第一厌氧反应室的污泥膨胀进入其中,这样也防止了高峰负荷时污泥的流失。

B 具有很高的容积负荷率

IC反应器通过采用内循环技术,提高了第一反应区的液相上升流速,实现了膨胀污泥床的完全流化,强化了废水中有机物和颗粒污泥间的传质,尽力挖掘了生化处理能力,抓住了厌氧废水处理的关键,体现了从根本上提高生化反应速率这一原则,实现了大幅度提高处理容量的目的。同时,由于突破了高COD负荷下污泥洗出的瓶颈,从而大幅提高了反应器的COD容积负荷,反过来又导致沼气量的迅速提升,再次促进了污泥床的湍动和传质效果,从而产生了良性的循环。因此,IC反应器的进水有机负荷率远比普通的UASB反应器高,一般可高出3倍左右。处理高浓度有机废水,如土豆加工废水,当COD为10000~15000 mg/L时,进水容积负荷率可达30~40 kg/(m^3·d)。处理低浓度有机废水,如啤酒废水,COD为2000~3000 mg/L时,进水容积负荷率可达25~30 kg/(m^3·d),t_{HR}仅为2~3 h,COD去除率可达80%。

C 沼气提升实现内循环,不必外加动力

IC反应器实际上是一种特殊的气提式反应器,其工作原理与空气提升液体循环反应器(气提式反应器)有很多相似之处,区别仅在于气提式反应器中的提升动力源自反应器外动力提供的空气,而IC厌氧反应器中的提升动力源自反应器中的自产沼气。因此,与气提式反应器相比,IC厌氧反应器不必通过外力实现强制循环,从而可节省能耗。

D 抗冲击负荷能力强,运行稳定性好

内循环的形成使得IC反应器第一反应区的实际水量远大于进口水量,例如在处理与啤酒废水浓度相当的废水时,循环流量可达进水流量的2~3倍;处理土豆加工废水时,循环流量可达10~20倍。循环水稀释了进水,提高了反应器的抗冲击能力和酸碱调节能力。即使入水中含有一定浓度的有毒物质或阻抑性物质,由于内循环水的稀释作用,其对反应器内的生化反应所构成的威胁也将大大减弱。由于内循环水对进水所起到的pH值调节的能力,从而大大节约了反应器运行过程中中和剂酸碱的用量。加之有第二反应区继续处理，通常运行相当稳定。

E　具有自我调节功能

在IC反应器中，内循环的流量是随着进液中COD量的增大而自然增大，因此，反应器具有随着入水自我调节的功能。例如当COD负荷增加时，沼气的产生量随之增加，由此，内循环的气提增大，产生更多的循环水量，从而稀释了进水COD，内循环促进泥水的混合更加充分而达到更加优良的运行效果；当COD负荷降低时，沼气产量也降低，从而形成较低的内循环流。因此，内循环实际为反应器起到了自动平衡COD冲击负荷的作用。

F　基建投资省，占地面积少

在处理相同的废水时，IC厌氧反应器的容积负荷是普通UASB的4倍左右，故其所需的反应体积仅为UASB的1/4，节省了基建投资，加上IC厌氧反应器不仅体积小，而且有很大的高径比，所以占地面积特别省，非常适用于占地面积紧张的企业。

4.4.2　IC反应器的运行实例

新一代厌氧内循环反应器自1996年工业应用以来，已迅速应用于造纸、啤酒和柠檬酸废水的处理。目前，在世界范围内已建成的132台IC反应器中。荷兰PAPQES环保技术公司在1996年以来的工程项目中，IC反应器工程的比例超过了UASB反应器，制浆造纸工业已成为IC反应器应用较多的领域之一。比利时VPK ondegem造纸厂采用IC反应器作为封闭循环废水处理系统的关键设备，二次纤维制浆废水经IC反应器和曝气池处理后，COD浓度降低了50%，完全满足了该造纸厂的废水回用要求。此外，IC反应器在废水零排放的造纸厂中已有成功应用的先例，如在荷兰一家纸板厂的零排放废水处理系统中，IC工艺结合气提反应器，使COD的去除率达到90%以上，BOD的去除率达到99%，完全达到节水和治污的双重目的。西班牙Papelera dela Alqueria造纸厂采用同样的处理工艺，也完全实现了废水零排放的设计目的。

酒精废水是一种高浓度有机废水，其COD的质量浓度高达80～100 g/L，即使经固液分离后仍达20～30 g/L，是我国排放有机污染物浓度最高、造成水环境污染严重的第二大轻工业废水。目前，酒精废水处理常用的方法有：浓缩燃烧法、培养饲料酵母法、浓缩蒸发制饲料蛋白（DDGS）工艺和固液分离制饲料蛋白（DDG）-沼气工艺。其中DDG-沼气工艺处理以玉米为原料的酒精生产废水应用最广，而常用的厌氧工艺为UASB反应器，该反应器存在占地面积较大、处理效率较低、投资费用较高等缺点。而采用新型IC反应器处理酒精工业废水，经实际运行证明，IC反应器启动速度较快，运行稳定性强，IC反应器出水再经周期循环式活性污泥系统（CASS）处理，水质可达到GB 8978—1996《污水综合排放标准》二级标准。同时可以有效回收沼气，既可以产生大量能源，又可以提供生产所需能量。

4.4.2.1　废水来源及水质

河南某酒精厂以玉米为原料生产酒精，生产能力为20 kt/a，生产过程中排放的废水主要来源于酒精蒸馏后剩余的槽液，生产每吨酒精排放槽液约12 t，每天排放量为700 t，其主要成分是未充分发酵的粮食颗粒、残糖、发酵微生物的悬浮物和胶状液体。废水水质与水量见表4-5。

表 4-5 废水水质与水量

废水种类	水量 /$t \cdot d^{-1}$	COD /$mg \cdot L^{-1}$	BOD /$mg \cdot L^{-1}$	SS /$mg \cdot L^{-1}$	pH 值	氨氮质量浓度 /$mg \cdot L^{-1}$
槽液	700	85000	45000	43000	3.6~4.0	150
压滤液	580	30000	15000	10000	3.6~4.0	128

4.4.2.2 主要处理构筑物及设计参数

整个工程分为饲料车间和废水处理系统两部分。其中饲料车间主要由板框压滤设备、离心设备、热风烘干设备和燃烧炉组成，工程投资约 62.0 万元；废水处理系统部分投资 106.8 万元，主要处理构筑物及设计参数见表 4-6。

表 4-6 主要构筑物及设计参数

名 称	设 计 参 数	规格/m×m×m	数量/座
槽液储池	$t_{HR}=4$ h	8×4×5	1
调节池	$t_{HR}=12$ h	8×8×5	1
IC 反应器	有机负荷 12 $kg/(m^3 \cdot d)$	$D7m \times H18m$	2
中沉池	$t_{HR}=6$ h	6×6×8	2
CASS	有机负荷 1.0 $kg/(m^3 \cdot d)$	12×6×5	2
污泥浓缩池	$t_{HR}=24$ h	4×4×6	2
污泥脱水间	板框压滤机 2 台	9×6×4	1
鼓风机房	SSR-150 鼓风机 2 台	6×6×4	1
沼气橱柜	300 m^3		

4.4.2.3 工程效益

本工程建成后每天去除 COD 高达 60 t，出水可以达到国家《污水综合排放标准》酒精工业二级排放标准，为企业的进一步发展铺平了道路。同时，大大减轻了水体污染，对促进区域经济发展和改善生态环境都将产生积极的作用。该工程建成运行后，每年饲料车间获得的经济效益为 1080 万元，沼气利用获得的经济效益 105 万元。运行费用主要包括燃料费、人工费、电费、折旧费、维修费等，每年运行费用合计为 560 万元。除去运行费用，每年可获得的经济效益为 625 万元。

5 污泥厌氧消化产氢技术

5.1 污泥厌氧消化产氢技术进展

5.1.1 对生物制氢的认识

在能源短缺备受关注的今天，氢能作为一种无污染、可再生的理想燃料，被认为是优秀的替代能源。人工制氢的方法很多，主要有物理化学法和生物法。物理化学法，例如太阳能制氢、水分解法制氢、水电解制氢、水煤气转化制氢及甲烷裂解制氢等，存在着生产工艺复杂、基础能耗大、成本高等特点。生物法制氢则是在微生物的作用下，通过分解有机物获得氢气，达到除废和产能同时进行的目的，具有广泛的应用前景。生物制氢的主要的方式如下。

5.1.1.1 光合成生物制氢系统

利用水的光合成是一个可以将太阳能转换成可以利用的、能够储存的化学能的生物学过程。光合成的方法在植物和藻类中有着相同的生物学过程，不同之处在于伴随这一过程的是藻类产生氢而不是含碳生物质。绿藻在厌氧条件下，氢气生产接种后需要几分钟到几小时，主要是在黑暗中需要诱导合成或活化涉及氢代谢的酶类，包括可逆氢化酶系统。氢化酶利用铁氧还原蛋白提供的电子结合 H^+ 质子形成和释放氢分子。H_2 的合成支持持续不断的电子流通过电子传递链的流动，这一过程能够产生 ATP 的合成。

5.1.1.2 光分解生物制氢系统

蓝细菌是一类品种繁多、伴随地球而生的光能自养性微生物，具有光合作用的叶绿素分子和辅助色素分子，能够进行氧的光合成。蓝细菌的许多物种都含有能够进行氢代谢和分子氢合成的酶类，包括固氮酶催化还原 N_2 释放 H_2。氢化酶可以催化由固氮酶形成的 H_2 的氧化，也可以催化氢的合成，因而是一种可逆双向的酶类，现已进行了蓝细菌的 14 个属的众多物种在不同条件下生产氢气的研究，氢气产率差异很大，是因为菌种和反应条件不同而产生的差异。

5.1.1.3 水 - 气交换反应生物制氢系统

Rhodospirillaceae 科的某些光异养型细菌可以生长在 CO 作为唯一碳源的生长环境中，产生 ATP 并伴随着 H_2 和 CO_2 的释放。这一反应是由酶代谢途径中的蛋白质介导反应的，只发生在低温低压的条件下。热动力学研究表明，这一反应有利于 CO 的固定和 H_2 的合成，因为反应平衡强烈地倾向于反应的右侧。

5.1.1.4 光合 - 发酵杂交生物制氢系统

这一生物制氢系统包括光合细菌和非光合细菌，可以强化生物制氢系统的产氢量。多种碳水化合物可以被 *C. butyricum* 消化降解，这种细菌不用光照就可以降解碳水化合物产生氢。产生的有机酸可以作为光合细菌的底物产生氢。厌氧细菌降解碳水化合物获得电子和能量，因为反应仅仅能向负的自由能方向进行，由厌氧细菌降解产生的有机酸不可能继续降解合成氢气。利用厌氧细菌,葡萄糖不可能完全地降解形成氢气和二氧化碳。光合细菌可以利用光能克服正向自由能反应(光合细菌可以利用有机酸来产生氢气)。这两种细菌的结合不仅可以还原光能来满足光合细菌的能量需求,也可以增加氢气产量。

一般而言,光异养细菌的产氢率在细胞固定化时比自由存在时高出很多,因此,细胞固定化研究和工艺报道很多。

5.1.1.5 厌氧发酵生物制氢系统

氢气也可以通过厌氧细菌发酵富含碳水化合物的底物产生。光合成和光降解生产获得的氢气为纯氢气,发酵法生产的氢气为混合气体,含有氢气、二氧化碳和少量的一氧化碳、硫化氢和甲烷等。发酵产氢的途径决定了 H_2 的产量。当乙酸为末端产物时,理论上每 1 mol 葡萄糖可以产生 4 mol 氢气;当丁酸为末端产物时,理论上每 1 mol 葡萄糖可以产生 2 mol 氢气。

上述的物理化学方法产氢,虽然所需的原材料费用不高,但一般都需要高温、高压等条件,因此,产氢的总费用都比较高,还是不符合可持续发展的要求。对于厌氧发酵产氢,一方面不需要光照或其他能源输入;另一方面,可以利用富含碳水化合物的废水或固体废弃物,如餐厨垃圾等作为基质,能源和原材料的耗费都比较少,同时,还能够对废水和废物进行处理,是集废物减量和能源生产于一体的技术,近年来被称为“绿色科技”,被广大的研究者关注。

5.1.2 国内外对污泥厌氧消化产氢的研究

用来作为厌氧发酵产氢的废弃物、废水,必须是富含碳水化合物,且易于生物降解的物质。理论上,葡萄糖和蔗糖等是最好的产氢底物,但是纯物质由于昂贵而很少用来作为产氢的底物,因此,城市污泥是用于厌氧消化产氢的理想基质。此外,豆制品废渣、淀粉废水、糖蜜废水以及餐厨垃圾等富含碳水化合物的废渣、废水都被用于产氢的研究中。

Lay 等人从活性污泥中获取微生物,对不同化学组成的餐厨垃圾,如糖类、脂类、蛋白质进行厌氧消化产氢,研究发现糖类垃圾的产氢能力大概是其他两类的 20 倍。刘敏等采用连续流厌氧发酵法研究了糖蜜废水、淀粉废水与牛奶废水生物制氢,结果表明,糖蜜废水与淀粉废水都是较好的厌氧发酵法生物产氢底物,三大类有机物中碳水化合物是目前技术条件下最具可能性的原材料。而碳水化合物中,溶解性好的糖比溶解性差的淀粉更具生物产氢可行性,但淀粉比溶解性糖更具有产氢前景,牛奶废水则不适用于作为 CSTR 反应器中发酵法生物制氢的底物。Sang-Hyoun Kim 等人进行了食品废物与污泥联合产氢潜力及含水率影响的批次实验,当食品废物与污泥质量比为 87:13,含水率为 97% 时,每 1 g 碳水化合物 COD 产氢潜力达到 122.9 mL,最大产氢速率为 111.2 mL/(g·h),Sun-Kee Han 发现,稀释率对废食品的产氢有影响,当稀释率(D)为 4.5 d^{-1}时,总发酵效率达到最高(58%),氢气、挥发性脂肪酸、乙醇的转化率分别达到 COD 去除的 10.1%、30.9% 和 17.0%。

许丽英等人采用 *Ethanoligenesn sp. B49* 作为产氢菌株,研究了糖蜜废水作为厌氧发酵的底物时的产氢特性。研究表明,经过驯化的 *Ethanoligenesn sp. B49* 细胞具有较好的生物利用能力,细胞生产量和产氢能力随着废糖蜜 COD 的提高而增加,但反应过程中应控制废糖蜜的 COD 浓度不超过 20.6 g/L,在此条件下,添加有机氮源能够促进氢气的产量,促进作用的顺序为酵母粉 > 牛肉膏 > 蛋白胨 > 尿素。在最优条件下,单位体积产氢量提高到

78.97 mmol/L，提高了 76.2%。

Heguang Zhu 等人以光合细菌 *Rhodobater sphaeroides* 为接种微生物，以豆制品厂废水为底物，发现每 1 mL 废水的氢气量可达 1.9 mL，反应过程中 TOC 的转化率达到 41%，与葡萄糖的转化率近似。Liu 和 Mizuno 等人都研究了利用光合细菌为接种物，以豆制品废水为基质产氢，取得了较好的效果。

Yoshiyuki Ueno 等人以制糖废水为基质，在恒化反应器中采用连续进出料方法，研究 t_{HR} 对产氢的影响，在实验的 t_{HR} 时间内，氢气的体积分数变化不大，在 64% 左右，其余的为二氧化碳，只检测到极少量的甲烷气体，反应过程的主要副产物是乙酸和丁酸。当 t_{HR} 为 0.5 天时，得到每 1 g 葡萄糖的最大氢气产量为 14 mmol，当停留时间为 3 天时，碳水化合物的转化率达到了 97%，同时，厌氧发酵的反应路径也随着水力停留时间的不同而变化。

Mulin Cai 在污水处理厂剩余污泥厌氧发酵产氢过程中发现，污泥经过碱预处理后，调节初始 pH = 11.0，每 1 g 挥发性固体的氢气的产率能够从 9.1 mL 提高到 16.6 mL。

包红旭、王爱杰等人研究了汽爆酸化预处理、硫酸预处理、碱性添加物预处理和氨水预处理等预处理方法对细菌降解玉米秸秆产氢能力的影响，结果表明，在汽爆酸化预处理条件为硫酸体积分数为 1.0%、汽爆温度为 121 ℃、时间为 2.0 h 时，玉米秸秆的降解率达到了 47% 左右，氢气产率可达到 6.4 mmol/g 左右。

Sang-Hyoun Kim 等人研究了污泥与餐厨垃圾联合厌氧产氢的效果。将热处理后的污泥作为接种物，当餐厨垃圾与污泥的质量比例为 83∶17，挥发性固体的含量达到 3.0% 时，每 1 g COD 的氢气的产率达到了 122.9 mL，显著高于其他研究者的成果。对于产氢菌来说，有机氮源如蛋白胨或酵母膏是很好的营养源，而铵盐或尿素则效果不佳，污泥是富含蛋白质的有机废物，在餐厨垃圾中加入污泥能够提高系统的碳氮比，增加了产氢菌的氮源营养物质，因此氢气产量得到大幅度提高。

Lay 等人研究了以城市固体废物中的有机部分为基质，利用热预处理污泥和从大豆粉仓库中富集的产氢菌为接种物情况下的产氢效果，两者的产氢潜力分别为 140 mL/g 和 180 mL/g，反应过程中氢气的体积分数大于 60%，几乎没有检出甲烷气体。不同的是，对于热预处理污泥系统，在有机负荷率（F/M）比较高的时候得到较高的氢气产率为 45 mL/(g · h)，而对于大豆粉仓库富集的产氢菌系统，在 F/M 比较低的时候得到较高的氢气产率为 36 mL/(g · h)。以热预处理污泥为接种物的系统中，有机物质新陈代谢的途径与能够形成芽孢的产氢菌 Clostridium 代谢有机物的途径相似。

5.1.3　国内外污泥厌氧消化产氢趋势

厌氧发酵制氢系统在各种生物制氢系统中具有明显的优势，有望发展成为可实际应用的生物制氢系统。目前，生物发酵产氢工艺的不足之处在于氢气产量低，只有理论氢转化率的 20% ~30%。一般而言，只有当转化率达到 60% ~80% 时才能称之为一种经济可行的生物产氢技术。通过降低氢分压、优化生物制氢反应器设计和基因工程，可大幅提高厌氧发酵系统的产氢量。例如，喷射氮气或氩气将顶空抽成真空，可以快速地排出和分离气体，降低氢分压。但过度喷射将稀释 H_2，又会给 H_2 的分离纯化带来困难。膜技术已证明是一种排除和纯化 H_2 的有效方法，使用聚乙烯三甲基硅烷膜（PVTMS）生产高纯氢气，无论在好氧系统还是厌氧系统中均能取得良好的效果。采用固定床、添加载体或自絮凝等细胞固定化措施,再加上膜滤系统来维持低的氢分压,可以优化反应器,提高产氢量。

国际上对厌氧反应器的研究开发已进入一个相对平稳的时期,主要的研究方向还是着眼于现有反应器的改进。从美国专利局公布的厌氧反应器发明专利来看,反应器的研究主要着眼于提高固液分离的效果,延长物料在反应器内的停留时间,比如在反应器内部设置沉淀管;提高物料与微生物的接触,如设置二次气体搅拌形成环流提高搅拌效果。另外,还应转变厌氧反应器的构建理念,创造更和谐的厌氧生物反应环境条件,比如利用环境仿生学技术开发低能高效仿生反应器是未来厌氧反应器的一个发展趋势。

通过基因工程改良产氢菌,亦可获得产氢量的极大提高。基因修饰产氢菌,通过过度表达纤维素酶、半纤维素酶和木素酶,使底物的可用性最大化;过度表达产氢的氢化酶,并使其具有耐氧性。通过预处理可去除吸氢酶,减少其对氢的消耗;或者排除与产氢过程竞争而减少产氢量的代谢途径。

此外,经过厌氧发酵产氢处理后的污泥污水或者固体废弃物,即使再经过产甲烷过程,其中还含有一些污染物质,因此必须经过相应的再处理才能使其不对环境造成二次污染。目前,污泥污水或固体废弃物产氢的工业化研究在国内报道甚少,因此,在实验室研究的基础上如何尽快实现产氢的工业化是今后的发展方向。

5.2 污泥厌氧消化产氢的机理

5.2.1 厌氧消化产氢的微生物学原理

污泥厌氧消化产氢过程是由一系列的酶、辅酶和电子传递中间体共同参与完成的一种生物氧化的方式,消化产氢过程可以消耗掉生物氧化过程中的多余电子和还原力,从而对代谢进行调控。

5.2.1.1 丙酮酸脱羧产氢

复杂碳水化合物经水解后生成单糖,单糖通过丙酮酸途径实现分解,产生氢气的同时伴随挥发酸或醇类物质的生成。微生物的糖酵解经过丙酮酸的途径主要有 EMP(Embden-Meyerhof-Parnas)途径、HMP(Hexose Monophosphate Pathway)途径、ED(Entner-Doudoroff)途径和 PK(Phosphoketolase)途径。丙酮酸是物质代谢中重要的中间产物,在能量代谢中发挥着关键作用,其经发酵后转化为乙酸、丙酸、丁酸、乙醇或乳酸等。丙酮酸在不同微生物种群的作用下分解的产物不同,因此导致产氢能力不同。许多微生物在代谢过程中可产生分子氢,仅细菌就有二十多个属的种类。在丙酮酸各种不同去路的代谢途径中,实验发现的包括丁酸发酵、混合酸发酵和细菌乙醇发酵可以产生氢气,其中丁酸发酵和混合酸发酵报道较多,例如梭菌属为丁酸发酵中的主要产氢细菌,肠杆菌为混合酸发酵中的主要产氢细菌;细菌乙醇发酵也有产氢和不产氢两种情况,已发现的产氢细菌较少,主要为梭菌属(*Clostridium*)细菌、瘤胃球菌属(*Ruminococcus*)、拟杆菌属(*Bacteroides*)等。

发酵产氢细菌的直接产氢过程均发生于丙酮酸脱羧作用中,有梭状芽孢杆菌型和肠道杆菌型两种作用方式:一种是丙酮酸首先在丙酮酸脱氢酶的作用下脱羧,形成硫胺素焦磷酸——酶的复合物,将电子转移给还原态的铁氧还蛋白,然后在氢酶的作用下被重新氧化成氧化态的铁氧还蛋白,产生分子氢;另一种是通过甲酸裂解的途径产氢,丙酮酸脱羧后形成的甲酸以及厌氧环境中 CO_2 和 H^+ 生成的甲酸,通过铁氧还蛋白和氢酶作用分解为 CO_2 和 H_2。

图 5-1 所示为丙酮酸脱羧产氢途径和甲酸裂解产氢途径。

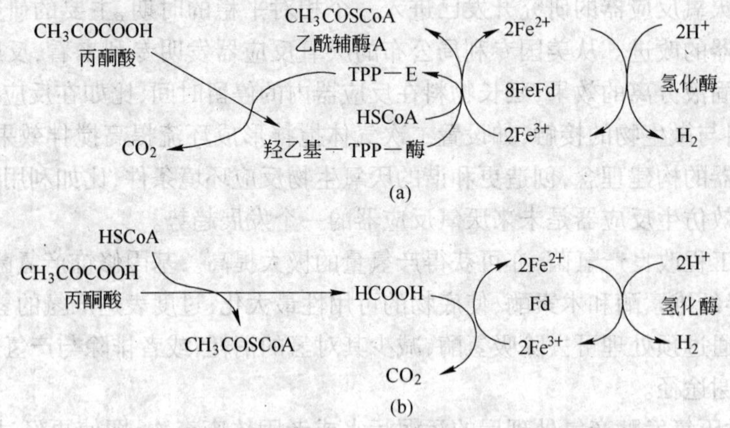

图 5-1 丙酮酸脱羧产氢途径和甲酸裂解产氢途径

(a) 丙酮酸脱羧产氢途径;(b) 甲酸裂解产氢途径

5.2.1.2 辅酶Ⅰ的氧化与还原平衡调节产氢

在碳水化合物发酵过程中,经 EMP 途径产生的还原型辅酶Ⅰ($NADH+H^+$)须通过与末端酸性产物(乙酸、丙酸、丁酸、丙酮和乳酸等)相偶联得以氧化为氧化型辅酶Ⅰ(NAD^+),以保证代谢过程中的 $NADH/NAD^+$ 的平衡。生物体内的 NAD^+ 与 $NADH+H^+$ 的比例是一定的,当 $NADH+H^+$ 的消耗量少于其形成量时,生物体就会采取一定的调节机制,减少末端酸性产物的产率以减少 $NADH+H^+$ 的再生。在厌氧氢化酶的作用下,过多的 $NADH+H^+$ 可通过释放分子氢以使 $NADH+H^+$ 氧化再生,即 $NADH+H^+ \longrightarrow NAD^+ + H_2$, $\Delta G = -21.84$ kJ/mol。虽然在标准状况下,$NADH+H^+$ 转化为 H_2 的过程不能自发进行,但在 NADH - 铁氧还蛋白和铁氧还蛋白氢酶的催化作用下,该反应是能够进行的。

5.2.1.3 厌氧消化产氢的代谢过程

氢气是厌氧发酵过程中间步骤的副产物,布赖恩特于 1979 年提出四阶段厌氧发酵理论。第一阶段为水解阶段,大分子有机物在细菌胞外酶的作用下分解为小分子水解产物,其能够溶解于水并透过细胞膜被细菌所利用,其中包括碳水化合物的水解、蛋白质的水解以及脂类和纤维素的水解等。例如淀粉被淀粉酶水解为麦芽糖和葡萄糖,蛋白质被蛋白酶水解为短肽与氨基酸,纤维素被纤维素酶水解为纤维二糖与葡萄糖等。水解过程属于酶促反应,通常较为缓慢,因此被认为是含高分子有机物或悬浮物污水厌氧降解的限速步骤。

第二阶段为酸化阶段。水解产生的小分子化合物在发酵细菌细胞内转化为更为简单的化合物并分泌到细胞外,包括氨基酸和糖类的厌氧氧化以及较高级脂肪酸与醇类的厌氧氧化。这一阶段的主要产物包括 VFA、醇、醛和 CO_2、H_2 等。

第三阶段为产氢产乙酸阶段。这一阶段主要由产氢和产乙酸细菌群把水解酸化阶段产物进一步分解为乙酸、氢气、二氧化碳以及新的细胞物质。其中包括从中间产物中形成乙酸和氢气(产氢产乙酸)以及由氢气和二氧化碳形成乙酸(同型产乙酸)。主要的产氢产乙酸反应有:

$$CH_3CH_2OH + H_2O \longrightarrow CH_3COOH + 2H_2 \tag{5-1}$$

$$CH_3CH_2COOH + 2H_2O \longrightarrow CH_3COOH + 3H_2 + CO_2 \tag{5-2}$$

$$CH_3CH_2CH_2COOH + 2H_2O \longrightarrow 2CH_3COOH + 2H_2 \tag{5-3}$$

第四阶段为产甲烷阶段。这一阶段包括两组生理性质不同的专性厌氧产甲烷细菌群。一组可利用氢气和二氧化碳合成甲烷或利用一氧化碳和氢气合成甲烷；另一组可利用乙醇脱羧生成甲烷和二氧化碳或利用甲酸、甲醇等裂解为甲烷。

由上述分析可以看出，氢气只是厌氧消化过程中产氢产乙酸阶段的中间产物。厌氧环境中有机底物被氧化还原，受氢体辅酶 NAD^+ 或 $NADP^+$ 接受被脱氢酶作用脱去的氢质子，从而生成 NADH 或 NADPH。在无氧外源氢受体条件下，底物脱氢后产生的还原力[H]未经呼吸链传递而直接被内源性中间代谢产物接受，从而产生 NADH 或 NADPH，再通过厌氧脱氢酶脱去 NADH 或 NADPH 上的氢，其氧化后产生氢气。如果厌氧产酸细菌体内 NADH 或 NADPH 的平衡受到破坏，NADH 或 NADPH 循环停止，则生物代谢过程就会受到抑制。

氢气是万能的电子供体，产生后很容易被消耗，尤其当产甲烷细菌存在并且环境条件适宜的时候。因此，要想利用厌氧发酵获得氢气，就必须通过条件控制使厌氧发酵第三阶段和第四阶段断开，让上述反应不连续。可以采用的途径一般为改变环境条件，创造利于产氢细菌而抑制产甲烷细菌的生存环境。产氢细菌在极端的环境（如强酸、强碱、极端热或者极端冷）下能够形成芽孢，一旦条件适宜，芽孢即复苏恢复活性。而产甲烷菌等由于不能形成芽孢，在极端的条件下会被杀死而失去活性。因此，可通过极端环境处理达到筛选菌种的目的。

5.2.1.4 氢酶的催化机制

氢酶是催化产氢反应的关键性酶，这种酶不是专一性的产氢酶。氢酶除了在有足够还原力时催化产氢外，还可以催化吸氢反应。1931 年 Stephenson 和 Stickland 首次在大肠杆菌中发现了氢酶，1974 年 Chen 等人首先从巴氏梭菌中分离纯化了可溶性氢酶，随后有多种氢酶从不同的微生物中被分离纯化。氢酶（hydrogenase）是催化伴有氢分子的吸收与释放的氧化还原反应酶，它们存在于肠道细菌群、硫酸还原细菌、梭菌、固氮菌属、氢单胞菌属等细菌和某些藻类中。根据氢酶种类的不同，由氢所还原的电子受体（或放出 H_2 的电子供体）有 NAD^+、Fd 铁氧还蛋白和细胞色素 C3（硫酸还原菌）三种，它们直接或间接通过氢酶参与色素、NAD^+ 及有机基质进行氧化还原反应，并且还能进行氢分子和水之间的重氢交换反应，以及仲氢和正氢之间的转换反应。氢酶是产氢代谢中的关键酶，能够产氢的微生物都含有氢酶，它催化氢气与质子相互转化的反应：$H_2 \longrightarrow 2H^+ + 2e^-$。

目前发现的氢酶按照所含金属原子种类可以分成［NiFe］氢酶、［NiFeSe］氢酶、［Fe］氢酶和不含任何金属原子的氢酶四种。［NiFe］氢酶广泛存在于各种微生物中，分为吸氢酶和放氢酶。［Fe］氢酶催化产氢的活性比［NiFe］氢酶高 100 多倍，对氧非常敏感，例如梭菌和绿藻的［Fe］氢酶。虽然对二者有较多的研究，并且都已经确定其晶体结构，但核苷酸序列分析表明［Fe］氢酶和［NiFe］氢酶在结构上有很大差异。

虽然［NiFe］氢酶和［Fe］氢酶的结构起源有很大的不同，但从结构上看都由电子传递通道、质子传递通道、氢气分子传递通道和活性中心四部分组成，在催化机制上基本是一致的。质子和电子分别通过质子传递通道和电子传递通道传递到包藏于酶内部的活性中心，形成的氢气分子再由其传递通道释放到酶的表面。［NiFe］氢酶活性中心是由 Ni 和 Fe 组成的，异双金属原子中心以四个硫代半胱氨酸残基通过硫键连接在酶分子上。［Fe］氢酶的活性中心是两个 Fe 原子（Fe_1 和 Fe_2）组成的双金属中心，该活性中心通过 Fe_1 上的一个硫代半胱胺酸与近端［4Fe～4S］簇相连而连接在酶分子上。［NiFe］氢酶和［Fe］氢酶活性中心均含有一个空的或是电位上空的位点，该位点可能同结合 H_2 有关。

分子氢的进入是由狭窄的隧道连接成的疏水性内部空腔介导的，网络状隧道的一端连接着活性中心的空位点，而其他几个端口则通向外部介质，孔道上的疏水性残基延伸到分子表面形成几个疏水性斑点作为气体的入口；这是通过氢酶结构的拓扑分析，氙气扩散的 X 衍射研究，结合分子动力学计算得出的结论。对氢酶内部分子氢逸散的动力学研究表明，气体从蛋白分子内逸出主要利用的就是这条通道，推测氧气分子作为大多数氢酶的抑制物，很可能也是利用相同的通道进入了活性中心。

5.2.2 影响污泥厌氧消化产氢的因素

剩余污泥中含有丰富的有机物质，如蛋白质、多糖类和脂肪类等，将这些有机物转化为可利用的能源是资源回收利用的有效途径。在厌氧消化产氢过程中，环境条件是很重要的控制因素。温度、pH 值、氢气分压、各种产物（主要为 VFA）、微量元素（主要是铁离子）、氮源和严格的厌氧环境等对反应过程中氢气的产量、浓度和延迟时间等都有很重要的影响。

氢气几乎存在于所有的厌氧环境中，如湖泊沉积物中，深海水热作用的出口位置，以及人的肠道中。氢气很少会脱离厌氧环境，实际上，对人和其他一些动物而言，通过检测呼吸中氢气的浓度就可以预知他们肠道的消化情况。在厌氧环境中，存在许多消耗氢气的耗氢菌，它们通过从氢气中得到电子而获得能量，能够利用氢气和二氧化碳生成甲烷或乙酸，利用氢气和硫酸盐生成硫化物，利用氢气和硝酸盐生成氮气和亚硝酸盐。另外，氢气还可以被用来还原氮气成氨氮。当氢气处于有氧环境中时，微生物就会消耗氢气与氧气反应生成水。因此，无论在厌氧环境中还是在有氧环境中，氢气总是很容易作为电子供体（electrons donor）被微生物消耗。因此，要想收集到氢气，必须创造一个保护氢气的环境，或者抑制消耗氢气的微生物的活性，或者减少另一反应物的量，不过，实际操作中通过控制环境条件抑制耗氢菌的活性是一种相对可行的办法。

5.2.2.1 pH 值对污泥厌氧消化产氢的影响

厌氧消化的过程是氧化与还原的统一过程，这个过程中有能量的产生和转移，所产生的能量中有一部分变为热量散发掉，有一部分供合成反应和其他活动所需，其余的能量被贮存在 ATP 中，以备生长、运动所用。在厌氧消化过程中，有机物仅发生部分氧化，以其中间代谢产物为最终电子受体，其产物是低分子有机物。在此过程中，pH 值和 ORP 是两个非常关键的控制条件，它们能够影响生化反应的“进行方向和程度”。pH 值是厌氧生物处理过程中的一个重要控制参数，pH 值的高低影响了产氢微生物细胞内氢化酶活性和代谢途径，另外还会影响细胞的氧化还原电位、基质可利用性、代谢产物及其形态等。厌氧消化体系中的 pH 值是体系中 CO_2、H_2S 等在气液两相间的溶解平衡、液相内的酸碱平衡以及固液两相间离子溶解平衡等综合作用的结果，而这些又与反应器内发生的生化反应直接相关。

5.2.2.2 厌氧消化过程中 pH 值变化的原因

在厌氧消化过程中，随着厌氧微生物的生长繁殖和代谢活动的进行，厌氧消化液的 pH 值会发生变化，其原因是多方面的：如基质为碳水化合物时，代谢生成有机酸后会使 pH 值下降变成酸性；当基质为蛋白质或尿素等含氮化合物时，代谢产生的 NH_3 等会使 pH 值上升呈碱性。同时，细胞选择性地吸收阳离子或阴离子也会改变消化液的 pH 值。研究表明，消化液的 pH 值是气/液相间的 CO_2 平衡、液相内的酸碱平衡以及固/液相间的溶解平衡共同作用的结果。国内外不少学者在研究中就采用 CO_2 作为 pH 值的调节剂。

5.2.2.3 pH 值对污泥厌氧消化的影响

pH 值对污泥厌氧消化的影响主要表现在:(1) pH 值的变化能够影响微生物体表面电荷的变化,从而影响微生物对营养物的吸收;(2) pH 值可以影响培养基中有机化合物的离子化作用,从而对微生物产生间接的影响,因为多数非离子态化合物比离子态化合物更容易深入细胞;(3) 酶只在最适宜的 pH 值条件下才能发挥最大活性,不适宜的 pH 值使酶的活性降低,进而影响微生物细胞内的生物化学过程;(4) 过高或过低的 pH 值都会降低微生物对高温的抵抗能力。

污泥的厌氧消化产氢都是在酸性条件下进行的,酸性条件可以抑制甲烷的产生,另外,通过 $NAD^+/NADH$ 的平衡调节,把在 EMP 途径中产生的还原型 $NADH + H^+$ 转化为氧化型 NAD^+,同时产氢气,也需要在酸性条件下进行。因此,使消化污泥维持一定的 pH 值非常重要,如果在厌氧消化的过程中 pH 值过高,会导致大量的甲烷形成,致使产氢率降低,但若是 pH 值过低,对产氢细菌也不利。Liang 等人曾经采用活性铝作为吸附剂吸附厌氧消化过程中产生的有机酸以提高氢气的产量。

5.2.2.4 厌氧消化最适的 pH 值范围

刘克鑫等人研究发现,若环境的 pH 值过低,细胞体内的 pH 值将会偏离生理正常值,并失去产氢活性;他们从厌氧活性污泥中分离出 24 株产氢细菌,大多属于肠道杆菌。Padan 等人发现环境中的 pH 值在 5.5 ~ 9.0 范围变化时,大肠杆菌(*E. coli*)体内的 pH 值始终维持在 8.0 左右。

国内外大量试验均表明,初始 pH 值是影响污泥发酵产氢的一个非常重要的因素。但由于消化基质的差异,微生物种群和来源的差异,以及不同的污泥预处理工艺,最优初始 pH 值在以上条件不同的情况下并不是一个确定不变的值。Fang 等人通过研究发现,以葡萄糖作为基质,利用混合菌种发酵,温度为 36℃,$t_{HR} = 6$ h,当 pH 值为 5.5 时,产氢达到最佳状态;此时葡萄糖分解率达到 90%,氢气的体积分数为(64 ± 2)%,每 1 mol 葡萄糖的产氢率为(2.1 ± 0.1) mol。

在以葡萄糖为基质、河底污泥为混合厌氧微生物的主要来源的生物产氢研究中,当初始 pH 值在 4 ~ 6 时,产气组成中氢气的体积分数都接近 97%,pH 值为 5.5 时产氢能力最强,此时,每 1 mol 葡萄糖最大产氢率为 2.1 mol,最合适葡萄糖质量浓度为 5 ~ 30 g/L,在产出气体中并未检测到甲烷的存在。随 pH 值升高到 6 时,氢气含量和产氢能力均有所下降。pH 值小于 5.5 时,产出气中氢气含量较高,产氢能力低于 pH 值为 5.5 的处理。

pH 值会影响厌氧发酵过程物质代谢的途径,而产氢细菌的丁酸型发酵的应用最为普遍,即在 pH > 6 的条件下,发生以乙酸、丁酸、氢气和二氧化碳为主要产物的产氢发酵。我国一些学者发现了一株乙醇型发酵细菌 B49,其具有良好的耐酸性,在 pH = 3.3 时仍能生长。日本科学家也曾分离到 1 株较耐酸的产氢细菌(产气肠杆菌 HO – 39),能在 pH = 4.0 条件下厌氧生长。

另有报道,中温条件下,当 pH 值在 5.0 ~ 6.0 时,氢气的产量和比产氢速率都是最大的,而高温条件下的最佳产氢 pH 值是 4.5 左右。而不管初始 pH 值是多少,反应后的 pH 值范围为 4.0 ~ 4.8。反应过程中 pH 值的降低是因为生成的大量有机酸降低了溶液的缓冲能力,而 pH 值的逐渐降低也减弱了铁卟啉的活性,从而使氢气的产量和体积分数逐渐下降。

在36 ℃下，停留时间为6 h时，pH值为5.5时，厌氧消化产氢效果最好，在此条件下，氢气的体积分数达到(64 ±2)%，比氢气产率达到(4.6 ±0.4) L/(g · d)。

通过产酸发酵细菌的演替规律的研究，发现pH值是影响发酵类型的重要因子，pH值为5时，可以是产氢较多、可被产甲烷菌进一步利用的"丁酸型"发酵，也可以是产气少、使降解过程恶化的"丙酸型"发酵。在产氢能力最高时，pH值为5.5，测产出液中乙醇、乙酸、丁酸的体积分数分别为10.17%、19.01%、69.13%，此时产氢较多的"丁酸型"发酵占优势。而pH值降低到4时，部分产氢菌失去活性，无法发挥产氢菌的协同作用，因而产氢能力较低。

5.2.2.5　氨氮浓度对污泥厌氧消化产氢的影响

氨氮是高含氮废物(污泥、食品加工废水、厨余垃圾等)厌氧消化系统稳定性的重要影响因素之一。虽然氨氮是微生物重要的氮源，但在污泥厌氧消化过程中，厌氧微生物细胞很少繁殖，因此，只有很少量的氮被转化为细胞物质。大部分可生物降解的有机氮都被还原为消化液中的氨氮，氨氮在反应过程中能够中和厌氧消化产生的挥发性有机酸，对系统的pH值具有缓冲作用。

随着体系氨氮浓度的增大，pH值下降，挥发性有机酸的浓度升高。但如果氨氮浓度过高，又将会影响微生物的活性。因为游离氨能很容易通过细胞膜，从而对微生物产生毒害作用，所以，多数研究者认为非离子化的氨是氨氮产生抑制作用的主要原因。氨氮浓度和pH值都是非离子化的氨浓度主要影响因素，当pH值 =7时，游离氨占氨氮的1%，当pH值上升到8时，游离氨可占氨氮的10%。氨氮的具体抑制浓度根据反应器类型、微生物种群和反应条件等的变化而不同，经过驯化的微生物对氨氮的浓度也有更高的抵抗力，而两相厌氧消化系统对氨氮的抑制会有更大的抵抗能力。在高含氮废物的厌氧消化产氢过程中，通过调节进料的有机负荷来控制氨氮的浓度是最直接最有效的方法。

国内外的许多研究者都认识到氨氮的抑制性影响，但是，氨氮的具体抑制浓度根据反应器类型、微生物种群和反应条件等的不同而变化。文献报道，两相厌氧消化系统对于氨氮的抑制会有更大的抵抗能力，经过驯化的微生物对氨氮的浓度有更高的抵抗力。

对于高含氮废物(食物垃圾、污泥等)的厌氧消化产氢，尤其是高固体浓度的系统，由于微生物合成所需要的氮素有限，随着反应的进行，蛋白质在代谢过程中生成的氨氮在反应器内会逐渐累积，从而对反应造成影响。同济大学曹先艳等人研究了以尿素作为氮源对餐厨垃圾厌氧发酵产氢的影响，结果表明，体系中氨氮的浓度在3.58 ~7.89 g/L的范围内，对氢气的产生有促进作用，其中氨氮浓度为6.24 g/L时得到最大氢气产率(126.8 mL/g)。氨氮浓度超过7.89 g/L时，对体系产生抑制作用，氢气产量开始下降。然而，实验中当氨氮浓度超过5.93 g/L时，体系反应的延迟时间超过了13.64 h，因此，综合考虑氢气产量和产氢效率，应该控制反应过程中氨氮的浓度低于6 g/L，总氮浓度低于12 g/ L。反应物液相中的主要副产物是乙酸和丁酸，但随着氨氮浓度的提高，体系进入了稳定的抑制状态，体系只产生有机酸而没有氢气。郝小龙等人做了类似的实验，采用人工有机蔗糖废水通过厌氧发酵产氢气，分析废水中糖降解速率、比产氢率和产氢率，以考察水体中NH_4^+浓度(0 ~8000 mg/L)对厌氧发酵产氢的影响。结果表明，当NH_4^+浓度在1200 ~2400 mg/L时，对微生物的厌氧发酵产氢有促进作用，但当NH_4^+浓度大于4800 mg/L时，对厌氧发酵产氢产生显著的抑制作用，并且对其发酵液相产物也有明显的影响。因此，在厌氧发酵有机废水产氢的过程中，需检测与调控水体中的总 NH_4^+ 浓度，从而达到较高的产氢效率。

5.2.2.6 温度对污泥厌氧消化产氢的影响

影响污泥厌氧消化产氢的因素有多种，在消化菌群以及基质一定的条件下，反应温度对厌氧产氢过程影响显著。温度对厌氧消化的影响是多方面的，例如，随着温度的升高，液体黏度降低，使得污泥具有较好的沉降性；温度升高使气体溶解度降低，出水中溶解有较少的氢气、氨气、甲烷等，可以降低出水的 COD 浓度，而且溶解的 H_2 浓度的降低可以减少产物 H_2 对产氢过程的产物抑制作用。同时，温度能够影响酶活性，影响微生物的生长速率，从而对污泥的处理效果产生影响。微生物的生长一般都有一个最适温度，而产氢菌一般都是中温微生物。如无法改变环境条件，必须事先对微生物进行驯化，使其适应待处理污泥的温度范围。如果在开始正式处理污泥前没有对菌种生物进行高温驯化，而待处理的污泥温度偏高时，微生物活力降低，产氢效果不佳，处理效率低下。

产氢微生物的种类有很多，不同种属的产氢菌最适合的发酵产氢温度存在较大的差异。出于操作方便和节能等各方面考虑，目前大多数研究多采用36℃中温进行发酵产氢，其实，部分产氢菌(例如 Thermotoga elfii)的产氢温度达到65℃，甚至某些微生物在70℃下仍能发酵产氢。根据 Van't Hoff 定律，在一个严格的温度范围内，温度每升高 10 ℃，化学反应速率加快1倍。当温度在 15 ~36℃变化时，E. cloacae 的氢气产量随温度升高而增加，36℃时达到最大产氢率，但当超过 36℃时，其产氢量开始下降。并不是所有的产氢菌温度变化规律多如此，E. aerogen 以蔗糖为基质产氢时，其产氢率的增加可一直持续到 40℃。有实验表明，用沉淀池污泥中混合菌群产氢，温度从 20℃升高到 55℃时，随着温度的升高，氢产率和产氢速率均升高，最佳产氢温度可能超过 55℃，其原因可能是由于接种物中同时存在中温和高温产氢菌，优势菌随着温度升高逐渐从中温菌转变为高温菌。

曹先艳将相同配比的餐厨垃圾和污泥混合物置于室温(25℃)、中温(35℃)和高温(50℃)三种温度环境下进行厌氧消化产氢试验，通过批式试验探讨了温度对餐厨垃圾厌氧发酵产氢的影响。结果表明：未经高温驯化的接种厌氧污泥直接进行高温厌氧发酵产氢，产氢效果不佳，反应过程中几乎检测不到氢气。经过 1 天中温驯化的污泥产氢最大体积分数达到 36.8%，比氢气产率达到每 1 g 挥发性固体产氢 63.5 mL，与室温条件下进行消化处理的产氢最大体积分数 37.2% 和比氢气产率 63.1 mL 差异不显著。而在中温条件下，体系的反应速率较室温快，反应的停滞时间比室温条件下缩短了 9.7 h，产生相同的氢气，中温条件比室温下需要的时间缩短了大约 70 h，其产气速率为每 1 g 挥发性固体产氢 15.6 mL/h，远优于 4.8 mL/h。缩短停滞时间或加快氢气产生的速度，都能够减少反应器的体积，对工程的实施非常有利。因此，在实际生产中，建议将厌氧发酵产氢过程控制在中温(35℃)下进行，这与污泥接种产氢的最佳产氢温度 37℃相当接近。

在传统厌氧反应器中，温度是影响微生物生存及生物化学反应最重要的因素之一，随着各种新型高效厌氧反应器的发展，反应器内的污泥停留时间增大，远大于水力停留时间，温度效应就不十分显著了。有研究发现，ABR 反应器稳定运行仅两周后，当温度从 35 ℃降低到 25 ℃时，总的 COD 去除率并没有明显的减少。产生这种情况的原因很复杂，主要原因是新型高效厌氧反应器中生物质浓度的提高，使得在一定范围内的温度对厌氧消化过程的影响不是很大。因为温度只是影响厌氧反应器效率的众多因素之一。当反应器通过提高厌氧污泥浓度或其他措施促进反应时，在很大程度上能够补偿或缓冲温度的影响。

5.2.2.7 氢气分压对污泥厌氧消化产氢的影响

氢的产生是细菌将铁氧还蛋白和携带氢的辅酶再氧化的一种过程，根据气液平衡关系，气相中如果积累了较高浓度的氢，则必然使液相中氢浓度升高，不利于再氧化过程的进行，从而使产氢过程受到抑制。另外，氢分压还会影响发酵产物的组成及其含量。因此，如何在微生物发酵产氢过程中减少其对产氢的抑制是发酵产氢技术的关键之一。

在厌氧发酵产氢过程中，发酵液中氢分压的大小也会影响产氢过程的顺利进行。因为氢气体积分数的升高会改变产氢的代谢途径，转而生成一些更具还原性的物质，如乳酸、乙醇、丙酮和丁醇等。降低氢气分压的方法，一是采用连续释放氢气达到减少氢气分压的目的，二是采用惰性气体吹脱减少氢分压。在以大豆残余物为基质的厌氧消化产氢研究中，在35℃下采用向 CSTR 反应器中鼓入氮气，结果表明，鼓入氮气吹脱氢气能够将每 1 g 生物质比氢气的产率量从 1.446 mL/min 提高到 3.131 mL/min。

将二氧化碳、氮气鼓入厌氧消化产氢体系中，结果表明，二者均可提高氢气的产量，而且二氧化碳吹脱的效果要优于氮气，反应过程的主要产物是氢气和丁酸。最佳的二氧化碳吹脱速度为 300 mL/min，此时，每 1 mol 葡萄糖的氢气的产量达到了 1.68 mol，比氢气产率达到 6.89 L/(g · d)。与氮气吹脱相比，二氧化碳吹脱不仅能够降低氢气的分压，同时能够提高二氧化碳的分压，而二氧化碳分压的提高对产氢菌没有抑制作用，却对其他微生物，如产酸菌有抑制作用，因此能够提高氢气的产量。

在厌氧发酵产氢过程中，要收集到氢气，不仅要防止产甲烷菌消耗氢气，也要防止利用氢气和二氧化碳为原料的产乙酸菌消耗氢气。在实际操作中，将接种污泥经过热预处理等手段就可以杀灭活的产甲烷菌，但是同型产乙酸菌的活性很难抑制，因此，只有通过减少反应物的浓度来减少氢气的消耗。一个方法是利用吹脱降低氢气的分压，另一个方法是利用碱液吸收二氧化碳以减少二氧化碳的浓度，抑制反应的进行。此外，还可利用 KOH 吸收反应体系的二氧化碳，将体系中二氧化碳的体积分数从 24.5% 降低到 5.2%，间接将氢气的体积分数提高到 87.4%，这样不仅提高了氢气的体积分数，也将氢气的产量提高了 43%，每 1 mol 葡萄糖的氢气产量从 1.4 mol 提高到 2.0 mol。

5.2.2.8 其他影响因素

A 发酵底物

发酵生物制氢利用的底物的范围极为广泛，从葡萄糖、淀粉、乳糖、甘露醇、纤维素等单质到加工废水、米麸、麦麸、废纸浆、固体垃圾滤液、餐厨垃圾、糖蜜废水等有机废物都可作为氢气转化的生物质。国外研究人员以四种食品加工废水：苹果加工废水（COD：9 g/L）、马铃薯加工废水（COD：21 g/L）和两种糖果厂废水 A（COD：0.6 g/L）和 B（COD：20 g/L）为基质，进行厌氧消化产氢研究。结果显示，每 1 L 废水的氢气转化率分别为：0.7 ~ 0.9 L、2.1 ~ 2.8 L、0.1 L 和 0.4 ~ 2.0 L。Herber 等人曾利用米浆作为产氢底物，底物浓度为 5.5 g/L 时，在初始 pH = 4.5，37℃条件下，最大产氢速率可达 2.1 L/(g · d)，每 1 g 碳水化合物的氢气产率达 346 mL。

B 营养物质

研究报道，添加污泥营养物质，如铁、磷酸盐等，能够提高系统氢气的产量。Ueno 等人的研究表明，当用 0.5% 的蛋白胨代替氯化铵，氢气的产量增加了一倍。韩国学者 Sang-Hyoun 曾通过在餐厨垃圾中添加污泥来提高系统的碳氮比，增加有机氮源，使得氢气的产量得到提高。Lin 考察了以蔗糖为基质，利用驯化的污泥为接种物的情况下，碳氮摩尔比对厌氧消化产氢的影响，结果表明，在碳氮摩尔比为 47 时，每 1 mol 蔗糖的氢气的产量达到了 4.8 mol，比不调节碳氮摩尔比提高了 500%。碳氮摩尔比的不同改变了厌氧消化的代谢路径，从而提高了氢气的产量。

产氢微生物在生长过程中需要金属离子，如 Fe^{2+}、Ni^{+}、Mg^{2+} 离子等。Gray 等人的研究表明，在缺乏铁元素的培养基上生长的肠杆菌和梭菌不能产氢。林明的研究表明，Fe、Ni、Mg 离子对产氢菌株 B49 的生长和产氢发酵都有促进作用，但作用的大小不同，促进作用的排序为 $Fe^{2+} > Ni^{+} > Mg^{2+}$。

C 金属离子

根据生物制氢理论和微生物营养学，在一定浓度下对产氢细菌产氢能力有促进作用的金属主要有铁、镍和镁等，而汞、铜等重金属对许多氢酶产生强烈的抑制作用。Yongfang Zhang 等人研究了不同温度下金属离子对混合菌群产氢的影响，结果表明，在温度为 35℃、$FeSO_4$ 浓度为 200 mg/L 时，产氢量最大达到 371.7 mL。林明等研究了金属离子 Fe^{2+}、Ni^{2+}、Mg^{2+} 对 B49 产氢能力的促进作用，促进作用的顺序为 $Fe^{2+} > Ni^{2+} > Mg^{2+}$，$Fe^{2+}$ 和 Ni^{2+} 是促进发酵产氢的直接因素。Wan Wei 在关于影响生物发酵产氢因子的综述中，概括了目前关于 Fe^{2+}、Cu^{2+}、Ni^{2+}、Mg^{2+}、Zn^{2+}、Ca^{2+} 及 Na^{+} 等金属离子在发酵产氢过程中的最优浓度。由于底物及反应器等条件的不同，各种金属离子的优化浓度也不尽相同，还需要进一步研究。

D 有机酸浓度

产氢微生物利用有机营养物进行厌氧发酵，其产物除了氢气，还有挥发性脂肪酸、醇类物质等，这些产物一旦在微生物的体内或体外环境中积累过多，就会对微生物活性及其生理过程产生影响。微生物发酵产氢过程中产生有机酸的积累会降低系统的 pH 值，从而影响产氢过程，但研究结果表明并非完全如此。在蛋白胨的高温发酵产氢过程中，乙酸的添加对产氢发酵过程几乎没有影响；但在极端 pH 值下，乙酸的添加会延长停滞期（pH 值不大于 6），或降低产氢速率（pH 值不小于 8），并且高含量挥发酸会加速系统中氢的消耗。副产物乙酸对产氢菌的毒性低于丁酸。当丁酸浓度高于 13 mol/L 时，微生物生长和产氢均会受抑制。通常认为丙酸的积累会抑制厌氧过程，因此，厌氧过程中应尽量避免丙酸的产生和积累。

我国学者任南琪认为，厌氧发酵过程中乙醇的产生不但可以减少酸性副产物的数量，维持细胞内正常的生理 pH 值，而且还可以通过产乙酸过程和乙醇发酵的偶联，维持细胞内 $NADH/NAD^{+}$ 的动态平衡，避免丙酸的积累，从而有利于发酵产氢。

5.3 污泥厌氧消化产氢工艺

5.3.1 预处理工艺

污泥中的有机物大部分是微生物的细胞物质，这些物质被微生物的细胞壁所包裹，难以被微生物所利用。研究表明，污泥的水解过程是其厌氧发酵的限速步骤。为了提高污泥厌氧发酵的效率，加速污泥厌氧发酵，目前通常采用各种预处理方法（如热水解、化学处理、机械破碎、超声破碎、酶水解等）来破坏污泥细胞的细胞壁，将污泥细胞内的物质释放出来。另外，污泥是多种微生物的混合体，产氢微生物和嗜氢微生物共存，在厌氧发酵过程中，产氢微生物所产生的氢气会迅速被嗜氢微生物所利用。但是一些产氢微生物能形成芽孢,其耐受不利环境条件的能力比普通微生物强。通过预处理,如热处理、酸处理和碱处理等可以抑制污泥中的耗氢微生物,达到筛选产氢微生物的目的。

5.3.1.1　酸性预处理工艺

刘常青等人对市政污泥进行了不同 pH 值的酸性预处理,以酸性预处理污泥作为基质,进行了厌氧发酵产氢的批量试验。结果表明,通过酸性预处理可以对耗氢菌起到抑制作用,最佳的酸性预处理条件为调整原污泥 pH 值 = 3.0,放置 24 h;pH 值 = 2.0 的酸性预处理污泥对产氢菌及耗氢菌均有强烈抑制作用,而 pH 值高于 4 时,酸性预处理对耗氢菌抑制不明显。酸性预处理能起到一定的融胞作用,使污泥中溶解性的糖和蛋白质含量增加,不同的酸性预处理对糖和蛋白质的溶解效果随 pH 值的升高而降低,pH 值 = 2.0 的酸性预处理污泥中,可溶糖和可溶蛋白质浓度分别达到了原污泥的 3.1 倍和 9.9 倍。酸性预处理污泥在厌氧发酵产氢过程中主要降解的有机物质为蛋白质,其中蛋白质降解率为 55.91%,糖降解率为 29.09%。经过 pH 值 = 3.0 的酸性预处理后,在调节初始 pH 值 = 11.0 的条件下进行厌氧发酵产氢,其最大累积产氢量最高为 14.66 mL。

5.3.1.2　碱性预处理工艺

研究表明,废弃活性污泥厌氧反应的控制步骤在于水解步骤。活性污泥经碱预处理后可增加厌氧消化反应速率,而且有机物的去除率及生物可分解度均有提高。污泥的碱处理,不仅可以杀灭耗氢菌,富集产氢菌,而且可以起到融胞的作用,即将污泥中的有机物(主要成分为蛋白质)释放出来,可以提高污泥厌氧消化的效率。蔡木林为了提高污泥厌氧消化过程中氢气的产量,采用碱预处理污泥,使氢气的产量大大提高。

但是加碱量并非没有限制,廖翠玲等认为,碱预处理过程中若 pH 值太高,则伴随着褐变反应的发生,反而降低了生物可分解度,因而降低预处理的效果。

曹先艳等人的试验表明,碱预处理也能提高餐厨垃圾厌氧消化过程氢气的产量。随着预处理 pH 值的升高,产生氢气的持续时间逐渐变长,但相对地,反应的延迟时间也变长。当预处理 pH 值为 12 时,氢气的体积分数和产量均达到最大,分别为 41% 和 90 mL/g。

5.3.1.3　热预处理工艺

污泥中的固体有机物在热处理过程中经历溶解和水解两个过程。第一步是微生物絮体的离散和解体,细胞内的有机物质被释放出来并不断溶解;第二步是溶解性有机物不断水解,脂肪水解成甘油和脂肪酸,碳水化合物水解成小分子的多糖或单糖,蛋白质水解成多肽、二肽、氨基酸,氨基酸进一步水解成低分子有机酸、氨及二氧化碳。由于热水解预处理加速了污泥的水解,污泥中难以生化降解的固体有机物转化成易生化降解的小分子有机物,因此,热水解污泥的厌氧消化性能得到改善。同时,热水解污泥碱度的增大,还能提高后续厌氧消化体系的缓冲性能。

污泥经过热水解预处理后,溶解性化学需氧量(SCOD)和 VFA 浓度显著增大、pH 值降低、碱度增大。并且,热水解污泥溶解性化学需氧量(SCOD)在总化学需氧量(TCOD)中的比率随着热水解温度和热水解时间的延长不断增大。热水解预处理促使污泥固体溶解和水解,从而提高污泥的厌氧消化性能。在 170℃ 热水解 30 min 时,污泥 TCOD 去除率从热水解前的 38.11% 提高到 56.78%,污泥中 TCOD 的沼气产率从热水解前的 160 mL/g 提高到 250 mL/g。而当温度过高时,则会生成中间产物,在一定程度上抑制厌氧消化。污泥经过

170℃、30 min 的热水解预处理后，上清液容易厌氧消化，TCOD 去除率达到 89.50%，并且悬浮固体的厌氧消化性能也得到提高，TCOD 去除率为 44.47%。

5.3.1.4 微波预处理工艺

微波是指频率为 0.3～300 GHz 的电磁波。在微波电磁场的作用下，生物体内的一些分子将会产生变形和振动，使细胞膜功能受到影响，使细胞膜内外液体的电状况发生变化，引起生物作用的改变。微波作用主要是利用电磁场的热效应和生物效应的共同作用，在短时间内产生热量，破坏细胞结构，达到杀死细菌的目的，而部分产 H_2 细菌由于芽孢的形成而免遭破坏，从而提高颗粒污泥的产 H_2 性能。

5.3.1.5 四种预处理工艺的比较

肖本益不添加接种污泥，直接取污水处理厂曝气池的污泥，比较了四种预处理（酸预处理、碱预处理、热预处理和超声预处理）对污泥生物产氢的影响。由于预处理能够从污泥中筛选出产氢微生物，因此，在污泥厌氧过程中无需接种物。污泥的原始 pH 值为 7.16，化学需氧量 COD 为 11500 mg/L，溶解性化学需氧量 SCOD 为 113.7 mg/L，总固形物 DS 为 8960 mg/L，挥发性固形物 VS 为 6190 mg/L。污泥在进行厌氧发酵前，在温度为 4℃ 的冰箱中保存，并分别进行预处理（酸、碱、热或超声预处理）。其中，酸预处理用 6 mol/L 的盐酸将污泥的 pH 值调至 2，碱预处理用 6 mol/L 的氢氧化钠将污泥的 pH 值调至 12.0，两者均在搅拌状态下保持 5 min，在室温下贮存 12 h 来强化预处理；热预处理是将污泥置于 121℃ 高压灭菌锅中，117.6 kPa 灭菌处理 30 min；污泥的超声预处理用 20 kHz、200 W 细胞破碎器（取 250 mL 污泥放在 300 mL 量筒中，将超声探头伸到污泥表面下 3 cm）超声 30 min 完成。

结果表明，预处理污泥的生物产氢效率明显提高，但不同预处理污泥的氢产率不同，氢产率最大的是碱预处理污泥（起始 pH 值为 11.5），其氢产率为 11.68 mL/g；其次为热预处理污泥，其氢产率为 8.62 mL/g。由于预处理能够破坏污泥的絮体结构，有的甚至能够破坏污泥中微生物的细胞，经预处理后一些微生物的细胞物质将被释放到液相、从不溶性转化为溶解性，这四种预处理均能够增加污泥的溶解性化学需氧量 SCOD、降低污泥的总固形物 DS 和挥发性固形物 VS 含量，而预处理污泥的氢产率与污泥的溶解性化学需氧量 SCOD 相关。另外，碱预处理污泥和热预处理污泥能够完全抑制产甲烷菌的活性，而另两种预处理则不能。对于产氢重要副产物挥发性有机酸 VFA 的产生量，碱预处理污泥最多，其次为热预处理污泥。而酸预处理污泥和碱预处理污泥的氢产率还与其起始 pH 值有关。

5.3.2 污泥消化添加剂工艺

上述四种预处理方式均能达到富集产氢菌的目的，这说明只要采取措施抑制耗氢菌的生长，就能够收集到氢气。但通过比较发现，预处理富集产氢菌的方法操作过程比较繁琐，而且都需要耗能。如果采用加入添加剂的方式，则可以通过加入药剂的即时生效的方式富集产氢菌，使整个富集产氢菌的过程变得简单。

很多化学药品具有杀毒灭菌的作用，也即具有抑制耗氢菌生长、富集产氢菌的效果，如教科书或文献中提及的酚、新洁尔灭、合成洗涤剂（阴离子型）、染料等，其中阴离子表面活性剂因其独特的作用而在堆肥、厌氧消化中得到越来越多的应用，一方面，其具有杀菌的作用，另一方面，阴离子表面活性剂在环境中容易被微生物降解，不会给环境造成额外的负担。陈银广等选用十二烷基硫酸钠、十二烷基苯磺酸钠、α－烯基磺酸钠、脂肪醇聚氧乙烯醚羧酸钠等阴离子表面活性剂抑制甲烷菌活性，促进污泥产酸，获得的最大有机酸浓度为1069.08 mg/L，是不加阴离子表面活性剂的20～30倍，大大提高了污泥厌氧发酵过程中有机酸的产量。

阴离子表面活性剂（十二烷基苯磺酸钠）与酶的混合物能够有效抑制耗氢菌的生长，提高水解酶活性，提高氢气的产率和产量。曹先艳等选取了一种阴离子表面活性剂与酶（质量比例为99∶1）的混合物，作为耗氢菌的抑制剂，来富集产氢菌。实验结果表明，添加表面活性剂与酶的混合物能够抑制产甲烷菌等耗氢菌的生长，提高体系氢气的产量。添加剂的最佳投加量为接种污泥质量的4%，试验获得的最大氢气浓度为50%，最大氢气产量为114.5 mL/g。在污泥与餐厨垃圾混合体系中，固定添加剂的投加量为0.6 g，当二者的混合比例小于40%时，体系氢气的体积分数和产量相对较高，当污泥与餐厨垃圾的比例超过50%，体系检测到甲烷，氢气的产量降低。

6 污泥堆肥技术

污泥的成分中有机质占 30 ~ 600 g/kg、氮占 20 ~ 50 g/kg、磷占 10 ~ 20 g/kg，氮和磷的含量明显高于普通农家肥(猪牛粪)，有些甚至高于优质农家肥(鸡粪)。污泥有机物中水溶性有机物质、蛋白质、半纤维素易降解成分达到了重量的一半以上，碳氮比较低。综上所述，污泥的供肥能力较强，是很好的有机肥源。但污泥中的重金属和持久性有机污染物等有毒有害物质，使污泥在作用于土壤时产生很大的副作用，故必须将其稳定化、无害化处理。污泥堆肥得到较多的采用。

堆肥化(composting)是指在控制条件下，利用微生物的生化作用，将废弃物中的有机物质分解、腐熟并转化成稳定腐殖土的微生物学过程，为污泥堆肥的关键技术，分好氧堆肥和厌氧堆肥两种。污泥好氧堆肥技术因其堆肥效率高、异味小和臭气量少等优点而受到广泛关注。欧盟将堆肥化只限定于好氧堆肥，因此本章详细介绍好氧堆肥。

6.1 污泥制肥技术的研究进展与应用前景

6.1.1 污泥堆肥的研究进展

6.1.1.1 国外污泥堆肥研究进展

堆肥化技术是国际上从 20 世纪 60 年代后期迅速发展起来的一项新的生物处理技术。堆肥化技术运用多学科技术，利用微生物群落在特定的环境中对有机物的分解，将污泥改良成稳定的腐殖质，用于肥田或土壤改良。由于堆肥技术在实际应用中可同时达到"无害化、减量化和资源化"的效果，并且具有经济、实用、不需外加能源、不产生二次污染等特点，因此，20 世纪 70 年代后期开始，堆肥技术引起世界各国的广泛重视，并迅速成为环保领域内的一个研究热点。

自 1857 年英国建立世界上第一个污水处理厂以来，污泥处理一直是市政管理中的重要问题之一。在国外，污泥及其堆肥作肥源农用，已有很多年的历史。早在 19 世纪 60 年代初，美国就开始关于污泥农用的研究。日本在 1954 年建成第一座污泥堆肥中心，到 90 年代末已建成 35 座。目前，日本最大的堆肥场在北海道的札幌市，发酵仓和生产线及袋装产品都很具规模，而且机械化、自动化程度很高。在美国污泥农地利用量占污泥产出总量的 33%，葡萄牙高达 80%，德国、日本和英国污泥农用分别占总量的 25%、11% 和 51%。

近年来，日本、韩国及欧美一些国家相继研究开发出封闭仓式发酵系统。以机械方式进料、通风和排料，虽设备投资较高，但由于自动化程度高、周期短、日处理污泥量大、污泥处理后质量稳定、容易有效利用，且可以有效地控制臭气和其他污染环境的因素，因此，综合效益好。过去的发酵堆肥技术往往需用一个月的时间，堆肥面积过大成为其中的一个难题。日本科学技术振兴机构最近开发出用污水处理厂的污泥进行短时间堆肥的技术，使得堆肥需要的发酵时间由以前的一个月缩短至一周左右。这一技术先用搅拌机搅拌污泥，使污泥变成粒状，便于空气进入，促使污泥高速发酵，发酵温度可以达到 90℃，足以杀死污泥中的病原菌、寄生虫和杂草的种子等,从而大大缩短了发酵时间,减少了占地面积。

6.1.1.2　国内污泥堆肥研究进展

在我国和印度等东方国家,原始的堆肥方式很早就已经出现,劳动人民一直重视堆肥对土壤的改良作用。但与国外相比,在理论研究与实践方面,我国对城市污泥农用资源化的研究均相差甚远。20世纪60年代初,北京高碑店污水处理厂进行的污泥自然通风堆肥试验获得成功,并确定了好氧发酵堆肥工艺的主导地位。但是我国污水处理中的污泥处理处置技术还处于起步阶段,目前,全国现有不到1/4的污水处理设施中有污泥稳定处理设施,处理工艺和配套设备较为完善的还不到1/10。我国仅有的十几座污泥消化池中,能够正常运行的为数不多。

北京市环境保护科学研究院研究建成了一条年产3000 t的有机复合肥生产线。采用自行研制的高效滚筒污泥堆肥设备进行动态快速发酵,在对污泥进行无害化处理的同时又降低了其含水率,解决了制肥工艺中关键的预处理问题,是一种高效的污泥堆肥装置。生产装置运行两年来,设备稳定可靠、经济效益明显。徐州污水处理厂处理污水能力为$16.5 \times 10^4\ m^3/d$,该厂以富含有机质的城市污水处理厂的污泥为基料,添加一定比例的氮、磷、钾和微量元素等营养成分,生产有机和无机综合体系复混肥料等;同时还生产高浓度、中浓度、低浓度的纯无机复混肥、生物有机复混肥等新型肥料,年综合生产能力达25 kt。

污泥堆肥与填埋、焚烧等处理方法相比,优势在于天然有机物回归自然,实现物质循环,杀灭病原菌,改良土壤,提高土壤肥力,占地少,节省运输成本,操作容量弹性大,符合我国国情。近期我国在污泥堆肥化技术上主要的研究内容包括:生物高氮源发酵技术、污泥沉淀池天然脱水剂成比例置换聚丙烯酰胺技术、磷酸中和软化与重金属钝化技术、VT菌喷涂接种技术、热喷造粒技术等。其中,生物高氮源发酵技术成功地解决了高氨环境下的微生物活性难题;加入磷酸溶解性材料和重金属钝化材料则是为了进一步降低聚丙烯酰胺的不溶解性和重金属活性;接入VT菌,可以利用堆积发酵工艺,进一步软化污泥,增加腐殖质;最后经高温高压热喷膨化造粒,再二次接菌,完成三维复合。

为达到经济实用、高效低耗的污泥堆肥处理目的,必须对污泥堆肥过程进行更深入系统的实验研究,使城市污水污泥堆肥化具有较好的经济效益、环境效益和社会效益。今后从以下几个方面加强研究:展开新型调理剂的研发,注重污泥堆肥过程中臭味的控制,建立起污泥堆肥工艺过程和产品的评价标准,深入研究并分离出快速好氧堆肥的优势种群,缩短堆肥时间,提高堆肥效率。我国污泥农用的比例还不足10%,污泥堆肥有很大的发展前途和空间。

6.1.1.3　污泥作为肥料的应用

活性污泥中含有大量的微生物及营养成分,对改良土壤和植物生长发育有一定的促进作用,因此,可直接施用于土壤和农田。研究表明,污泥的施用可以改善土壤的物理、化学和生物性质,使土壤有机质明显增加,同时对不同的作物及植物有增产和改善品质的作用。污泥直接施用在育苗、改良土壤和农田上,均获得了较为明显的效果。研究表明,施用适量污泥可明显地增加土壤有机质的含量,有效改善土壤结构、水利学性质及化学性质,由此带来的容重降低,孔隙度、团聚体稳定度以及持水量和导水性的增加,对农业生产起到了积极的作用。土壤环境的改善为土壤微生物的活动提供了条件。土壤微生物活动又反过来进一步促进土壤肥力的提高。土壤微生物的活动参与和促进了土壤中的物质循环,因此,通过施用城市污泥，还能促进土壤微生物的活动，从而改变土壤结构，促进土壤团粒形成，增大土壤抗冲刷性，减少径流冲刷，最终达到控制水土流失的目的。

污泥农业利用的途径主要有以下几个方面。

A 直接施用

直接施用是将未经处理的污水污泥直接施用在土地上，如农业用地、林业用地、严重破坏的土地和专用的土地场所，这是美国及大多数欧盟国家最普遍采用的处理方法。我国已建成的污水处理厂中，污泥未经任何处理直接农用的约占60%以上。

a 农业用地上的施用

污泥中富含的氮、磷、钾是农作物必需的肥料成分，有机腐殖质（初次沉淀污泥含32%，消化污泥含34%，腐殖污泥含46%）是良好的土壤改良剂。污泥中所富含的有机质和氮、磷等营养成分可明显提高土壤肥力，具体表现在改善土壤物理性质（土壤团聚体和团粒结构提高，容重下降）；增加土壤有机质和氮、磷水平，并增加土壤生物活性。因此，施用污泥处理的作物产量较高，且可满足后茬作物生长的营养需求。但污泥中的重金属以及病原菌含量仍是不可忽视的问题，如蔬菜对重金属的富集使污泥对人体造成直接或间接危害，以及污泥中的硝酸盐污染地下水的问题。

研究表明，用厌氧消化后污泥作为肥料施用于土壤后，土壤持水能力、非毛细管孔隙率和离子交换能力均可提高4%～24%、有机质含量提高36%～41%、总氮含量增加72%。考虑到污泥中重金属对植物的影响，应合理地施用污泥。一般以作物对氮的需要量为污泥施用量的限度，污泥中的重金属含量必须符合农用污泥标准，污泥施用区土壤重金属含量不得超过允许标准。我国规定施用符合污染物控制标准的农用污泥每年每公顷不得超过30 t。

b 林业用地上的施用

污泥在森林与园林绿地（包括林地、草地、市政绿化、草坪、育苗基质、高尔夫球场等非食物链植物生长的土地）施用可促进树木、花卉、草坪的生长，提高其观赏品质，并且不易构成食物链污染的危害。污泥在林地施用中的研究表明，污泥施用1年后，试验地土壤0～20 cm中的全氮、速效氮、全磷、有机质及阳离子代换量的含量都明显增加，增加的量随试验污泥用量的增加而增大。同时，土壤的容重、持水量和孔隙度等物理性质也有一定程度的改善。同等深度土壤中的硝态氮、重金属含量相比对照有所增加，但并没有对土壤造成较大程度污染，这可能与污泥施用的时间较短有关。

c 修复退化土地

污泥对干旱、半干旱地区的贫瘠土壤也有较好的改良作用。内蒙古西部的包头地区属典型干旱、半干旱荒漠地带。该区气候干燥，降雨少且分布不均匀，生态环境脆弱，植被易遭破坏，水土流失十分严重。污泥对于防止土壤沙化、整治沙丘及被二氧化硫破坏地区的植被恢复均为一种优质材料。将污泥与粉煤灰、水库淤积物以一定比例联合施用，可改善土壤的保温、保湿、透气的性质，同时污泥中的有机营养物强化了废弃物组合体的微生物作用，使整个土壤加速腐殖化，达到增加土壤中有机质含量的作用。

另外，污泥还可以施用于各种严重扰动的土地，如过采煤矿、尾矿坑、取土坑，以及已退化的土地、垦荒地、滑坡与其他因自然灾害而需要恢复植被的土地。美国芝加哥富尔顿的煤矿废弃地上进行过施用污泥的试验，研究发现，污泥施用后改善了土壤耕性，增加了土壤透水性，提高了土壤阳离子交换量（CEC值），并提供了作物生长所需的有效养分。

B 间接施用

a 厌氧消化后农用

对污泥进行厌氧消化处理,可以达到污泥减量化的目的,而且可以回收一部分能源,也可为后续处理减轻负担。近年来,日本的污泥消化技术不断提高,如机械浓缩和高浓度消化的有机结合、搅拌和热效的改善、完全的厌氧二项消化法(发酵工艺+甲烷发酵工艺的分离法)使发酵时间大大缩短,甲烷发生量和消化率的提高。国内约有40%的污水处理厂把污泥进行消化脱水后农用,一方面可以产生部分能源回用,另一方面可以减少污泥中的部分有害细菌,增加污泥的稳定性。这样,污泥在农用中其负面影响相对小一些。

b 制复合肥

污泥与城市垃圾、通沟污泥等堆肥后农用。污泥经过堆肥发酵后,可以杀死污泥和垃圾中绝大部分有害细菌,还可以增加和稳定其中的腐殖质,应用风险性较小。这种方式解决了污泥在施用中科技含量不高的问题,存在的问题是应用量较少,虽然国内已有一些相关报道,但目前推广应用程度还远远不够。

c 堆肥

污泥堆肥时要求其含水率低于70%,所以污泥要预先做脱水干化处理。此外,可加入堆熟后的污泥或木屑作分散剂。堆肥的工艺参数可选为:木屑与污泥的重量比为1:6,孔隙率为1.6,堆高为1~3 m,底部布气管间距为2.5 m,通风率为19~29 L/(kg·h),堆肥周期为13~16天,堆肥温度可达58~70 ℃,污泥体积可减少27%。堆肥温度达58~60℃时,持续6~8天可有效地杀灭各种病原菌与寄生虫卵,无恶臭。堆肥成品仍保持原污泥的水平。

d 与城市垃圾混合堆肥

污泥与垃圾混合堆肥的体积比为5:8,有机质含量约22%时,含水率和孔隙率约为55%,堆肥的效果较好,周期较短。污泥与垃圾混合高温堆肥的工艺流程分预处理、一次堆肥、二次堆肥和后处理四个阶段。

一次发酵在发酵仓内进行,污泥与垃圾的混合比为1:(3.6~2.9),混合料含水率为55%~60%,碳氮比为(25~40):1,通气量为3.8 $m^3/(m^3 \cdot h)$,堆肥周期为6~10天。

二次发酵是指污泥和垃圾经过一次发酵后,从发酵仓取出,自然堆放,堆成1~2 m高的堆垛进行二次发酵,使其中一部分易分解和大量难分解的有机物腐熟,温度稳定在35~40℃左右即达腐熟,此过程大概一个月。腐熟后物料呈褐黑色、无臭味、手感松散、颗粒均匀。

后处理即去除杂质、破碎、装袋农用。

e 与粉煤灰混合堆肥

脱水污泥按1:0.6的比例掺混粉煤灰,降低含水率,可使污泥的含水量降至20%。然后自然堆肥发酵,其中加有锯末和秸秆作为膨胀剂。肥料可做成6 mm柱状,在大蒜、芥菜等蔬菜田上试用效果明显。

f 与化肥制作复混肥

新鲜污泥饼经自然风干后,含水率降至15%左右,将泥饼与1.5~4倍体积的氯化铵、过磷酸钙、氯化钾等养分单价较低的化肥混合,用研磨机破碎、过筛,按配方分别称量和混匀,然后造粒。造粒采用圆筒滚动法、圆盘滚动法和挤压法进行造粒,前两者属团聚造粒,物料加水增湿下滚动造粒、烘干、筛分,合格部分装袋入库,粉料回转到前段工序重新破碎造粒。挤压法则将粉料直接输入挤压造粒机，使用强力挤压成圆柱状，再切成 5 mm 长的段。相对来说，挤压法的成粒率、含水量和平均抗压强度较好，且加工成本低。复混肥在盆栽试验中相比化肥有增产效果，但在水稻与小麦的田间试验中增产效果与化肥相同。

C 污泥制作饲料

污泥中含有大量的蛋白质和脂肪酸等，据报道，污泥中含有 29% ~42% 粗蛋白和 27% ~46.0% 灰分，其中 72% 的粗蛋白以氨基酸形式存在，以蛋氨酸、胱氨酸、苏氨酸为主，是一种非常好的饲料蛋白。据日本科学技术厅资源调查会的报告，当污水来源是有机性工业废水以及食品加工、酿造工厂和畜牧厂的废水时，剩余污泥中含有大量细菌和原生动物，很有希望作为鱼、蟹的饲料。采用活性污泥法处理产生污泥，污泥经过灭菌等过程制成饲料。污泥与饲料成品的投入产出比为 1:0.65。如果都用嗜气性微生物制成饲料，将成为水产养殖业的丰富的饲料来源。因污泥中含有蛋白质、维生素和痕量元素，利用净化的污泥或活性污泥加工成含蛋白质的饲料用来喂鱼，或与其他饲料混合饲养鸡等，可提高产量，但肉质稍差。另外，污泥还可用作建材、合成燃料和吸附剂等，但相关技术还有待于进一步研究和完善。

6.1.2 污泥堆肥的应用前景

污泥是污水处理过程中产生的副产品，一直被认为是废弃物，需要予以处理和处置。如果能将其利用，可转害为利，又将是一种丰富的资源。我国地域广阔，条件差异大，污泥除用于农业、林业外，还需因地制宜采用多种途径加以处置和综合利用，将污泥的利用及处置纳入到良性循环的轨道上来，提高我国污泥的治理水平，达到环境保护的目的。

当前，尽管利用污泥在生产有机肥料、沼气等方面的研究取得了成功，但在工程开发利用的认识和技术方面还较为粗浅，利用量不大。随着污水处理厂的增多，污泥产量将越来越大。因此，应重视和加强对污泥进行资源化和能源化的开发利用研究，寻求新的应用途径和加工技术，变大量的废物为大量的可利用物，取得良好的经济效益和环保社会效益。

发达国家对于污泥有效利用的管理，主要是制定系统的、高标准的污泥污染控制法规，对污泥农用的标准、施用地点的选择、水源的保护、病原菌的控制、重金属的允许施入量、施用年限、运输等都作了相应规定。我国的污水处理业起步比较晚，城市污水处理厂每年排放干污泥大约 300 kt，并且还以每年 10% 的速度增长。建立一套符合中国国情的污泥堆肥标准化治理系统刻不容缓，以下是几点建议：

(1) 对污泥污染源进行控制，尽可能将工业污水和生活污水分开，以降低污染物在污泥中的浓度，方便污泥的处理与处置。

(2) 对城市污泥进行集约化处理，形成规模效应，从而提高处理效率，降低单位污泥处理量的占地面积，并可以减少因对污泥进行消化、干化、焚烧而引起的环境污染。对于污泥堆肥臭味控制和环境风险评价分析，在堆肥技术工业化应用时，需对堆肥工厂选址、设计和臭味控制进行研究，研制出适合我国国情的除臭设备。

(3) 制定严格的污泥农用控制标准。为防止过量施用污泥对环境和作物造成危害，欧美国家根据各自的具体情况制定城市污泥土地利用技术标准。我国于 1984 年颁布了 GB 4284—1984《农用污泥中污染物控制标准》，分别规定了酸性土壤、中性及碱性土壤所施用的污泥中有害物质的控制标准。GB 4284—1984《农用污泥中污染物控制标准》明确规定生污泥须经高温堆腐或消化处理后才能用于农田，但对于污泥堆肥工艺、土地利用过程和污泥产品的评价等尚无统一的严格标准。因此,在今后的工作中,需对这几方面进行更为深入的研究以健全评价体系标准,严格把好污泥堆肥产品土地利用的质量关,扩大污泥堆肥资源综合利用的实际应用范围。

(4) 加快污泥堆肥化的基础研究,深入研究快速好氧堆肥发酵工艺内优势微生物的种群,从堆肥环境中筛选和分离出优势菌,以强化发酵反应的效率。天然材料如木屑、秸秆等作为堆肥调理剂,存在吸湿吸水性不够好,易与污泥黏结、透气性差、堆肥效果不理想的缺点;需重点开展调理剂的筛选和新型调理剂(如聚合物材料)的开发研究工作。

(5) 进一步研究重金属的活动性和移动性的规律,降低污泥中含量超标重金属,使之能应用于农业生产。一般污泥经过堆肥化处理,水浸态重金属的量减少,交换态和有机结合态重金属的总量有所增加,而不同的重金属残渣态的量变化不同,但比不同浸提剂所提取的其他形态重金属的总量大得多。化学浸提法和微生物滤取法近年来多有研究,但由于存在成本高、操作麻烦、废液难以处理等问题,难以用于实际生产;而利用污泥中的重金属具有碱性稳定性的特点,使重金属钝化的研究正逐步深入,并逐渐应用于生产。

(6) 开发更具操作性的污泥堆肥设备。堆肥可以用发酵仓系统在工厂内以机械化自动化来进行,也可以用无发酵装置以静态通气条垛式来进行;后者还可同时利用农村大量的秸秆及其他有机固体废弃物,产生的堆肥还可制成复合颗粒商品肥料。

6.2 污泥好氧堆肥的原理

6.2.1 污泥堆肥的原理

污泥好氧堆肥,即在有氧条件下,利用好氧微生物的作用,将污泥中不稳定的有机质分解,并使其稳定,减少臭气的产生,改善物理性质,使其有利于贮存、运输和使用。此过程时间短,温度高,一般为50~60℃,极限可达到80~90℃。

好氧堆肥过程中微生物的作用主要分发热,高温,降温和腐熟三个阶段。发热阶段为主发酵的前期,通常持续1~3天。起作用的微生物主要为中温的细菌和真菌,利用污泥中容易分解的淀粉和糖类等迅速繁殖,使污泥的温度迅速升高。高温阶段存在于主发酵和二次发酵过程中,通常持续3~8天,温度上升到50℃以上。在此阶段中,污泥内部由于易分解有机物的好氧消耗而造成厌氧的环境,同时由于温度的升高,微生物的种类发生了变化。50℃时,好热微生物主要为嗜热性真菌和放线菌。60℃时,占主要地位的为嗜热性放线菌和细菌。70℃时,大部分微生物停止活动,死亡或进入休眠状态。在高温阶段,上一阶段剩余的和新产生的有机物得到分解,同时大部分难降解的半纤维素等有机物也得到了分解。降温和腐熟阶段存在于后发酵和二次发酵阶段,通常需要20~30天。在此阶段,中温微生物重新占据主导地位,进一步分解剩余的木质素等较难分解的有机物及腐殖质。微生物活动减弱,温度下降。

病原微生物通常在高温阶段中除去。有关资料记载,脊髓灰质炎病毒、病原细菌和蛔虫卵在60~70℃维持3天可以得到失活。一般认为在50~60℃的温度下,6~7天即可较好地杀灭虫卵和病原菌。

腐殖质和氮素等植物营养料在腐熟阶段得到积累。为提高污泥堆肥的肥效,减少有机质的矿化作用,应尽可能实现厌氧的状态,可采取压紧肥堆等做法。

污泥堆肥主要分为前处理、一次发酵，二次发酵、后处理四个过程，主要流程如图 6-1 所示。

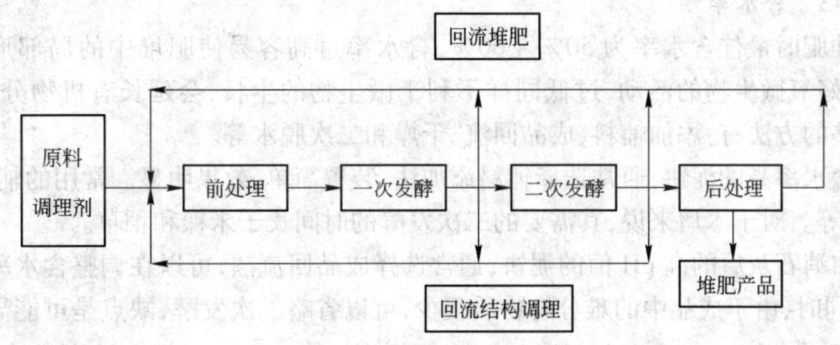

图 6-1　污泥堆肥流程

前处理阶段：一般情况下，脱水污泥的理化性质不适合微生物的生长。污泥的含水率高，通气性差，结构紧密，pH 值高，所以在接种之前必须对其含水率，pH 值和粒度等方面进行调整，使污泥堆肥工艺迅速启动。

一次发酵阶段：污泥经前处理阶段后，理化性质达到微生物生长的要求后，通入空气进行一次发酵。微生物利用易分解的脂肪、蛋白质、碳水化合物等物质作为能源，快速繁殖并释放热量，使温度迅速升高，最高温度可达到 65 ~ 75℃，持续的时间与通风量成反比。在一次发酵中，污泥的 BOD 得到明显降低，污泥性能得到改善，臭味减轻，病菌、虫卵和草籽由于长时间的高温被杀灭。

二次发酵阶段：一次发酵后，采用成品回流方式的堆肥污泥中的有机物基本分解完毕，可施用于农田，而在采用添加辅料方式的堆肥污泥中，因添加了稻草木屑等纤维素和木质素含量高的辅料，有机物并未完全分解，故需要进行二次发酵，防止污泥在贮存和运输途中进一步发酵分解，同时使污泥中的碳氮比适于农作物的生长需要。二次发酵的时间由添加辅料的种类而定。若辅料为稻草，则二次发酵为一个月左右，木屑则需要三个月左右的时间。由于时间过长，通常可将一次发酵的产物堆在水泥地上，利用自然通风或是翻堆进行二次发酵，翻堆通常为每周一次。

后处理阶段：通常经过上述步骤，污泥的理化性质稳定，成品回流方式的污泥含水率（30% ~35%）较低，添加辅料方式的污泥含水率（40% ~50%）较高。为运输和使用方便，需将熟化的污泥过 10 mm 筛，然后装袋。包装材料和运输过程中要保证良好的通气性，避免因缺氧而使污泥发生厌氧发酵。

污泥堆肥工艺主要包括以下参数。

6.2.1.1　接种量

污泥本身存在微生物，可进行发酵，但是为了缩短发酵时间，提高反应器的启动速度，通常采用成品回流的方法进行接种。还可以采用接种特殊菌种，进一步提高发酵效率。

6.2.1.2　粒径

污泥中应当含有充足的有机物质供微生物利用，不适宜的材质，如塑料、陶瓷等应去除，一些酸碱含量过多的物质和消毒剂等不利于微生物生长的废弃物也应该去除。粒径适中，1 ~2 cm 适宜，粒径过大则难被微生物分解，粒径太小则不利用通风，造成厌氧环境。通常情况下，经过添加辅料或者成品回流，粒度大致可以达到堆肥要求，但是经过叶片型和螺旋形的混合机混合后的污泥还要经过粉碎，调整粒度。

6.2.1.3　含水率

污泥堆肥时最佳含水率为50%～60%，含水率过高容易使肥堆中的局部形成厌氧环境，不利于好氧微生物的活动，过低同样不利于微生物的生长，会延长有机物分解的时间。含水率调整的方法有：添加辅料、成品回流、干燥和二次脱水等。

对于含水率高的泥饼，通常选择辅料添加法，装置简单，效果明显。常用的辅料有木屑、米糠、稻草等。对于木屑来说，其需要的二次发酵的时间长于米糠和稻草。

对于加消石灰后的高pH值的泥饼，通常选择成品回流法，可以在调整含水率的同时调整PH值，同时，由于成品中的难分解物质很少，可以省略二次发酵，缺点是可能导致发酵罐体积的增大。

6.2.1.4　营养配比

适宜的碳氮比为20～30，碳磷比为75～150。

6.2.1.5　空气量

污泥堆肥所需的空气量随肥堆中的温度改变而改变。最大耗氧量与空气量的关系可以用下述公式表示：

$$W_{O_2}=0.07\times100.31T$$

式中　W_{O_2}——最大好氧率，mg/(h·g)；

T——绝对温度，K。

6.2.1.6　温度

堆肥过程中温度应该控制在50～70℃之间为宜。在堆肥过程中，2～3天后温度可上升至60℃，最高温度可以达到70℃以上。

6.2.1.7　pH值

控制pH值在7左右，不要超过8.5，否则氮素会以NH_3的形式损失掉。调整方法除前面所述的成品回流法外，在发酵罐内通入CO_2，使其在发酵罐内循环流动，这也是一种常用的方法。

6.2.1.8　搅拌和翻堆

堆肥过程中应适当搅拌和翻堆，来确保肥堆的温度和湿度均匀。在一次发酵初期，每天搅拌一次，在二次发酵末期，可三天搅拌一次。

根据国家标准CJ/T 3059—1996《城市生活垃圾堆肥处理厂技术评价指标》的规定，堆肥产品质量应达到的要求有：

粒度：农用产品粒度不大于12 mm，山林果园堆肥产品粒度不大于50 mm；

含水率：不大于35%；

pH值：在6.5～8.5之间；

全氮（以N计）：不小于0.5%；

全磷（以P_2O_5计）：不小于0.3%；

全钾（以K_2O计）：不小于1.0%；

有机质（以C计）：不小于10%；

总镉（以Cd计）：不大于3 mg/kg；

总汞(以 Hg 计):不大于 5 mg/kg;

总铅(以 Pb 计):不大于 100 mg/kg;

总砷(以 As 计):不大于 30 mg/kg;

蛔虫卵死亡率:95% ~100%;

粪大肠菌值:0.1~0.01 个。

6.2.2 污泥堆肥过程的物质变化

污泥好氧堆肥系统是充分利用天然条件,同时,在进行人工控制下运行的生物处理系统,其中的微生物菌群要比完全人工生物处理过程中的种群丰富,其中包括各种微生物及原生动物、后生动物等,形成了一个完整的生物链,共同完成有机物及其他污染物的代谢和分解作用。

6.2.2.1 污泥堆肥过程的微生物及酶的变化

活跃在好氧堆肥系统中并对发酵起作用的生物,主要有细菌、真菌及放线菌等。堆肥开始初期,由于有机物分解产生热量,使反应堆体温度迅速上升,堆层基本呈中温,中温菌较为活跃。由于中温菌不断地分解有机物,堆体温度进一步升高,达到 50~60℃,此时酵母菌、霉菌及硝化细菌等随之减少,大量死亡,而耐高温菌大量繁殖。通常中温菌的适宜生长温度为 30~40℃,高温菌为 45~60℃。一般的,孢子细菌和无性繁殖细胞,如各种病原菌、蛔虫卵、寄生虫、孢子及杂草种子等,都可在 60~70℃下,经 5~10 min 消灭。大量试验表明,在温度为 60℃时,持续 30 min 后,对大肠杆菌和沙门氏菌的数量可减少 6 个数量级。细胞的热死部分,是由于酶的灭活所致,而酶在高温下灭活是不可逆的。

高温菌的作用不仅仅加快了分解速度,还同时减少了堆肥后的产品对动植物及人体的危害。在发酵后期,温度再度降低,霉菌、亚硝酸菌、硝酸菌及可以分解纤维素的细菌重新增殖,但此时最多的优势菌是放线菌。

堆肥过程中有机物的降解一般属于脱氢过程,因此脱氢酶是评价堆肥过程的重要指标。有研究指出,添加和不添加粉煤灰的污泥堆肥和添加石灰的污泥堆肥中,脱氢酶活性在堆肥 22 天前均表现明显的降低趋势。自 22~100 天,则变化很小,基本趋于稳定。

磷酸酶的活性是指土壤有机磷矿化的重要指标。与脱氢酶变化趋势相同,堆肥中的碱性磷酸酶活性也在最初堆肥的 22 天有明显的下降趋势,以后趋于稳定。

葡萄糖水解酶同脱氢酶和碱性磷酸酶一样,均有相同变化趋势。脲酶是表征尿素水解转化为二氧化碳和氨的重要指标。脲酶在堆肥过程中,初期呈显著增加趋势,以后随着堆肥的进行呈明显的下降趋势,最后趋于稳定。脲酶活性较高,说明在高温期高温菌活性较强。

6.2.2.2 污泥堆肥过程中的化学性质

污泥堆肥过程就是在微生物的作用下,将各种有机物在酶的作用下,转化成低分子的有机化合物、腐殖质,以及二氧化碳、氨、水和无机盐,使之成为可被植物吸收利用的化学形态,或施用于农田后,通过土壤微生物的进一步作用,能迅速转化并被植物吸收,在增加有益微生物菌群的同时,还将所附着的有机污染物完全分解,使之无害化。因此,由于堆肥过程中的高温效应,可杀灭对人体有害的病原菌、蛔虫卵、杂草种子等,并对其中重金属的形态或活性有所影响。腐熟污泥中水浸态的重金属含量通常都低于 2%。

6.2.2.3　污泥堆肥中蛋白质的降解

污泥中的蛋白质主要来源于污泥菌胶团的菌细胞及污泥所吸附的生活污水及工业废水，如食品加工、屠宰场、制革等废水中的蛋白质。蛋白质分子中的主要元素是碳和氮。

蛋白质是由20多种不同的氨基酸相互连接而组成的巨大分子，其分子量大约从一万到数百万，构成极其复杂。蛋白质是不能被植物和细菌直接利用的，其降解过程为：(1)蛋白质的水解，在蛋白酶的作用下生成肽，在肽酶的作用下生成氨基酸；(2)氨基酸的降解。

在污泥堆肥过程中，蛋白质在酶的作用下，分解成氨基酸，一部分作为细菌的营养，被用于微生物的生长，另一部分分解为小分子的有机物（如酰胺）和无机物。被分解的小分子物质施用于农田后，容易被土壤中的微生物分解转化为植物可吸收利用的硝酸盐类，从而被植物所利用。

6.2.2.4　污泥堆肥中脂肪的降解

污泥中的脂肪，主要是死亡的微生物体，以及生活污水和工业废水中的油脂。脂肪是比较稳定的有机物，所以在堆肥中，应将脂肪充分降解，以减少施肥后对土壤微生物的负担。由于脂肪是青霉、曲霉和乳霉等真菌的营养和能量来源，因此，为了消除施肥后大田中霉菌的繁殖，也应在堆肥中充分将脂肪降解。脂肪的分解过程是放热过程，它是污泥堆肥中主要的热源。在污泥堆肥过程中，脂肪在细菌的作用下发生降解，降解过程主要是脂肪的水解及甘油、脂肪酸在细菌细胞内的氧化。

6.2.2.5　污泥堆肥中多糖类物质的降解

污泥中的多糖类物质，主要来源于污泥中的淀粉、纤维素、半纤维素、几丁质、果胶质及木质素等，这些物质是由很多单细胞组成的复合糖。糖类物质是大多数细菌、微生物、动物和人类在生命活动过程中的主要能源和碳源。在污泥堆肥中，糖类的降解，一是给细菌和微生物提供营养；二是提供腐殖质。堆肥施用于农田后，其腐殖质可以改进土壤的耕作性质及结构。由于它的纤维状性质，使土壤具有易碎性和防止硬结成一团，增加土壤的孔隙度；由于与土壤胶体发生化学结合，产生一种新的更亲水的表面，增加了土壤的保水能力。

在污泥堆肥中，多糖类的降解主要是淀粉、纤维素和木质素的降解等。淀粉的降解产物是葡萄糖；纤维素降解的产物也是葡萄糖；而木质素却极难降解，污泥堆肥产生的腐殖质主要是由木质素构成的。

6.2.2.6　污泥堆肥中有机污染物的降解

应用活性污泥法对污水进行处理，其净化作用一般为两个阶段。阶段一：吸附阶段，对污废水中的有机物主要进行的是吸附作用，还同时进行吸收和氧化作用，但吸附作用为主。阶段二：氧化阶段，主要是继续分解氧化前阶段被吸附和吸收的有机物，同时也继续吸附前阶段未及吸附和吸收的残余物质，其中有许多物质对人体及微生物都有很强的不良影响。污泥堆肥过程，就是要把这些物质进行分解，使之无害化。而对于污染物的降解，也与前面所述的蛋白质、脂肪及糖类的降解相类似，都是由微生物通过酶的作用，将其由大分子分解为小分子，最终分解成对植物无害及可被植物吸收的成分的过程。

6.2.3 污泥及污泥堆肥农业利用的效果

6.2.3.1 污泥堆肥对土壤化学性质的影响

A pH 值和电导率的变化

将污泥堆肥施入酸性土壤后，土壤的 pH 值随着添加污泥堆肥的数量的增加，而呈轻微增加的趋势，这表明堆肥在酸性土壤中具有一定的缓冲能力，而随着污泥施用比例的增加，电导率呈明显增加的趋势，但所有处理仍低于抑制作物的限定值 4 dS/m，因此，不存在盐分毒害问题。而且在田间条件下，可溶性盐分也会由于混合耕作而被稀释并淋溶到底层。

B 对土壤化学成分的影响

污泥堆肥中含有丰富的营养物质，因而可以显著增加土壤的氮、磷等养分。有研究表明，施用一定量的污泥能明显提高土壤有机质含量和腐殖化程度，效果好于一般的猪粪、牛粪等有机肥。污泥有助于土壤物理性状的改善，这表现在施用污泥后土壤结构系数提高，容重下降。污泥能增加土壤的代谢强度，增加微生物总数和放线菌在微生物类群中的比例，对硝化菌和反硝化菌的增殖有一定的促进作用。污泥施用量与土壤 N、P 残留率呈显著正相关，施用污泥后，粮田速效磷积累程度明显低于菜地。土壤水溶态提取的 K、Ca、Mg、Na 和 DTPA 提取的 Cu、Zn、Cd、Ni、Mn 和 Pb 随着污泥施用量增大，均呈增加趋势。土壤溶液中较高的 Mg、K 和 Ca 表明，污泥堆肥对土壤重要营养元素的增加具有促进作用。但是，随着污泥施用量的增大，土壤 Na 的增加应引起重视，因其可以加速土壤的碱化。而 Cd 由于具有较大的毒性，并且易于移动而进入食物链进而危及人类，因而也是控制合适的污泥施用量的一个重要因素。

6.2.3.2 污泥堆肥利用的生物效应

A 施用污泥堆肥对作物产量的影响

很多的研究表明，施用污泥堆肥对作物有明显的增产效果。施用污泥堆肥的作物均明显增产。对青菜施用污泥堆肥的试验表明，与不施肥对照处理相比，总干重产量在各个施肥处理中均呈极显著变化。这主要是由于施用污泥堆肥可以明显改善土壤物理性质，并可以提供大量的营养物质，创造良好的根系生长环境。

B 施用污泥堆肥对植物中元素含量的影响

对黑麦草施用污泥堆肥的试验结果表明，施用污泥后，黑麦草地上部 N、P、Mg、K 和 Fe 的含量增加，Mn 含量减少，而 Ca 和重金属元素 Hg、Ni、Pb 和 As 的含量与对照差异不显著，Zn 和 Cu 的积累增多。但黑麦草中重金属元素的含量均低于普通植物元素的平均浓度。有研究报道，农作物施用污泥能引起青菜的 Zn、Cu 和 Cd 的污染，以及小麦、玉米的 Hg 和 Cd 的污染。但对谷子、玉米和白菜的研究显示，当污泥施用量达到 240 t/hm^2，植物的可食用部分中重金属元素的含量尚未超标。对牧草的研究结果表明，施用污泥后重金属元素没有对苜稽和无芒雀麦造成毒害。

6.3 污泥好氧堆肥的工艺控制参数

6.3.1 原料

选用什么样的原料进行堆肥，对堆肥的控制及产品的质量和肥效有非常大的影响。对于污泥来说,其成分与污、废水来源、废水处理的阶段有关,而工业废水的成分则与所生产的产品、工艺及有否污水处理设施有关,另外,污泥还有可能含有大量的重金属和其他不利于微生物生长的成分,应分别对待。因此,在研究污泥堆肥时,应尽量避免使用工业废水多的污水产生的污泥,而采用城市污水处理厂即生活污水比例大的污泥作为原料进行反应。对于生活污水来说,其成分变化不大,却与所使用的污水的处理方式、处理过程中的添加剂、污泥脱水时的絮凝剂、污水处理厂运转情况、周围居民生活水平以及是否有不明来源的地表水、地下水混入有直接关系。通常所采用的絮凝剂有无机类及有机类两大类,原料性质也与此有很大关系。

为了保证堆肥质量和控制堆肥过程的进行,一般都会添加辅助材料,如秸秆、稻壳、玉米芯、锯木屑等作为调理剂和膨胀剂,以起到提供碳源、增加孔隙度、调整反应物水分含量的作用。

6.3.2 水分

含水率对污泥堆肥的影响体现在:水量过多则占据气体交换的空间,阻碍气体传送,造成厌氧的环境,严重影响微生物的新陈代谢,并产生恶臭;水量过少也会影响微生物的活动,含水率低于12% ~15%时,微生物几乎停止活动。据研究,污泥含水率与微生物增长速率之间的关系与微生物生存需要的水分范围相符合。在堆肥过程中,随着时间的推移,温度逐渐升高,水分不断蒸发。水分的快速蒸发发生在前10天,之后随着污泥堆体温度的下降,水分蒸发速率也不断减慢。试验研究表明,污泥堆肥的水分质量分数上限为80%,下限为30%,最佳含水率为60%。在实际操作过程中,含水量大的污泥可通过加入吸湿性强的调理剂如木屑和稻草等来降低含水量,还可以采取掀开覆盖于堆体上的薄膜,增加翻堆频率,增大通气量来加快水分的散失。如果含水率超过80%,则只能通过添加有机物质,调整有机质含量及含水率。含水量过低的污泥则通过添加水分来调整其含水率。

含水率是好氧发酵需氧量的一个具有决定性的指标。反应物水分含量会对堆肥反应的发酵速度产生影响,水分过多或过少都有可能使反应停止。水分含量过多,会堵塞原料的空隙,造成供氧不足,容易发生局部厌氧反应,产生臭气,延缓反应的进行,使反应的时间加长,并影响产品的质量;水分过少,不足以满足微生物生长的基本条件,会影响微生物的生长,进而影响反应速度和产品质量,同时,如果含水率过低,还会使腐熟成品产生灰尘。可以说,含水率是与堆肥进程密切相关的指标。经验认为,含水率为原料总重量的50%时,反应速度最快。在污泥堆肥处理时,含水率一般调整为45% ~60%。

6.3.3 碳氮摩尔比

最适宜微生物生长的碳氮摩尔比为25:1,过低则氮易以 NH_3 的形式散佚,发出臭味,碳含量不足则会影响微生物正常生长,有机质的分解速率慢;过高则微生物因氮不足而使新陈代谢活动受阻,同样减慢有机物的分解速度。不同的物料配比对不同形态氮素转变的影响不是很大,但总的来说,碳氮摩尔比低,氮素损失较大。氮损失的重要途径是氮以 NH_3 的形式挥发。升温期和高温期是 NH_3 产生和挥发的高峰期,可以证明堆肥前期是控制氮素损失的关键时期。实际操作中,起始的碳氮比在25:1 ~30:1之间,若过低则需要加入高碳氮比的调理剂。理想的调理剂应该干燥、疏松,有利于提高碳的含量,同时有利于改善堆体的通气情况。据研究,木屑作为调理剂时,吸湿性强,可以较长时间吸附保留 NH_3,减少臭味,同时改善了堆体的通气状况,有利于微生物的生长,是理想的调理剂。在实际生产中,根据实际情况选择合适的调理剂。

对有机物进行分解的生物活力,受构成微生物体的必要的养分含量和种类影响。在所有养分中,构成细胞的物质是蛋白质,所以碳及氮是最重要的两种元素。有机物的分解速度随碳氮比的不同而不同。微生物体组成的碳氮比约为30,因此,理论上该值应为堆肥最适宜的碳氮比。在堆肥过程中,微生物是以碳作为能量,利用氮来形成细胞的。碳含量增大时,碳会随着反应的进行部分变成二氧化碳放散,而氮则仍然存在于反应体系中,因此,碳会随时间的经过而减小;反之,会因 NH_3 的放散,而使碳增大。一般,下水污泥的碳氮摩尔比为8~12。通常,碳和氮是以原料中总碳和总氮含量计算的,但是,由于微生物可摄取的养料必须是溶解于水的,因此,对于更严密的讨论,应只考虑溶解于水的碳氮比更为准确。

6.3.4 pH 值

pH 值对好氧堆肥有很大的影响,当 pH 值低于5.2或高于8.8时,堆肥无法进行,同时随着堆肥过程中 pH 值的变化,温度、耗氧量和质量也会随之变化。堆肥初期,污泥中的含氮化合物在微生物作用下氨化,产生大量氨气,不能及时散佚,使得堆体 pH 值升高;堆肥后期,氮的氨化挥发作用减弱,同时氨可以作为有机质而被利用,硝化作用增强,有机物分解产生有机酸, pH 值下降。在堆肥过程中,适于操作的 pH 值在5.2~8.8,最佳 pH 值在7.6~8.7。实际操作中,调节污泥的 pH 值可以通过如下方式进行:通过调整碳氮比可以控制氨的产生量和损失量,进而控制 pH 值处于合适的区间;进行成品回流或者添加辅料,防止局部厌氧和有机酸的过量产生而使 pH 值下降。但大多数情况下,污泥呈微弱碱性,适宜微生物的生长,堆肥过程中无需进行 pH 值调整。

反应的 pH 值不仅决定于原料的组成,在堆肥过程中也会随着反应的进行发生变化。由于堆肥反应是生物化学反应,因此 pH 值必须满足微生物的生长条件。有文献认为,可进行堆肥的 pH 值范围为3~12,堆肥反应的最佳 pH 值范围为7~9。很显然,在以微生物为主体的堆肥反应中,pH 值对于微生物的生长影响很大,甚至是限制因素,但文献中对于 pH 值的研究很少,原因是 pH 值不易控制,所以研究难度较大。一般在好氧堆肥反应条件下,pH 值在最初的阶段会一度下降至5甚至以下,之后会随着反应的进行而上升至9左右。为了使反应正常进行,通常在反应初始时将 pH 值调整至中性,一般采用添加辅材或中和剂来完成。

6.3.5 粒度

污泥堆肥化反应,是在固体表面附着的水分中发生的,因此,粒度越小的材料,比表面积越大,就越利于反应速度的进行。但是如果粒度太小,反应堆体堆积紧密,会影响空气的流通,而粒度太大,又会使氧气无法进入颗粒内部,而造成颗粒内部供氧不足,甚至局部厌氧。对于污水污泥来说,本身就属于粒度非常细密的材料,所以在污泥堆肥的过程中,应将污泥造粒或添加一些可增加其孔隙度的材料,如锯末、稻壳、秸秆等来增加堆体孔隙,保证供氧。但由于造粒会增加机械设备等,使运行费用增加,因此,一般均采用增加辅材来改善通气状况。

6.3.6 氧气浓度

污泥堆肥一般分为厌氧堆肥和好氧堆肥两种，而对于人工控制的污泥堆肥，均采用好氧连续或间断反应，通常通过鼓风机来供应空气。氧浓度的高低直接关系到反应过程的特性和反应速度，氧浓度高时，反应称好氧状态，反应速度快，反之，则情况正好相反。但是，供气量过大还会使反应堆的温度降低，反应中水分散失过快，从而影响反应速度。因此，必须将供风量控制在最佳状态，以保证反应的氧气、水分和温度的适宜。堆肥装置的强制通气流量根据发酵方式的不同而有所不同。

6.3.7 发酵温度

堆肥化过程始终伴随着温度的变化，一般认为在发酵开始阶段，是以嗜温菌为主的反应，其最适宜的生长温度是20～40℃；由于嗜温菌的作用，使反应的温度迅速上升，由嗜热菌取代其参与反应，嗜热菌的最适宜生长温度为45℃，使反应温度进一步上升为60～70℃。该温度上升的快慢与氧气的供应有关。大多数文献认为，60℃左右时反应速度最快，不仅可杀死有害微生物和杂草种子等，使病毒钝化，还可提高发酵速度、加速水分蒸发等，因此，一般的堆肥采用高温堆肥。但如果温度达到60～70℃时，进入孢子形成阶段，这个阶段对堆肥是不利的，因为孢子呈不活动状态，使分解速度相应变慢。因此，温度过低或过高都会影响反应的进行，所以，一般认为高温堆肥的最佳温度在55～60℃。

通常情况下，温度的控制一般是通过控制供风量实现的。在堆肥的最初3～5天，供风的主要目的是为了满足供氧，使微生物的反应顺利进行，以达到升温的目的，但当堆肥的温度升高到峰值后，供风量的调节主要是以控制温度为主。

6.3.8 重金属含量的控制

当污泥堆肥中的重金属含量超过标准时，长期施用于农田将对土壤造成污染，并会通过食物链对人体产生危害。一般来说，污泥堆肥中的重金属可分为(1)水溶态；(2)交换态，如$CaCl_2$、$MgCl_2$等；(3)有机结合态，如$Na_4P_2O_7$；(4)碳酸盐和硫化物结合态，如DPTA、EDTA；(5)残渣态，如HNO_3、HF等。前三种形态有很高的生物有效性，后两种则较低。污泥经过堆肥化处理后，重金属的形态变化较大。污泥的组成、堆肥化条件等对污泥中重金属的形态有显著影响。一般污泥经过堆肥化处理，水溶态重金属含量减小，交换态和有机结合态重金属的量增加，不同的重金属的残渣态的量变化不同。污泥经过堆肥化处理后，植物可利用形态的养分增加，重金属的生物有效性减小。

污泥中的重金属直接危害的是土壤中的微生物。一方面，有机质可以增加微生物的活性，另一方面，由于重金属的增加和有机毒素的增加，导致微生物量下降，改变种群中的微生物种类，并导致固氮能力下降。

污泥中的重金属向植物中转移的量受土壤性质、污泥性质、植物属性等各方面的影响。Schmidt对美国EPA关于土壤重金属植物毒性风险的评价方法进行分析后认为，该方法还应当考虑到具体投放地的土壤性质、植物组织、土壤和地下水的金属浓度限值，否则其评价结论并不可靠。McBride认为，美国EPA的有关作物重金属吸收系数(UC)评价对土壤和作物Cd的吸收系数可能有低估了50%的风险。

由于土壤的性质、利用方式均可能发生变化,并且重金属在土壤中具有很长的停留时间,所以对重金属在土壤中的长期行为加以观察、研究和预测很有必要。Werner 等人对经过 30 年施用污水污泥的土地进行研究,污泥的施用严格按照德国法律允许使用量和重金属浓度处理处置,发现土壤重金属浓度稍有增加,但并不显著。

我国为防止农用污泥对土壤、农作物、地面水、地下水产生污染,制定了农用污泥中污染物控制标准。农田施用污泥中污染物的最高容许含量应符合表 6-1 所示规定。

表 6-1 农用污泥中污染物控制标准值 mg/kg

项 目	最高容许含量	
	在酸性土壤上(pH <6.5)	在中性和碱性土壤上(pH≥6.5)
镉及其化合物(以 Cd 计)	5	20
汞及其化合物(以 Hg 计)	5	15
铅及其化合物(以 Pb 计)	300	1000
铬及其化合物(以 Cr 计)①	600	1000
砷及其化合物(以 As 计)	75	75
硼及其化合物(以水溶性 B 计)	150	150
矿物油	3000	3000
苯并[a]芘	3	3
铜及其化合物(以 Cu 计)②	250	500
锌及其化合物(以 Zn 计)②	500	1000
镍及其化合物(以 Ni 计)②	100	200

① 铬的控制标准使用于一般含六价铬极少的具有农用价值的各种污泥,不使用于含有大量六价铬的工业废渣或某些化工厂的沉积物;

② 暂作参考标准。

注:其他规定:施用符合本标准污泥时,一般每年每亩用量(以干污泥计)不超过 2000 kg。污泥中任何一项无机化合物含量接近于本标准时,连续在同一块土壤上施用,不得超过 20 年。含无机化合物较少的石油化工污泥,连续施用可超过 20 年。在隔年施用时,矿物油和苯并[a]芘的标准可适当放宽。

为了防止污泥对地下水的污染,在沙质土壤和地下水位较高的农田上不宜施用污泥;在饮水水源保护地带不得施用污泥。

生污泥须经高温堆腐或消化处理后才能施用于农田。污泥可在大田、园林和花卉地上施用,在蔬菜地带和当年放牧的草地上不宜施用。

在酸性土壤上施用污泥,除了必须遵循在酸性土壤上污泥的控制标准外,还应该同时年年施用石灰以中和土壤酸性。对于同时含有多种有害物质而含量都接近本标准值的污泥,施用时应酌情减少用量。

发现因施污泥而影响农作物的生长、发育或农产品超过卫生标准时,应该停止施用污泥和立即向有关部门报告,并采取积极措施加以解决。例如施石灰、过磷酸钙、有机肥等物质控制农作物对有害物质的吸收,进行深翻或用客土法进行土壤改良等。

6.3.9 持久性有机污染物的控制

目前对污泥中的有机污染物的研究比较薄弱。许多有机污染物具有生物放大效应,可以通过食物链的富集最终影响人体的安全健康，并有“三致”（致癌、致畸、致基因突变）作用，日益引起了人们的普遍关注。美国国家环保局列出的 129 种“优控污染物”中有 114 种是有机污染物。

城市污泥中主要的有机污染物的种类包括多环芳烃 PAHs、邻苯二甲酸酯 PEs、多氯代二苯并二恶英/呋喃 PCDD/PCDFs、多氯联苯 PCBs、氯苯 CBs、氯酚 CPs，以及其他有机污染物。我国部分城市污泥中有机污染物的含量如表 6-2 所示。

表 6-2 我国部分城市污泥中有机污染物的含量 mg/kg

污泥名称	氯苯类	硝基苯类	卤代烃类	邻苯二甲酸酯类	多环芳烃类	苯并[a]芘
广州污泥	0.510	1.126	0.103	18.007	33.071	0.650
佛山污泥	0.457	1.648	0.637	12.852	18.360	1.020
珠海污泥	0.051	0.389	0.111	35.340	78.410	6.578
深圳污泥	0.010	0.085	0.007	13.927	1.388	0.050
无锡污泥	0.770	4.489	0.222	23.448	15.698	0.024
北京污泥	1.187	7.687	0.359	114.234	33.636	5.047
兰州污泥	6.917	17.220	3.238	23.211	143.804	0.049
西安污泥	0.142	0.526	0.110	11.725	2.271	0.063
香港大铺污泥	1.105	1.991	0.129	29.750	5.155	0.007
香港沙田污泥	0.351	0.817	0.504	26.171	11.848	0.033
香港元朗污泥	0.671	0.721	0.311	22.758	9.676	0.476

国外城市污泥中，PAHs 的含量一般在 1 ~ 10 mg/kg，有些也达到几十甚至 100 mg/kg 以上，PEs 一般在 1 ~ 100 mg/kg 之间，美国和加拿大的 PEs 平均为 312.90 mg/kg 和 102.00 mg/kg；德国城市污泥中 PCDD 和 PCDFS 的平均含量分别为 44 μg/kg 和 3.6 μg/kg；英国的 PCBs 含量较低，为 0.16 mg/kg，德国的 PCBs 含量较高，为 4.1 mg/kg，近年来有逐渐下降的趋势；CBs 的含量一般是 0.1 ~ 50 mg/kg 之间，含量最高的主要是一氯代苯（MCB），二氯代苯（DCB）和六氯代苯（HXCB），CBs 的含量也呈逐年下降的趋势；CPs 的含量通常随着污泥中氯原子含量的增加而增加，英国和美国城市污泥中的 CPs 的含量通常为 9.8 ~ 60.5 mg/kg 和 1.143 ~ 1.284 mg/kg 之间。

对上海主要污水处理厂的污泥中的多环芳烃 PAHs（污泥土地利用时重点检测的有机污染物之一）监测时发现，以处理工业污水为主的污水处理厂污泥中的 PAHs 含量高，以处理生活污水为主的污水处理厂污泥中的 PAHs 含量低，其中菲、蒽、荧蒽和苯并[a]蒽占大部分。

目前，没有理想的办法和相应的标准来控制污泥中的有毒有机物。我国只是对苯并[a]芘有控制标准，国外对 PCBs、PCDD/PCDFs 等提出了一些限量建议。在堆肥过程中，微生物的活动可以降解一部分有毒有机物如硝基芳香烃、农药、多环芳烃等，但降解量有限。因此，采取源头控制，从根本上杜绝有毒有机物进入污泥才是最根本的解决方法。

6.4 污泥堆肥的重金属问题

6.4.1 污泥中的重金属污染及研究状况

6.4.1.1 污泥堆肥对重金属总量的影响

有研究表明，粉煤灰污泥联合堆肥，Cd、Cr、Pb、Ni、Cu、Mn 和 Zn 的总含量从 0 天，14 天，35 天到堆肥 100 天，均呈增加趋势，但不同重金属和不同堆肥处理重金属的增加幅度是不同的，尤其是 Cd、Cr、Cu、Mn 和 Zn。随着添加粉煤灰（FA）和改性粉煤灰（GA）数量的增加，重金属总量的增加呈明显的减少趋势，即添加的粉煤灰数量越大，则重金属积累数量减少越明显。这主要是由于粉煤灰和改性粉煤灰对污泥中重金属的稀释作用的原因。

6.4.1.2 污泥堆肥对重金属形态的影响

一般来说，$MgCl_2$ 浸提的重金属是对植物最有效的、活性最强的水溶性和交换态重金属。一些研究表明，经 $MgCl_2$ 浸提的重金属元素，如 Cd、Cr、Pb、Mn、Cu 和 Zn 等，其含量均表现出相同的规律性，即 $MgCl_2$ 浸提对照处理堆肥的重金属数量随着堆肥的进行呈显著的增加趋势，说明随着堆肥腐熟度的增加，$MgCl_2$ 浸提的重金属量增加，对植物的毒性将有增加趋势。而添加粉煤灰和改性粉煤灰后，由于稀释和钝化作用，Cd、Ni、Mn、Cu 和 Zn 的含量呈明显降低趋势，并且随着添加粉煤灰和改性粉煤灰数量的增加（由 10% 增加到 25%），稀释和钝化效果更为明显。

6.4.1.3 影响重金属生物有效性的研究

来自各种行业的废水及生活污水中含有大量的重金属，因此，污泥中也会相应的含有大量的重金属。重金属是否能给生态环境和人畜健康带来危害，关键是其生物有效性。关于重金属有效态的研究，目前最常用的方法是采用一定浓度的化学试剂进行提取，确定所提取的重金属含量与植物吸收量的相关性。提取方案有两种：一种是采用单一的提取剂的单独提取，这种方法与植物吸收的相关性较好；另一种是采用几种不同的试剂组成一种提取顺序，而每一种试剂对重金属的一种存在形态有效，不同提取试剂对同一个样品先后进行提取，称为顺序浸提法。

重金属的生物有效性与重金属的形态有密切关系。一般来说，污泥中重金属存在的形态可分为水溶态，交换态（$CaCl_2$、$MgCl_2$、KNO_3 等），有机结合态、碳酸盐和硫化物结合态及残渣态等。其中前三种形态的生物有效性较高，而后两种生物有效性较低。

重金属在土壤中的有效态含量除了与土壤重金属浓度有关外，还与土壤的理化性质、化学成分和重金属的形态组成有关。国内外的许多研究表明，金属离子的溶解度随 pH 值升高而降低，金属有机络合的稳定性随环境 pH 值升高而增强。有学者认为，土壤 pH 值对重金属的影响在于碳酸盐的形成和溶解。研究发现，有毒重金属可以与土壤有机质形成不溶性的有机络合物而被保持，不受淋溶，而且相对地说对植物无效，这样在某些环境条件下，有毒重金属离子的浓度可以通过络合而降低到无毒水平。

6.4.2 污泥中重金属活性的控制

治理污泥重金属污染的途径主要有两种：第一，改变重金属的存在形态，使其固定，降低其可移动性和可利用性；第二，从污泥中去除重金属。综合国内外控制污泥重金属污染的方法,具体的处理技术主要有以下几种。

6.4.2.1　利用污泥堆肥改变重金属的形态

污泥堆肥是污泥稳定化、无害化处理的重要方法。堆肥化实际是将要堆沤的污泥按一定比例混合,借助于混合的微生物群落,在潮湿的环境中对多种有机废物进行分解。污泥经过堆肥化处理后,其中重金属的形态也有较大变化。在污泥的堆肥化处理中,污泥的组成、堆肥化的条件等对污泥中重金属的形态有明显的影响。一般污泥经过堆肥化处理,水溶态重金属的量减少,交换态和有机结合态重金属的量总的来说有所增加,而残渣态重金属的量,不同的重金属变化不同,但比不同浸提剂所提取的其他形态重金属的总量大得多。污泥经过堆肥化处理后,植物可利用形态养分增加,重金属的生物有效性减小。

6.4.2.2　利用钝化剂钝化重金属

据研究,目前常用的污泥重金属钝化剂主要有以下三类:

(1) 磷酸肥料。姜华的研究表明,将磷矿粉作为重金属的钝化剂,在钝化重金属的同时,又可为土壤提供缓释磷肥。

(2) 石灰性物质。石灰性物质包括石灰、硅酸钙炉渣、粉煤灰等碱性物质。重金属的最大特性是易受 pH 值控制,提高污泥堆肥的 pH 值,使重金属生成硅铝酸盐、碳酸盐、氢氧化物沉淀。火力发电厂排放的粉煤灰中含有丰富的 CaO、MgO,pH 值能达到 12。粉煤灰和石灰一样能起到钝化污泥中的重金属并杀死病原菌的作用,利用粉煤灰更有着以废治废,变废为宝,充分利用资源的优势。

(3) 吸附能力大的斑脱土、膨润土、合成沸石等硅铝酸盐。研究表明,具有高阳离子交换量的合成沸石能降低重金属的生物可利用性。

6.4.2.3　化学滤取法和生物淋滤法

用化学滤取法和生物滤取法降低污泥中重金属的含量的研究方法,近年来比较受瞩目。经过厌氧消化后,污泥中的重金属主要是以难溶硫化物的形式存在。化学法就是先用硫酸、盐酸或硝酸将污泥的 pH 值调至 2,然后用 EDTA 等络合剂将其中的重金属分离出来。该方法的滤取率可达 70%,但由于投资大,操作困难并且需要大量的强酸和生石灰,难于应用到实际生产中来。通过研究发现,重金属在其难溶硫化物中的滤取可直接或间接地在细菌的新陈代谢中得以实现。所采用的菌种主要是:Thiobacillus ferrooxidans 和 Thiobacillus thiooxidans,这些菌种属化学自养菌,能在 Fe^{2+} 和还原态硫化物的介质中生存。通过细菌的作用,难溶金属硫化物被氧化为可溶的金属硫酸盐。虽然生物滤取的费用仅为化学法的 20%,但由于 Thiobacillus ferrooxidans 菌的存活介质的酸度必须在 pH = 4.5 以下,实际运行中,仍需要大量的强酸对污泥进行调整。

6.4.3　污泥堆肥中重金属残留解决方案

目前,污泥堆肥中重金属残留解决方案通常是利用钝化剂钝化污泥中重金属。姜华等将磷矿粉作为重金属钝化剂时发现,磷矿粉在钝化重金属的同时亦为土壤提供缓释磷肥。在污泥中加入石灰性物质,包括石灰、硅酸钙炉渣、粉煤灰等碱性物质,由于重金属易受 pH 值控制,生成硅铝酸盐、碳酸盐及氢氧化物沉淀。粉煤灰中富含 CaO 和 MgO,其 pH 值达到 12,具有钝化污泥中重金属并杀死病原菌作用。刘国新、苏德纯等探讨了粉煤灰加入比例和施用量;利用斑脱土、膨润土及合成沸石等硅铝酸盐吸附能力大的特性钝化重金属时,具有高阳离子交换量的合成沸石能降低重金属生物可利用性较大。

在实际生产及应用中,考虑重金属的处理效果同时考虑到作物的产量、钝化剂的原料的来源、价格及处理费用等问题,选择粉煤灰、磷矿粉作为钝化剂是切实可行的。

有研究表明,添加不同种钝化剂对污泥重金属的有效态有明显的影响。添加粉煤灰处理,对 Cu 元素的有效态重金属的钝化效果最好;添加粉煤灰和磷矿粉,对 Zn 元素的钝化效果最好;对于 Mn,钝化效果最好的磷矿粉和石灰,对于 Pb,钝化效果最好的是粉煤灰和磷矿粉;而对于 Cd,以粉煤灰和草炭的钝化效果最好。所以从对有效态重金属的钝化效果来看,粉煤灰、磷矿粉、草炭是三种有效的重金属钝化剂。

在实际生产及应用中,要综合考虑重金属的钝化效果、作物的产量、钝化剂的原料的来源、自然资源的保护、价格及处理费用等问题,因此选择粉煤灰、磷矿粉作为钝化剂是切实可行的。尤其是利用粉煤灰作为污泥堆肥的重金属钝化剂,既可以防止粉煤灰流入江河、湖泊,进入大气或存放场所造成的生态环境污染,又可以作为钝化剂降低污泥堆肥中重金属的生物有效性,达到以废治废的目的。

除了添加钝化剂之外,近年来较受瞩目的研究方向还包括利用化学滤取法和生物淋滤法降低污泥中重金属含量。污泥经过厌氧消化后,重金属主要以难溶硫化物形式存在。先用硫酸、盐酸或硝酸调 pH 值为 2,再用 EDTA 等络合剂将重金属分离出来。化学滤取法的滤取率可达96% 。但此种方法的投资大、操作困难,并且需要大量的强酸和生石灰,实际生产中难以应用。

利用化学自养菌的新陈代谢,可以直接或间接实现重金属从其难溶硫化物中滤取。此种方法所采用菌种主要为 Thiobacillus ferrooxidans 和 Thiobacillus thiooxidans,能在 Fe^{2+} 和还原态硫化物介质中生存。生物淋滤法费用仅为化学法的 20%,但由于化学自养菌需要 pH 值小于 4.15 的苛刻环境,故其实际运作中需加入大量强酸对污泥进行调整。

综上所述,最经济有效的方式为源头控制,将工业污水与生活污水分开收集处理处置,是最行之有效的方式。

7 污泥的蚯蚓生态处置技术

7.1 蚯蚓处理处置污泥的原理

蚯蚓是一种常见的陆生环节动物，一般生活在潮湿疏松的土壤中，昼伏夜出，以腐败有机物为食，连同泥土一同吞入，也摄食植物的茎叶等碎片，其每日的进食量及排遗量与其体重大致相等。蚯蚓身体褐色稍淡，呈圆筒形，由100多个体节组成，体长约100 mm，体重约0.5 g。前段稍尖，后端稍圆，在前端有一段分节不明显的环带。腹面颜色较浅，大多数体节中间有刚毛，在蚯蚓爬行时起固定支撑作用。蚯蚓躯体前后两端渐细，尾端稍钝。蚯蚓没有视觉或听觉器官，通过肌肉收缩向前移动，能感受光线及震动，具有避强光、趋弱光的特点。一些内脏器官(如排泄器官)贯穿于每一体节。在第11节体节后，各节背部背线处有背孔，有利于呼吸和保持身体湿润。第32～37节稍粗，无节间沟，颜色稍浅，在生殖季节能分泌黏稠物质，形成蚓茧，包裹排出的卵。

目前，人们越来越认识到蚯蚓在农业、林业、牧业生产上的重要性和对环境保护的特殊作用。据调查，我国每公顷土地内大约有蚯蚓15万～180万条。由于蚯蚓的掘地性和杂食性，每年每公顷土地内的蚯蚓排出的蚓粪就可以达到几十吨至几百吨。富含腐殖质的蚓粪是植物生长的极好肥料。蚯蚓的活动还可以改良土壤，加速分解土壤中的有机物，恢复和保持土壤的生态平衡。此外，蚯蚓在处理垃圾中的有机废物，降解环境中的污染物和为人类提供蛋白质新来源等方面都日益受到人们的重视。我国和世界上的许多国家，都在大力开展蚯蚓的利用和养殖事业。

7.1.1 蚯蚓的生理特性

蚯蚓的生活史是指蚯蚓在一生中所经历的生长发育及繁殖的全部过程，分为蚓茧形成、胚胎发育和胚后发育三个阶段。根据前人实验得知，赤子爱胜蚓在平均室温21℃情况下，蚓茧需24～28天孵化成幼蚓，幼蚓需30～45天变成成蚓，成蚓交配后5～10天产蚓茧。平均每条蚯蚓的世代间隔约在59～83天。

7.1.1.1 第一阶段：蚓茧形成

(1) 精子和卵细胞的形成：随着蚯蚓个体的生长，生殖腺逐渐发育，其内也逐步进行着生殖细胞的发生过程；之后排入贮精囊或卵囊内，进一步发育成精子或卵子。成熟的精子包括头、中段和尾三部分。全长72 μm，有的可长至80～86 μm(是人类精子长度的2倍)。蚯蚓的卵多为圆球形、椭圆形或梨形。陆栖蚯蚓的卵较水栖蚯蚓的卵小。赤子爱胜蚓卵的直径0.1 mm，由卵细胞膜、卵细胞质、卵细胞核以及最外面由卵本身分泌的卵黄膜薄层所构成。

(2) 蚯蚓的交配：蚯蚓是雌雄同体生物，但需异体受精，性成熟后通过交配，使配偶双方相互受精，即把卵子输导到对方的受精囊内暂时贮存。交配时两条蚯蚓前后倒置，腹面相贴，一条蚯蚓的环带区域正对着另一条蚯蚓的受精囊孔区域，环带区分泌黏液紧紧黏附着配偶,在两条蚯蚓的环带之间有两条细长黏液管将配偶相对应的体节束缚在一起。此时,雄孔排出的精液,沟内拱状肌肉有规律地收缩使其输送到自身的环带区,并进入对方的受精囊内。当相互受精完成后,两条蚯蚓从相反的方向各自后退,退出束缚蚓体的黏液管,直至配偶脱离接触。交配过程大约 2 ~ 3 h。野生蚯蚓交配多发生在初夏、秋季的肥堆中,人工养殖蚯蚓只要条件适宜,一年四季都可发生交配。这为我们用蚯蚓处置污泥的生产化提供了可行性。

(3) 排卵与受精:处在卵囊或体腔中的卵没有运动器,主要依靠卵漏斗、输卵管上纤毛的摆动,被动地经雌孔排出体外。雌孔一般在第一环带节腹面正中央,因此卵可以直接排入环带所形成的蚓茧内。雏蚓茧包含有一至多个卵,由于其后的体壁肌肉的收缩作用,雏蚓茧与体壁间有大量黏液起润滑作用,加上雏蚓茧外周与地表接触受阻,蚓体向后倒行,使得蚓体前端逐渐退出雏蚓茧。当受精囊孔途经雏蚓茧时,原来交配所贮存的异体精液就排入雏蚓茧内,完成受精过程。

(4) 蚓茧形成:蚯蚓茧形成的全过程包括环带开始分泌蚓茧膜和细长黏液管,排卵,雏蚓茧从蚓体最前端脱落,前后封口成蚓茧。蚓茧内除含有卵子外,还有精子及供胚胎发育用的蛋白液。

正蚓科蚯蚓一般产蚓茧于潮湿的土壤表层,遇干旱则产处较深。八毛枝蚓等多产于腐殖层中,赤子爱胜蚓多产于堆肥中。蚓茧大小与蚓体宽一般成正相关。不同的蚯蚓种属,蚓茧大小差别较大。赤子爱胜蚓一般长 3.8 ~ 5.0 mm、宽 2.5 ~ 3.2 mm。刚生产的蚓茧多为苍白色、淡黄色,随后逐渐变成黄色、淡绿色或淡棕色,最后可能变成暗褐或紫红色、橄榄绿色。蚓茧多为球形、椭圆形,有的呈袋状、花瓶状或纺锤状,少数为细长纤维状或管状。蚓茧的端部较突出,有的成簇状、茎状、圆锥状或伞状。不同种类蚯蚓,蚓茧含卵量也不尽相同,有的仅含一个卵,有的则含多个卵,如赤子爱胜蚓,一般含 3 ~ 7 个卵,但有的蚓茧仅 1 个,有的蚓茧含 20 甚至 60 个卵。而蚓茧的年生产量依种类、个体发育状况、气候、食物因子等也存在差异,野生蚯蚓蚓茧生产则呈现明显的季节性。处于干燥、高温等不利环境时,可能在短期内多生产些蚓茧;栖息于土壤表层的一些蚯蚓如爱胜蚓,其蚓茧生产量往往比穴居土壤深处的一些蚯蚓如环毛蚓的要多些。在人工饲养的良好条件下,蚯蚓可全年生产蚓茧。在 20 ~ 26℃适宜温度和水分条件下,每条蚯蚓每天可产 0.35 ~ 0.80 个蚓茧。因此用蚯蚓处置污泥的实际操作中,温度和水分的控制对项目的效果至关重要。

7.1.1.2 第二阶段:胚胎发育

蚯蚓的胚胎发育即蚓茧孵化,是指从受精卵开始分裂起,到发育为形态结构特征基本类似成年蚯蚓的幼蚓,并破茧而出的整个发育过程。这一过程包括卵裂、胚层发育、器官发生三个阶段。孵化所需时间及每个蚓茧孵出的幼蚓数,因蚯蚓种类、孵化时的温度、湿度等生态因素有一定差异。例如,赤子爱胜蚓每个蚓茧一般孵出幼蚓 1 ~ 7 条,孵化时间为 2 ~ 11 周。

7.1.1.3 第三阶段:胚后发育

从幼蚓由蚓茧中孵化出来,经生长发育到达性成熟并生殖,然后逐渐衰老以至死亡的过程即为蚯蚓的胚后发育。蚯蚓生长,一般指蚓体重量和体积的增加,而发育,则是指蚯蚓的构造和机能从简单到复杂的变化过程。两者既有区别,又密不可分。

蚯蚓的生长曲线一般呈"S"型。幼蚓在幼年生长时期，即达到性成熟前，体长、体重都急剧增加；达到性成熟时，环带出现，体重维持稳定，生殖能力很强；一旦环带消失，则进入衰老阶段，蚯蚓体重渐减。蚯蚓的胚后发育时间同样因种而异，如赤子爱胜蚓需55周，长异唇蚓需50周。在自然条件下，不同发育阶段的蚯蚓常处在同一环境中，其组成往往随季节而变化。秋末产的蚓茧在北方很多来不及孵化，故冬天蚓茧比例大，春天成蚓较多，到夏季因蚓茧孵化使幼蚓数量激增，到秋天幼蚓数量又逐渐减少，体重较大的成蚓数量渐增。

蚯蚓的寿命，随种类与生态环境的不同而有差别。在干旱贫瘠条件下，双胸蚓寿命仅为两个季度，而在良好的环境条件下寿命可达到两年多。环毛蚓为一年生蚯蚓，寿命多为7～8个月。在理想的环境条件下，蚯蚓潜在寿命要更长些，如赤子爱胜蚓寿命可能达到四年半，正蚓可达六年，而长异唇蚓甚至能达到十年三个月。

7.1.2　蚯蚓的活动规律

土壤是野生蚯蚓的食物来源，又是它栖息的场所。土壤包含着蚯蚓生活所必需的环境条件，各种生态因子对蚯蚓有着错综复杂的影响，经过长期的进化，蚯蚓也形成了特殊的活动规律。

7.1.2.1　蚯蚓的穴居生活

蚯蚓长期生活在土壤的洞穴里，它的身体形态结构与生活习性等方面已经对生活环境产生一定的适应。头部因穴居生活而退化，身体的前端有肉质突起的口前叶，在口前叶膨胀时能摄取食物，当缩细变尖时又能挤压泥土和挖掘洞穴。因终年的地下生活，并不依靠视觉来寻觅食物，所以在口前叶上不具有视觉功能的器官，而只有能感受光线强弱或具有视觉的一些细胞。

刚毛是蚯蚓的运动器官，刚毛能把身体支撑在洞穴里，或在地面上蜿蜒前进或后退。

蚯蚓的身体由许多个体节组成，在每个体节之间的背中央有一个小孔，叫背孔。背孔和身体内部相通，体腔液可以从背孔里射出来，利用这种液体湿润身体，以增加蚯蚓在土穴中的滑润，减少与粗糙砂土颗粒的摩擦，并能防止体表的干燥。同时，蚯蚓没有呼吸器官，主要是通过湿润的表皮来进行氧气与二氧化碳的气体交换的，因此，体表的湿润还与蚯蚓的呼吸密切相关。

蚯蚓的感觉器官也因为穴居生活而变得不发达，只有在皮肤上能感受触觉的小突起，在口腔内能辨别食物的感觉细胞，以及主要分布在身体前端和背面的感光细胞，这种感光细胞仅能用来辨别光线的强弱，并无视觉的功能。

7.1.2.2　蚯蚓的季节规律

A　蚯蚓活动的季节性变化

在温带和寒带，冬季低温干旱使蚯蚓进入冬眠状态，到次年春天，随着温度的回升和雨季的来临，蚯蚓苏醒开始活动。在牧场，各种蚯蚓每年4～5月及8～12月间最活跃，在草地，蚯蚓的最活跃期在秋季特别是10月。在北京，4月底即可看到环毛蚓结束冬眠开始活动，一直到11月初都是蚯蚓的活动时期。在热带，蚯蚓活动也局限在一定的季节，当土壤含水量降到7%以下时，蚯蚓就会出现休眠，例如在云南地区，蚯蚓多活动在5～10月的雨季。

蚯蚓的垂直分布随着一年四季的变化也在变化。促使蚯蚓移向更深的土层的因素是土壤表层的寒冷和干旱。在1～2月，土壤温度大约为0℃时，多数蚯蚓在7.5 cm土层以下；到了3月份，土温上升到5℃时，蚯蚓就会在10 cm深处活动，多数的绿色异唇蚓、背暗异唇蚓、红色爱胜蚓和长异唇蚓、夜异唇蚓、正蚓移至7.5 cm土层中，较大的蚯蚓则仍停留在较深的土壤中。6～10月，除新孵化出的幼蚓外，都开始到7.5 cm以下，11～12月，多数蚯蚓又开始到7.5 cm土层中。除正蚓外，其他蚯蚓在夏季和冬季都要休眠，它们都会停留在比7.5 cm更深的土层下。在夏季休眠的蚯蚓比冬季的更多，几乎所有的蚓茧都发现在15 cm顶端的土壤内，而且多数是在7.5 cm的顶部。

B 代谢和生殖的季节性变化

季节变化影响蚯蚓新陈代谢的强度。正蚓科蚯蚓在5～8月间，由于土壤温度和湿度不适宜，处于生长发育停滞状态；而在土壤温度和湿度比较适宜的秋季和春季，蚯蚓代谢活动旺盛，其活动达到高峰。

季节变化还显著影响着蚯蚓的生殖与生长发育。在人工养殖条件下，如果能够始终保持适宜的湿度，那么蚯蚓蚓茧的产量与土壤的温度呈正相关性。蚯蚓在温度低下的冬季生产蚓茧最少，在5～7月间产蚓茧量最大。试验表明，蚯蚓产蚓茧有一个温度阈值，低于这个阈值时所产蚓茧就会降为零。

C 种群密度的季节性变化

通过前人研究发现，蚯蚓的种群密度大小是随着季节而变化的。草地里蚯蚓种群的最大密度出现在8～10月的秋季，其中10月的蚯蚓种群密度最大，在冬天则种群密度最小。正蚓、红色爱胜蚓、背暗异唇蚓、夜异唇蚓也在秋季出现最大的种群密度，在冬季最小，到次年4～5月数量激增。

7.1.2.3 蚯蚓的其他生活规律

A 喜阴暗怕光

蚯蚓属夜行动物，白昼深居洞穴，夜间外出活动，一般夏秋季活动时间是晚上8点到次日凌晨4点左右，其采食和交配都是在黑暗中进行的。蚯蚓为负趋光性，不怕红光，趋向弱光，但逃避强烈的阳光、蓝光和紫外线的照射。阳光对蚯蚓的毒害作用，主要元凶是阳光中含有紫外线。阳光照射试验显示，阳光照射红色爱胜蚓15 min后66%死亡，20 min后则100%死亡。

B 喜潮湿怕水浸没

自然陆生蚯蚓一般喜居在潮湿、疏松而富含有机物的泥土中，特别是肥沃的庭园、菜园、耕地、沟、河、塘、渠道旁以及食堂附近的下水道边、垃圾堆、水缸下等处，这些地方有大量的蚯蚓所必需的食物来源。蚯蚓体内含水量为80%左右，要求饲料含水量为60%～80%（以用手握料指缝滴水），所以要求养殖床含水量在60%以上。蚯蚓尽管喜欢潮湿环境，甚至不少陆生蚯蚓能在完全被水浸没的环境中较长久地生存，但它们不会选择栖息于被水淹没的土壤中。养殖床若被水淹没，多数蚯蚓马上逃走，无法逃离的则表现出身体水肿状，生活力下降。

C 喜安静怕震动

蚯蚓喜欢安静的周边环境，不仅要求噪声低，而且不能震动频繁。生活在嘈杂工矿周围的蚯蚓多生长不良或逃逸；靠近桥梁、公路、飞机场附近的地方同样不宜建蚯蚓养殖场，因为受震动后，蚯蚓也会表现不安而逃逸，这一点在计划制定选址时需考虑。

D　喜温

蚯蚓尽管分布广泛，但仍喜欢比较高的温度。通常蚯蚓在5～30℃温度范围内活动，生长和繁殖最适宜的温度为20℃左右。温度在28～30℃时，蚯蚓能维持一定的生长，若温度在32℃以上时，蚯蚓停止生长；温度在10℃以下时，蚯蚓活动迟钝，温度在5℃以下时，则处于休眠状态，并有明显的萎缩现象；温度在40℃以上或0℃以下时，绝大部分蚯蚓死亡。

E　喜带甜酸味

蚯蚓是杂食性动物，它除了玻璃、塑胶、金属和橡胶不吃，其余如腐殖质、动物粪便、土壤细菌等以及这些物质的分解产物都吃。蚯蚓味觉灵敏，喜甜食和酸味，厌苦味，喜欢热化细软的饲料，对动物性食物尤为喜好。每月吃食量相当于自身重量，其中一半以粪便排出。

F　喜同代同居

蚯蚓具有母子两代不愿同居的习性。特别是在密度较高的情况下，子代大量繁殖，亲代就会搬离原住所。

G　怕闷气

蚯蚓生活需要良好的通气环境，以便补充氧气，排出二氧化碳。蚯蚓对氨、烟气等特别敏感，当氨超过17%时，就会引起蚯蚓黏液分泌增多，集群死亡。在温度较低时，人工养殖蚯蚓通常在室内生炉保温，其管道一定不能漏烟气，烟气中的二氧化硫、一氧化碳、甲烷等有害气体将致蚯蚓于死地。

H　怕农药

根据调查，使用农药尤其是剧毒农药的农田或果园，其蚯蚓数量减少。一般有机磷农药中的谷硫磷、二嗪农、杀螟松、马拉松、敌百虫等，在正常用量条件下，对蚯蚓没有明显的毒害作用，但有一些如氯丹、七氯、敌敌畏、甲基溴、氯化苦、西玛津、西维因、呋喃丹、涕灭威、硫酸铜、三九一一等对蚯蚓毒性很大。部分化肥，如硫酸铵、碳酸氢铵、硝酸钾、氨水等在一定浓度下，对蚯蚓也有很大的杀伤性；如蚯蚓会在接触4%氨水溶液几十秒至几分钟内全部死亡。而尿素浓度在1%以下时，不仅不毒害蚯蚓，而且可以作为促进蚯蚓生长发育的氮源。因此，养殖蚯蚓的农田应尽量多施有机肥或尿素。

I　怕酸碱

蚯蚓对酸性物质很敏感。强碱环境不适宜蚯蚓生活，对环毛蚓在pH值为1～12的溶液中进行忍耐能力测定，实验结果表明，在气温为20～24℃，水温为18～21℃情况下，pH值为1～3和12时，蚯蚓几分钟至十几分钟内便死亡。随着溶液酸碱度偏于中性，蚯蚓致死时间逐渐延长。不同种类的蚯蚓对环境酸碱度忍耐限度不同。八毛枝蚓、爱胜双胸蚓为耐酸品种，可在pH值为3.7～4.7之间生活。背暗异唇蚓、绿色异唇蚓、红色爱胜蚓则不耐酸，最适宜pH值为5.0～7.0。而人工养殖赤子爱胜蚓和红正蚓，最好把饲料调至偏弱酸性，这样有利于蛋白质等物质的消化。

7.2　蚯蚓处理处置污泥的工艺

蚯蚓是一种丰富的生物资源，它的各种价值正在不断地为人们所认识。蚯蚓的人工养殖除了可以利用蚓体作为动物蛋白饲料之外，还可用于处理处置多种有机废弃物，达到垃圾减量、净化环境、促进农业生产等多方面的目的。而某些水蚯蚓，如霍甫水丝蚓（Limnodrilus hoffmeisteri）、中华颤蚓（Tubifex sinicus）、尾鳃蚓（Brarichiuraap）等均可生活在缺氧环境的水体里,而且还可大量繁殖,净化被污染的水体。工业废弃物,如食品加工、酿造、造纸、木材加工以及纺织等产生的有机物浆、渣、污泥等都可用蚯蚓来处理。日本的造纸厂利用蚯蚓来处理纸浆污泥,不仅改善了环境,消除了污染,而且还获得了丰厚的经济效益。例如,一般年产 100 kt 纸的造纸厂,每年约有 45 kt 左右的废弃纸渣,如果用蚯蚓来处理,即可生产出 2 kt 左右的蚯蚓,15 kt 左右的蚓粪,这将是一笔可观的财富。用养殖蚯蚓的方法来处理处置污泥的效果非常明显,是一种公认的可持续发展途径,但我国的蚯蚓人工养殖仍处于起始阶段,目前的研究多集中在污泥碳氮比的调整、蚯蚓密度的选择、试验温度的控制、蚯蚓生长繁殖状况、蚯蚓生物反应器指数以及污泥减量效果等方面,在规模化和垃圾处理量方面还有一定的局限,有待进一步深入研究。

人工饲养蚯蚓的养殖方式有很多,一般可分为两大类,即室内养殖和室外养殖。室内养殖,按照养殖容器的不同,有箱养法、盆养法、筐养法;室外养殖,常见的有坑池养殖法、沟槽养殖法、肥堆养殖法、沼泽养殖法、垃圾消纳场养殖法、园林和农田养殖法、地面温室循环养殖法、半地下室养殖法、人防工事养殖法、塑料大棚养殖法、通气加温加湿养殖法等。用于处置污泥的蚯蚓主要采用能够大量处理污泥,并且方便定期加料的坑池式处置法和箱式处置法。

7.2.1 坑池式处置法

坑池式处置法是用坑养殖法或池养殖法来饲养蚯蚓,利用土坑、砖池等地方,用砖石砌成养殖池即可处置。坑池养殖法适于养殖环毛属、唇属、杜拉属蚯蚓以及赤子爱胜蚓。这几类蚯蚓,除赤子爱胜蚓要求较纯的有机物质之外,其他各属均需吞食大量的土壤。

7.2.1.1 建坑池

应选空气流通的露天场地作为坑床,养殖池的深度一般为 50 ~ 60 cm,坑池的一半在地下,一半高出地面。如果地下水位较高,可不挖池底,在地上用砖直接垒池。如果地势高而干燥,可向下挖 40 ~ 50 mm 深池,以利于保持池内的温度和湿度。长宽比和面积可根据实际地理情况、所需处理的污泥量和引入蚯蚓数量决定,长宽比较大的成为养殖坑,较小的称为养殖池。坑池内分层加入经过预处理的污泥,首先在底层加入 15 ~ 20 cm 厚的基料,上面铺一层 10 cm 厚的土,加入适量种蚯蚓(每 1 m^2 放 500 条小种蚓),土上再加一层 10 cm 厚的污泥,上面再覆盖 10 cm 厚的土。养殖品种可选择爱胜蚓属和青蚯蚓。青蚯蚓要求保持土壤湿度 30% 左右。

7.2.1.2 备料

蚯蚓常用的饲料有垃圾、牛粪、猪粪、羊粪、鸡粪、豆腐渣及杂草、树叶、木屑等。而污泥中,用蚯蚓处置污泥,则需将污泥经过预处理,调节碳氮比,调节 pH 值,以达到作为蚯蚓饲料的各项标准再投入养殖池。

7.2.1.3 引种

选择优良的蚯蚓品种,良种蚯蚓的繁殖率明显强于普通蚯蚓,平均每条良种蚯蚓可以每天繁殖一条,且比普通蚯蚓的生命力强,可以显著提高污泥处理的效率。可选择的蚯蚓品种有大平二号、北星二号、湖北环毛月及爱胜赤子月等。

7.2.1.4 蚯蚓密度控制

坑池式养殖的最佳密度为 2.8 ~ 3.1 kg/m^2 或 2×10^4 条/m^2。初次投种时,幼蚓养殖密度可稍大,后期幼蚓至成蚓养殖密度逐渐降至 2×10^4 条/m^2 左右。此时蚯蚓的繁殖力强,产量高,且处理污泥的能力强。

7.2.1.5　添加污泥

当发现表面蚯蚓变黑变细时,要添加饲料,添加的频率和添加量根据实际情况定。蚯蚓喜湿怕干,坑床要保持潮湿而又不积水。

7.2.1.6　清粪

蚯蚓粪要及时清除,否则影响蚯蚓生长。在坑池的一侧,即蚯蚓粪和旧饲料堆旁堆上新饲料。蚯蚓嗅觉灵敏,48 h 后会全部爬到新饲料中去,这时就可以清理出粪卵混合物。清理出的混合物堆集到新的坑池中,盖上湿稻草,遮光保温,通常 20 天左右又可孵出幼蚓。

7.2.1.7　采收

蚯蚓繁殖非常快,且有祖孙不同堂的习性,如不及时采收成年蚯蚓就会外逃,大小混养还会造成近亲交配,使种群退化。所以当成蚓长大,幼蚓已大量孵出时,应及时采收,不能延误,否则将带来多方面影响。

7.2.2　箱式处置法

箱式处置法可用箱、筐、盆、罐、桶等进行蚯蚓养殖,但不能用曾经装过农药、化学物质的箱、筐等容器饲养,也不能用含有芳香性树脂和鞣酸的木料来加工养殖箱具,因这些材料会导致蚯蚓的逃逸或死亡。

7.2.2.1　处置箱准备

可利用包装箱、纸箱、塑料箱、柳条筐、竹筐等养殖,箱、筐的大小和形状,以易于搬动和便于管理为宜,一般箱、筐的面积以不超过 1 m^2。养殖箱的规格常见的有以下几种:60 cm × 50 cm × 20 cm,60 cm × 40 cm × 20 cm,60 cm × 30 cm × 20 cm,60 cm × 30 cm × 25 cm, 50 cm × 35 cm × 15 cm,45 cm × 25 cm × 30 cm,40 cm × 35 cm × 30 cm 等。为便于搬运,可在箱两侧安装拉手把柄。养殖箱的底部和侧面均应有排水通气孔,孔径在为 0.6 ~ 1.5mm,箱孔总面积一般可占箱壁面积的 20% ~35%。排水通气孔可控制箱内温度,部分蚓粪也会从箱孔慢慢漏落,便于蚓粪与蚯蚓的分离。

7.2.2.2　立体养殖

将相同规格的处置箱堆叠,形成立体式养殖,可以减少场地面积、增加养殖数量、增强污泥的处理能力。如需进行大规模集约化处置,可以采用室内多层式饲育床,以充分利用有限的空间和场地,便于管理,持续操作。多层式饲育床可用砖、水泥板等材料建筑垒砌,也可用钢筋、角铁焊接或用竹、木搭建,养殖箱则放在饲育床上。一般安放四五层为宜,层数过多不便于操作管理,层数太少则效率低下不经济。在两排床架之间应留出通道便于工作人员日常操作管理。

7.2.2.3　污泥控制

箱内的污泥厚度要适当,污泥比例过高易使通气不良;污泥量过少,又易失去水分或造成蚯蚓营养不良,从而影响蚯蚓的生长繁殖和污泥处置效果。污泥量可以根据不同季节和温度湿度来调整,在冬季,饲料的厚度要适当增厚。不过为减少箱内饲料水分的蒸发,保持其一定的湿度,除可喷洒水外,还可在污泥表面覆盖塑料薄膜、废纸板或稻草、破麻袋等物。

7.2.2.4 蚯蚓密度控制

箱式处置法控制蚯蚓的密度，一般控制在单层4000～9000条/m^2，过密则影响蚯蚓取食、活动以及生长繁殖，过稀则处置效果不佳。当蚯蚓逐渐长大后，应减少箱内蚯蚓的密度。例如使用60 cm×40 cm×20 cm的处置箱养殖，每个箱内投放赤子爱胜蚓(太平二号或北星二号)2000条左右即可。在温度20℃，保证湿度在75%～80%和充足的污泥，经过5个月的养殖，即可增至18000条左右。

7.2.2.5 温度

室内应备有温、湿度表，冬季室外温度降至－1℃时，应注意及时采取加温和保温措施，使室内温度保持在18℃以上，为防止蚯蚓冻死，可利用太阳能、附近工厂和热电厂等蒸气余热或各种加温设施。

7.2.2.6 通气

在放置饲育床的室内应设置通气洞，以保证空气流通，有利于蚯蚓的生长繁殖。冬季应保证室内温度稳定，每天打开通气洞2～3次，使其保持空气流通和新鲜。夏季炎热，气温升高时，可经常用喷雾器喷洒冷水保湿降温，并且通气洞应全部打开通风。在箱式立体养殖时，应注意箱间上下、左右的距离，以利于空气的流通。

7.2.2.7 夜间照明

若养殖蚯蚓的处置箱放置在室内，必须安装照明设施，夜间照明可防止蚯蚓逃逸。

有关实验表明，采用立体箱式法养殖蚯蚓，其4个月增殖率为平地养殖的100倍以上，并且从产蚓茧到成蚓所需的时间大大缩短，饲料粪化的时间也大大缩短，箱内水分和温度保持相对稳定。饲料的堆积状态在两个月后，堆积深度仅为8cm，较均匀，管理和添加饲料以及处理粪土也十分方便。立体箱式处置法在饲养蚯蚓方面具有诸多优点，例如占地面积小，充分利用空间，节约劳动力，生产效率较高等，是目前常采用的方法之一。但由于用作饲料的污泥呈半固体状态和具有恶臭气味等特殊性质，初次准备处置箱时工作量较大，后期污泥饲料的添加比添加普通饲料繁琐一些；因此，箱式处置法仅适用于经过预处理后性质良好，且产量不特别大的污泥。

7.2.3 蚯蚓生物滤池

蚯蚓生物滤池是在传统污水生物反应器中引入蚯蚓等物种，延长和扩展反应器中原有食物链，通过微生物和蚯蚓的协同共生作用，可同步实现污泥的减量化与稳定化。该工艺利用蚯蚓在滤床中分解利用污水和污泥中的有机物和营养物质，清通滤床堵塞物，并且促进含氮物质的硝化与反硝化作用，同时完成物理过滤、吸附、好氧分解和污泥处理等工序。蚯蚓生物滤池通过微生物和蚯蚓的协同作用实现污泥的减量化，污泥减量率可达38%～49%。不同成分的污泥在不同的蚯蚓作用下，在减量化方面有一定差异，系统污泥减量化的总体效果与蚯蚓对污泥的消减效率成正相关。周东兴等的试验表明，在蚯蚓处理城市污泥的过程中，有机质、全氮的含量表现出下降趋势，速效磷、交换态钾和硝态氮的含量增加，重金属的全量减少，其中Mn、Zn和Cr的浓度分别降低了30%～40%、18%～27%和19%～22%，可移动态的铜浓度降低38%～62%，可移动态的Mn、Zn、Ni、Pb、Cr、Co和Cd降低了17%～44%；经过蚯蚓处理的城市污泥中，主要微生物群的微生物学活性多倍地增长，其中真菌数量增加超过10倍。

利用蚯蚓生物滤池处理剩余污泥,先使待处理污泥脱水,控制 SS 含量在 1000 mg/L 左右。蚯蚓生物滤池可按照以下方式建立:在滤池内上层和下层分别填装粒径 10 ~13 mm 和 6 ~9 mm 滤料,可选择陶粒,也可用石英砂。将赤子爱胜蚓均匀接种在陶粒中,滤池的底板开设分布均匀的孔洞,污泥从滤池顶端的布水器流经驯化成功的陶粒间的蚯蚓,在蚯蚓自身丰富的蛋白酶等酶系统作用下,将污泥有机质分解成自身和其他微生物的营养物质,从滤池底的孔洞流入沉淀池,收集脱水后得到的与蚓粪共存的、肥效强的土壤改良剂。蚯蚓生物滤池工艺简单、管理方便、无二次污染、造价和运行费用低廉、污泥减量化稳定化效果好,可广泛用于污水处理厂污泥的处理。

蚯蚓对生物滤池的特殊环境有很强的适应性。蚯蚓对生物滤池生物膜污泥具有较好的适口性,相对于一般蚯蚓饲料(腐熟牛粪),生物膜污泥的有机质与有机碳质量分数、碳氮质量比较低,总氮和总磷等营养元素质量分数高。同济大学陆志波等人的试验结果表明,蚯蚓在生物膜污泥中比在腐熟牛粪中增长快,且个体大,牛粪和生物膜污泥中蚯蚓的日增重平均值范围分别达到 0. 0038 ~0. 0239 倍和 0. 0251 ~0. 0391 倍。

温度是影响蚯蚓呼吸率的重要因素,当食料充足时,25℃条件下蚯蚓的呼吸率高于 15℃条件下的呼吸率,温度低于 5℃或者过高(35℃)蚯蚓都不能正常呼吸。蚯蚓在 25℃条件下比 15℃条件下增长快,但差异不显著,5℃条件下 70% 的蚯蚓死亡,35℃条件下所有蚯蚓发生逃逸。温度也是影响滤池中蚯蚓消减污泥效率的重要因素,系统温度在 23 ~28℃时,蚯蚓消减污泥的效率达到最高值,系统污泥减量化效果最佳。因此,在实际操作中,蚯蚓生物滤池运行温度控制在 15 ~25℃,含水质量分数控制在 12% ~18% 。

滤料既是蚯蚓和微生物生长的载体,又是过滤的主体,因此,选择合适的滤料对保证滤池中蚯蚓的正常生长,蚯蚓消减污泥效率,乃至整个蚯蚓生物滤池的稳定运行都具有重要的意义。在以石英砂为介质的生物膜污泥中,含水质量分数 15% 左右,温度 20℃左右为蚯蚓的理想生存条件。陶粒滤料与石英砂滤料相比,其中的蚯蚓消减污泥的效率更高,污泥减量化效果更好;这可能是因为陶粒滤床具有高溶解氧、高透气性、易疏通、对蚯蚓体壁损伤程度小等优点,更适合蚯蚓的生长。由于滤料的孔隙率一直维持在较高的水平,基本实现了滤池的免冲洗,这为蚯蚓生物滤池的推广应用提供了可能。

过高的水力负荷使水流对蚯蚓的冲击作用增强,会影响到蚯蚓的正常生命活动及其消减污泥的效率,因此,水力负荷过大不利于蚯蚓生物滤池的污泥减量化作用,应注意实际操作中水流的控制。

7. 3 蚯蚓处置污泥的操作方法

7. 3. 1 处置前的准备工作

7. 3. 1. 1 养殖计划的制订

种蚯蚓的驯化与饲喂需要在室内进行,而污泥处置养殖场可选择在室外。根据实际需处置的污泥量和产生污泥的速度,计算养殖面积和引种量。选择合适的处置场地,需考虑所选场地与产生污泥的工厂距离不能太远,这样可以节省运输成本,同时,蚯蚓喜欢安静无震动的环境,因此,也不能离工厂太近,另外,处置污泥时会散发恶劣的气味,必须远离居民。

7. 3. 1. 2 饲料的准备

虽然蚯蚓对饲料的要求比较粗放,但大规模养殖时,污泥必须经过制备处理。污泥饲料的预处理主要是控制水分、调节 pH 值、监控有毒有害物质等,污泥饲料中有机物必须充分发酵腐熟,使之具有细、软、烂,营养丰富,易于消化,适口性好等特点。如果投放未经发酵腐熟的饲料来养殖蚯蚓,蚯蚓不但拒食,而且未经发酵的饲料会因时间的推移而发酵,由此而产生高温并释放出大量有害的气体,如氨气、甲烷等,会引起蚯蚓大量死亡。

7.3.1.3 *种蚯蚓的投放和管理*

选择信誉良好、质量可靠的科研单位或大型养殖厂购买种蚯蚓,了解供种单位和种蚓质量。供种单位要有成熟的高产养殖技术,提供优质的售后服务;品种不能退化,必须经过提纯复壮;包装容器能经得起长途运输等。

如果引进的是蚓茧,先在箱底铺一层 2 cm 厚的软草,再铺 5 cm 厚的经过预处理的污泥饲料,放一层蚓茧,再放 5 cm 厚的污泥,再放一层蚓茧,重复三四次,加入少量营养液(0.5 kg 米加 4 L 水煮成稀饭,加红砂糖 0.5 kg,冷却后加水 5 kg,分为 30 等份),最上层盖上草,保持箱内温度 27℃左右,9 ~ 15 天即可孵出幼蚓,一般一只 60 cm × 40 cm × 20 cm 箱内总共投放蚓茧 500 ~ 1000 粒。投茧后 20 天左右大部分蚓茧孵出,此时每只驯化箱中有几万条幼蚓;再过 10 天后即可分箱降低密度,此时即完成初次驯化,可以随后开始污泥的处置。一般做法是在孵出第 15 天,一个培养箱内的蚯蚓分成三箱来处置污泥,同时降低密度养殖,每 10 ~ 15 天 添加一次污泥。在 23℃室温下一般孵出的幼蚓约 40 天即性成熟,准备产卵茧。

如果引进的是成蚓或幼蚓,在每只 60 cm × 40 cm × 20 cm 的箱内放 3000 条左右。逐层铺上 10 cm 的经过预处理的污泥饲料,放入种蚓或幼蚓,浇营养液或稀释的酒糟,再盖上 10 cm 的污泥饲料,再浇一层营养液。冬春季节必须给保持驯化箱保温,需在最底层铺一层 3 cm 的腐烂草,在最上面盖一层 2 cm 的软草。驯化箱内放养种蚓后,保持料温 20 ~ 27℃,每 5 天浇一次营养液,一般过 3 ~ 5 天开始产卵茧。20 天后把种蚓与卵茧完全分开,种蚓添加新饲料继续让其产卵。把多箱的卵茧充分搅拌均匀,再分装到新的养殖箱内,孵出后再把污泥饲料添在饲料表面。

养殖蚯蚓处置污泥首先应扩大种蚓群,若计划 100 m^2 处置面积,首先要达到 20 m^2 种蚓养殖面积,这 20 m^2 种蚓专门为生产池提供蚓茧或幼蚓,满足生产池需要。如果用坑池式养殖法,在种群扩大后即可开始在生产场养殖,从坑池的一侧开始,随着蚯蚓的繁殖不断扩充面积,并增加污泥处理量,逐渐扩大规模。

7.3.2 污泥预处理

污泥的成分复杂,其中有机质、N、P、K 含量丰富,Ca、Mg、Fe 等许多动植物所必需的微量元素含量较高,可以缓慢释放,具有长效性;此外,还有许多重金属,如 Zn、Cu、Cd、Cr、Pb、Ni、Hg、As、Sn 等,有机有害成分以及病原菌。污泥碳氮比(摩尔比)较低(一般低于 10),pH 值为中性或偏酸性,其养分含量高于一般的禽畜粪便。

7.3.2.1 *污泥的脱水*

污泥的脱水是指将流态的原生、浓缩或消化污泥脱除水分,转化为半固态或固态泥块的一种污泥处理方法。经过脱水后,污泥含水率可降低到 55% ~ 80%,由于不同的污泥和沉渣的性质以及不同的脱水设备的效能,污泥脱水效果不同。污泥的进一步脱水则称污泥干化,干化后污泥的含水率低于 10%。脱水的方法,主要有自然干化法、机械脱水法和造粒法。自然干化法和机械脱水法适用于污水污泥,造粒法适用于混凝沉淀的污泥。由于蚯蚓喜欢潮湿的环境,用于饲养蚯蚓的污泥脱水率要求不是很高,一般含水率控制在60%～75%即可,蚯蚓生长环境的含水率可通过其他方法和其他添加物来调节。

机械脱水设备主要有:带式压滤脱水机、离心式脱水机、板框式压滤脱水机和叠螺污泥脱水机。带式压滤脱水机因其具有受污泥负荷的波动影响较小,出泥含水率较低,能耗少,工作稳定,管理控制相对简单,对运行人员的素质要求不高等特点,国内新建的污水处理厂大多采用带式压滤脱水机。卧式离心脱水机在全封闭的环境中进行操作,脱水机周围没有任何污泥及污水存在,也没有恶臭气味,但国内生产厂家较少,大多需要依靠国外进口。其缺点是噪声大,物料浓度的变化需及时调节转速与速差,操作不当是会出现出泥口堵塞,反冲洗时有使出泥重新浆化的可能,离心脱水机受污泥负荷的波动影响较大,对运行人员的素质要求较高,因此,一般污水处理厂均不采用离心脱水工艺。板框式压滤机与其他类型脱水机相比,泥饼含固率最高,可达35%,如果从减少污泥堆置占地因素考虑,板框式压滤机应该是首选方案,但其最大的缺点是占地面积较大。叠螺污泥脱水机是近几年才在国内出现的一种新型脱水设备,其优势主要在于不易堵塞、节水省电、小型设计、经久耐用;其缺点是价格偏贵,处理量小。但因其设备进入国内市场比较晚,所以现在市场的占有率非常少。

7.3.2.2　调节 pH 值

蚯蚓一般在弱酸弱碱或中性的环境中生存,蚓床的酸碱度过高或过低都会危害蚯蚓生长,以 pH 值 6～7.5 为宜。因此,用于饲喂蚯蚓的污泥必须经过调节,控制在适当的 pH 值范围内才能作为饲料投入。当污泥 pH 值小于6时,可添加澄清的生石灰水。当污泥 pH 值为7～9时,可用饲料重量0.01%～0.5%的磷酸二氢铵调节,浓度过高会导致蚯蚓产茧率急剧下降。当 pH 值超过9时,可用醋酸或柠檬酸作为缓冲剂,添加量为饲料重量的0.01%～1%,可使 pH 值调至6～7,添加量过大会导致蚯蚓产茧率急剧下降。

7.3.2.3　重金属等有害物质控制

污泥来源于各种工业和生活污水,不可避免地含有一些对环境和生物有害的物质。其中的重金属由于具有难迁移、易富集、危害大等特点,一直是限制污泥利用的最主要因素。国内外研究均表明,蚯蚓对农药和重金属的积聚能力强,例如对 BHC(即六六六)、DDT(即二二三)、PCB(即多氯联二苯)等农药的积聚能力比外界大10倍,对重金属 Cd、Pb、Hg 等的积聚能力比土壤大2.5～7.2倍,对 Cu 的富集系数为土壤的2.4～51.2倍。蚯蚓具有富集 Cu、Zn、Cr、Cd、Hg、Se 等重金属的能力,对各元素的富集系数值排序为:Cd > Hg > As > Zn > Cu > Pb,有些蚯蚓组织含 Cu 量相当于体重的0.14%。

污泥中重金属主要以金属氧化物、氢氧化物、硅酸盐和不溶性盐等无机沉淀物和有机络合物形态存在,其次为硫化物(在厌氧消化污泥中重金属硫化物占70%),以自由离子形态存在的比例很少。在厌氧污泥中,有机质和硫化物是重金属最重要的载体,80%以上的 Cu、Rb、Zn 和60%以上的 Cd、Cr 以有机络合物和硫化物的形式存在。而不同的重金属元素以及同一元素在不同类型的污泥中,其主要存在形式是不同的。重金属对生物体具有一定的毒性,不同种蚯蚓对重金属污染程度的忍受力不同。蚯蚓体内重金属生物积累对蚯蚓胃肠道黏膜上皮细胞超微结构的毒害作用,致使蚯蚓胃肠道黏膜上皮细胞发生不同程度的病理性变化。重金属污染对蚯蚓的急性毒性效应研究表明,Cu、Pb 浓度与蚯蚓死亡率显著相关,Cu 浓度与蚯蚓的生长抑制相关,其他供试重金属浓度与蚯蚓死亡率和生长抑制率相关性不显著。复合污染有极强的协同效应,蚯蚓对重金属复合污染的毒性响应远比在单一污染条件下敏感。在污泥制备饲料前，必须对其中各种重金属含量进行检测，严重超标的必须先经过化学方法减量，避免污泥中过量的重金属导致蚯蚓生长不良或死亡。

7.3.2.4 饲料的制备与投喂

白春节等人用新鲜污泥、新鲜块状污泥、发臭后污泥、发臭后块状污泥和发酵后污泥分别饲喂蚯蚓，实验结果表明，以上各种污泥均可直接饲养蚯蚓，且蚯蚓在新鲜污泥中的生长情况与在发酵后污泥中的生长大致相同。发臭后污泥处理的蚯蚓入床速度比新鲜污泥和发酵污泥慢，可能是污泥堆放腐烂后带有臭气，影响了蚯蚓的入床速度。因此，经过脱水、调节pH值和控制有害物质处理的合格污泥，无需造粒等特别处理，无论其外观形态和存放时间都可以用来直接作为蚯蚓饲料。

饲料的投喂一般采用两种方式，上投法和侧喂法。上投法就是把饲料盖在原有已被吃光的饲料上，每10～15天进行一次。侧喂法就是取出部分吃完的饲料，把新的污泥饲料添加在一边，下一次则添加在另一边。不同形态的污泥需要使用不同的投放方式，新鲜剩余污泥有机质含量高且异味少，有利于蚯蚓生存和生长，两种投喂方式都可以采用。块状的污泥通气性好，适宜上投；自然堆放发臭的污泥或者密实的污泥则最好采用侧喂法。

7.3.3 日常管理

7.3.3.1 温度的调控

蚯蚓属于变温动物，体温随着外界环境温度的变化而变化。外界温度直接影响蚯蚓的体温及其活动，甚至影响到它们的新陈代谢以及生长繁殖。通常蚯蚓在5～30℃温度范围内活动，生长和繁殖最适宜的温度为20℃左右。温度在28～30℃时，蚯蚓能维持一定的生长，若温度在32℃以上时，蚯蚓停止生长；温度在10℃以下时，蚯蚓活动迟钝，温度在5℃以下时则处于休眠状态，并有明显的萎缩现象；温度在40℃以上或0℃以下时，绝大部分蚯蚓死亡。蚯蚓生长最好且喜爱选择的温度不一定是它们生长最快或最活跃时的温度。以日平均温度为25℃为例，蚓茧的有效积温为235℃，幼蚓至成熟产卵茧的有效积温为840℃，蚯蚓要完成一个世代其有效积温为1075℃。

但不同种类的蚯蚓生长发育所需的适宜温度、致死温度不尽相同。例如环毛蚓的最高致死的温度为37～37.75℃，背暗异唇蚓、红色爱胜蚓和日本杜拉蚓的最高致死温度分别为39.75～40.75℃、37～39℃和39～41℃，而赤子爱胜蚓、威廉环毛蚓和天锡杜拉蚓的最高致死温度均为39～40℃。不同种类的蚯蚓或处于不同生长发育阶段的同一种蚯蚓，对温度的适应有较大的差异。当冬季来临，温度降为0～5℃时，蚯蚓进入冬眠状态，此时其抗寒能力最强，在野外冻土层中可以发现大量的红色爱胜蚓。当温度回升到15℃时，处于休眠状态的蚯蚓经8～9 h即可自然复苏。不同的温度对蚯蚓繁殖的影响也很大，在适宜温度范围内，当温度下降时其蚓茧数量减少，当温度升高时其产卵茧率上升。当温度超过25℃时，赤子爱胜蚓的产卵茧率明显下降，当温度下降到8℃以下时停止产卵茧。温度的高低也会影响到蚯蚓产卵茧的时间和卵茧孵化所需的时间长短，例如叶绿异唇蚓的蚓茧在20℃时孵化需要36天，15℃时孵化需49天，在10℃孵化需112天。温度对蚯蚓从孵化到性成熟生长的时间有决定性的作用，例如赤子爱胜蚓在18℃时经过9.5周可达性成熟，而在28℃时只需6.5周时间即达性成熟；叶绿异唇蚓在温度较低的地下室内达性成熟需要29～42周时间，在15℃时17～19周达性成熟，在18℃时只需13周。

温度影响着蚯蚓的新陈代谢活动和生长繁殖，也必定影响处理处置污泥的效果。因此，为了确保蚯蚓正常生理活动，在夏季高温时必须采取降温措施，可以向养殖床洒水降温，保持通风流畅，并加以遮盖；冬季气温逐渐降低时，就必须考虑采取加温、保温的措施。在自然条件下生长的蚯蚓在冬季到来前要经历一个准备阶段，他们的生理活动逐渐减弱，生长发育和繁殖暂时停止，体内开始积累大量的脂肪和糖类营养物质，以度过外界条件不良的时期。但在人工饲养环境下，为了保证处理处置污泥的速度不受影响，必须把蚯蚓的冬眠打破，在冬季采取室内加温，如利用太阳热能、工厂锅炉热电转移或者其他燃料来保温，这样就可以大大提高蚯蚓的处理处置效率。只要是在外界条件适宜的情况下，蚯蚓一年四季均能产卵、繁殖、生长。

7.3.3.2 湿度的控制

湿度和蚯蚓的生长发育、繁殖和新陈代谢有着极其密切的关系，蚯蚓生活的自然环境和土壤过湿或过干，均对蚯蚓生活不利。土壤含水率在8% ~10%时，蚯蚓能够活动，当土壤中的水分含量达10% ~17%时，适宜于蚯蚓的生长发育。蚯蚓对水分的吸收和流失，主要通过体壁和蚯蚓身体的各种孔道进行。水是蚯蚓的重要组成成分和必要的生活条件，蚯蚓体内含水量一般在75% ~90%，因此，防止水分的流失是蚯蚓生存的关键。蚯蚓对干旱的环境条件有一定的抵御能力，主要通过迅速转移到较潮湿的适宜环境中，或通过休眠、滞育或降低新陈代谢，减少水分的消耗。一旦旱情加重，蚯蚓会因丧失体内水分而死去；如果土壤中含水量太高，对蚯蚓的活动也十分不利。在自然条件下生长的蚯蚓，会因当年干旱季节过长而使个体数量显著减少，即使土壤水分条件重新恢复之后，也需两年的时间才能恢复种群。

湿度的高低与不同种类的蚯蚓的生长发育和蚓茧的孵化时间长短有密切的关系，不同种类的蚯蚓对失水存活极限有差异。而湿度大小与蚯蚓生活环境的基质也有差异，如赤子爱胜蚓最适宜的土壤湿度为20% ~30%，如果栖息于发酵的马粪中，则马粪的适宜含水量为60% ~70%。温度不同时，人工养殖蚯蚓的最适湿度也存在差异，所以，按照饲料的性质和温度的情况，随时调控湿度对蚯蚓的生长繁殖和污泥的处理效果有着非常重要的作用。保持处置环境的湿润可以通过调节污泥的含水率，调节污泥和其他填料的比例，适当浇水，稻草覆盖减少蒸发等方式来控制。

7.3.3.3 保证通气

空气中氧和二氧化碳的含量对蚯蚓生长繁殖等活动影响较大。绝大多数的蚯蚓要吸收氧气排出二氧化碳，只有少数种类的蚯蚓可在缺氧环境中进行兼氧呼吸而生活。通常蚯蚓对土壤中二氧化碳浓度耐受的极限在0.01% ~11.5 %，如果超过忍受极限，则蚯蚓往往会出现迁移逃逸现象，而个别蚯蚓可耐受二氧化碳浓度在50 %以上。在现实生活中，我们经常发现大雨过后有许多蚯蚓爬行在路上或被雨水溺死，这是由于雨水过多将蚯蚓栖息的洞穴和通道灌满，使栖息场所严重缺氧，并且二氧化碳浓度过高，部分二氧化碳又溶于水形成碳酸。

蚯蚓对其他各种气体也十分敏感，一氧化碳、氯气、氨气、硫化氢气体、二氧化硫、三氧化硫、甲烷等气体对蚯蚓有害，在养殖蚯蚓时则应特别注意。一旦有害氨气的浓度超过$17\times10^{-4}\%$时，则会引起蚯蚓大量分泌黏液而死亡；硫化氢气体的浓度超过$20\times10^{-4}\%$时，会引起蚯蚓神经系统的疾病导致死亡；甲烷气体浓度超过15% ~20%时，会造成蚯蚓血液外溢而死亡。冬季如使用以煤为燃料给养殖蚯蚓场所增加温度，一旦通烟管道不好泄漏烟气，烟气中大量有害气体会导致蚯蚓大量死亡。

7.3.3.4 盐度及其他化学制剂

土壤和污泥饲料中所含的盐类对蚯蚓也有较大的影响，不同种类的蚯蚓对不同种类和不同浓度的盐类耐受性也有所差异。例如将红色爱胜蚓、赤子爱胜蚓、微小双胸蚓、背暗异唇蚓、威廉环毛蚓放入0.6%的氯化钠溶液中，均可生存7天以上；如果氯化钠的浓度超过0.8%，蚯蚓会陆续发生死亡，在浓度达到1.9% ~2.5%时，1 h内完全死亡。然而许多蚯蚓对硫酸钠溶液有着较高的耐受性，例如红色爱胜蚓、背暗异唇蚓等在3%的硫酸钠溶液中可生存1周时间，且浓度越高死亡速度越快；赤子爱胜蚓在12.5 ~ 25 ℃温度范围，硫酸钠溶液的浓度为8%时，致死时间为45.3 h。因此，我们用人工饲养蚯蚓的方式处理处置污泥时，必须考虑不同蚯蚓对各种盐类的耐受能力，可先做小规模的示范养殖，经过一段时间的驯化之后，再开始规模化的污泥处理处置工作。

另外，农药等化学制剂对蚯蚓的生存活动有很大的影响，应在污泥预处理时做好监测，严格控制在污泥饲料制备和规模化养殖环节中化学制剂和蚯蚓的接触，确保蚯蚓的正常生长，才能保证污泥的处理和处置效果。

7.3.3.5 蚯蚓采收

蚯蚓采收的时间，常因养殖的种类和饲养条件而异。蚯蚓有成蚓与幼蚓不愿在一起同居的习性，当幼蚓大量孵出，成蚓便会大量逃出或自动移居到其他饲料层中，因此，一旦发现有大量幼蚓从蚓茧内孵出就必须马上将成蚓及时采收。从蚓茧孵化到蚯蚓性成熟，在一般条件下大约经过4个月左右，即当蚯蚓环带明显，生长缓慢，饲料利用率降低后，便可采收。另外，蚯蚓是一种优质的蛋白质饵料和饲料，蚓粪是极佳的优质肥料，因此，随时采收蚯蚓和蚓粪不仅可以提高污泥的处理能力，还能获得不少副产品。蚯蚓采收可采用的方法有：容器诱导法、水淹法、筛选采收法、光照驱捕法和翻箱采收法。

容器诱导法是将密布小孔的网具的容器埋入养殖床中，引诱蚯蚓聚集进入，再把蚯蚓取出来，达到蚯蚓与其蚓粪分离的目的。容器的孔，有长方形、圆形、网眼形等多种。其最小的孔径必须在1 ~4 mm。孔径小于1 mm时，个大的蚯蚓无法入内，孔径在4 mm以上则蚓粪颗粒也会进入；最小孔径在2 ~3 mm最佳。加入引诱蚯蚓的饵料，可用腐烂水果、香蕉皮、泔水或者浸入啤酒等酒精饮料的合成树脂海绵体等。将装置埋设于蚯蚓养殖槽或养殖床中，在温度20℃ 条件下，7天左右，容器中蚯蚓就会大量聚集。之后将容器取出，用2 ~3 mm的筛子把混有的蚓粪筛去，留下蚓茧。将蚓茧移入新的养殖床，孵化并继续处置污泥。诱导法可以采取简易操作方式，在大面积养殖的饲养基表面放上腐烂水果等蚯蚓喜欢吃的食物，蚯蚓会大量爬出土表吃食，此时可把它们集中起来采收，使其与蚓粪分离。

水淹法是利用蚯蚓怕水淹的习性在饲养坑上灌水，在饲养基下部的2/3灌上水，留出表面1/3，这样蚯蚓就逃离水淹区，逃到基料表层，此时即可集中刮出。此法的缺点是经过水淹的养殖床需要一定的时间才能恢复到蚯蚓适宜生长的湿度，这就影响了蚓茧的孵化和污泥处理的速度。

筛选采收法是在养殖床上方固定两层孔径大小不同的筛子，上层筛孔大，下层筛孔较小，孔眼大小依据所养殖蚯蚓的大小而定。将饲养箱内所有东西扣在筛上，利用强灯光照射，使蚯蚓避光钻过上层大筛孔落入下层细筛上，上层大孔筛留下蚓粪和饲料；蚯蚓再钻过下层筛孔落回养殖床上，小孔筛只留下大蚯蚓，这样就可将大小蚯蚓、蚓粪和基质大致分离。此法的缺点是需消耗大量劳动力，筛选采收后开始新的养殖批次需要重新装箱。

光照驱捕采收法是利用蚯蚓怕光的特性，在阳光或强灯光直照下，驱使蚯蚓钻到养殖床下部，用刮板自上而下将蚓粪、饲料逐层刮出，最后蚯蚓聚集成团即可收取。

翻箱采收法操作非常简单，只需在采收时将木箱放在阳光下曝晒，蚯蚓会因逃避强光和高温钻入箱子底层，此时将木箱翻转扣下，蚯蚓即暴露在外面。

直取法是用竹或木制的耙具翻料堆捕捉。该法的优点是能够在养殖坑内完成提取蚯蚓的全部工序，缺点是不易大小分离，可能会使部分蚯蚓受伤。天气好的情况下，此法 2 天左右可采收一次。

把蚯蚓和蚓粪分离的工作费工费时，虽然有不少的处理办法，但效率均不高，这是现在国内外养殖蚯蚓中尚待解决的问题。但用于处置污泥的蚯蚓由于饲料的特殊性，生长发育较其他人工饲养的蚯蚓要慢一些，这也在一定程度上缓解了蚯蚓和蚓粪难分离的问题。

8 常用检测方法

8.1 COD_{Cr}的密封催化消解法

8.1.1 范围

本方法可以测定地表水、生活污水、工业废水(包括高盐废水)的化学需氧量。因水样化学需氧量值有高有低,因此,在消解时应选择不同浓度的重铬酸钾消解液进行消解。请参考表 8-1 选择消解液。

表 8-1 COD 值与重铬酸钾浓度关系

COD 值/mg · L^{-1}	消解液中重铬酸钾浓度/mol · L^{-1}
<50	0.05
50 ~1000	0.2
1000 ~2500	0.4

8.1.2 原理

本方法在经典重铬酸钾 - 硫酸消解体系中加入助催化剂硫酸铝钾与钼酸铵,同时,密封法消解过程是在加压下进行的,因此大大缩短了消解时间。消解后测定化学需氧量的方法,既可以采用滴定法,亦可采用比色法。

8.1.3 水样的采集与保存

水样采集后,应加入硫酸将 pH 值调至小于 2,以抑制微生物活动。样品应尽快分析,必要时应在 0 ~5℃ 冷藏下保存,并在 48 h 内测定。

8.1.4 试剂

(1) 重铬酸钾标准溶液($c(1/6K_2CrO_7) = 0.1000$ mol/L):称取经 120℃ 烘干 2 h 的基准或优级纯 $K_2Cr_2O_7$ 4.903 g,用少量水溶解,移入 1000 mL 容量瓶中,用水稀释至标线,摇匀。

(2) 硫酸亚铁铵标准溶液($c(Fe(NH_4)_2 \cdot (SO_4)_2 \cdot 6H_2O) = 0.1$ mol/L);称取 39.2 g 分析纯 $Fe(NH_4)_2 \cdot (SO_4)_2 \cdot 6H_2O$ 溶解于水中,加入 20.0 mL 浓硫酸,冷却后移入 1000 mL 容量瓶中,用水稀释至标线,临用前用 0.1000 mol/L 的 $K_2Cr_2O_7$ 标准溶液标定。

(3) 消化液:称取 19.6 g 重铬酸钾,50.0 g 硫酸铝钾,10.0 g 钼酸铵,溶解于 500 mL 水中,加入 200 mL 浓硫酸,冷却后,转移至 1000 mL 容量瓶中,用水稀释至标线。该溶液重铬酸钾浓度约为 0.4 mol/L($c = c(1/6K_2Cr_2O_7)$)。

另外称取 9.88 g 和 2.458 g 重铬酸钾(硫酸铝钾、钼酸铵称取量同上),按上述方法分别配制重铬酸钾浓度约为 0.2 mol/L 和 0.05 mol/L 的消化液,用于测定不同 COD 值的水样。

(4) Ag_2SO_4-H_2SO_4 催化剂:称取 8.8 g 分析纯 Ag_2SO_4,溶解于 1000 mL 浓硫酸中。

(5) 菲罗啉指示剂:称取 0.695 g 分析纯 $FeSO_4 \cdot 7H_2O$ 和 1.4850 g 菲罗啉,溶解于水,稀释至 100 mL,贮于棕色瓶中待用。

(6) 掩蔽剂:称取 10.0 g 分析纯 $HgSO_4$,溶解于 100 mL 硫酸(1+9)中。

8.1.5 仪器

(1) 具密封塞的加热管:50 mL;

(2) 锥形瓶:150 mL;

(3) 酸式滴定管:25 mL;

(4) 恒温定量加热装置。

8.1.6 操作步骤

准确吸取 3.00 mL 水样,置于 50 mL 具密封塞的加热管中,加入 1 mL 掩蔽剂,混匀。然后加入 3.0 mL 消化液和 5 mL 催化剂,旋紧密封盖,混匀。然后将加热器接通电源,待温度达到 165℃时,再将加热管放入加热器中,打开计时开关,经 7 min,待液体也达到 165℃时,加热器会自动复零计时。待加热器工作 15 min 之后会自动报时。取出加热管,冷却后用硫酸亚铁铵标准溶液滴定,同时做空白实验。

8.1.7 结果计算

COD(mg/L)的计算方法如下:

$$COD = [(v_0 - v_1) \times c \times 8 \times 1000] / v_2$$

式中 v_0——滴定空白时硫酸亚铁铵标准溶液用量,mL;

v_1——滴定水样时硫酸亚铁铵标准溶液用量,mL;

v_2——水样的体积,mL;

c——硫酸亚铁铵标准溶液的浓度,mol/L;

8——1/2 氧的摩尔质量,g/mol。

8.1.8 注意事项

(1) 测定高氯水样时,水样取完后,一定要先加掩蔽剂而后再加其他试剂,次序不能颠倒。若出现沉淀时,说明掩蔽剂使用的浓度不够,应适当提高掩蔽剂使用浓度。

(2) 为了提高分析的精密度与准确度,在分析低 COD 值水样时,滴定用的硫酸亚铁铵标准溶液浓度要进行适当的稀释。本分析方法对于 10 mg/L 左右的样品,一般相对标准偏差可保持在 10 左右。对于 5 mg/L 的样品,仍可进行分析测定,但相对标准偏差将会超过 15%。

(3) 对于在 50 mg/L 以上的样品,也可以用比色法进行测定。手续更为简单,操作方法如下:

1) 标准曲线的绘制:称取 0.8502 g 邻苯二甲酸氢钾(基准试剂)用重蒸水溶解后,转移至 1000 mL 容量瓶中,用重蒸水稀释至标线。此储备液 COD 值为 1000 mg/L。分别取上述储备液 5 mL,10 mL,20 mL,40 mL,60 mL,80 mL 于 100 mL 容量瓶中,加水稀释至标线即可得到COD值分别为50 mg/L,100 mg/L,200 mg/L,400 mg/L,600 mg/L,800 mg/L及原液即1000 mg/L标准使用液系列。然后按滴定法操作步骤,取样并进行消解。消解完毕后,打开加热管的密封盖,用移液管加入3.0 mL蒸馏水,盖好盖,摇匀冷却后,将溶液倒入3 cm比色皿中(空白按全过程操作),在600 nm处以试剂空白为参比,读取吸光度。绘制标准曲线,并求出回归方程式。

2)样品测定:准确吸取3.00 mL水样,置于50 mL具密封塞的加热管中,加入1 mL掩蔽剂,混匀。然后再加入3.0 mL消化液和5 mL催化剂。旋紧密封塞,混匀。将加热管置于加热管中进行消解,消解后的操作与标准曲线绘制一节的操作相同,再进行比色,读取吸光度按下式计算COD(mg/L)值:

$$COD = A \times F \times K$$

式中 A——样品的吸光度;

F——稀释倍数;

K——曲线的斜率,即$A=1$时的COD值。

8.2 生化需氧量(BOD_5)的测定——稀释与接种法

8.2.1 范围

本方法适用于BOD_5大于或等于2 mg/L并且不超过6000 mg/L的水样。BOD_5大于6000 mg/L的水样仍可用本方法,但由于稀释会造成误差,有必要要求对测定结果做慎重的说明。

本试验得到的结果是生物化学和化学作用共同产生的结果,它们不像单一的、有明确定义的化学过程那样具有严格和明确的特性,但是它能提供用于评价各种水样质量的指标。

本试验的结果可能会被水中存在的某些物质所干扰,那些对微生物有毒的物质,如杀菌剂、有毒金属或游离氯等,会抑制生化作用。水中的藻类或硝化微生物也可能造成虚假的偏高的结果。

8.2.2 定义

生物化学需氧量(BOD)定义为:在规定的条件下,微生物分解存在于水中的某些可氧化物质,特别是有机物所进行的生物化学过程所消耗的溶解氧量。该过程进行的时间很长,如在20℃培养条件下,全过程需100天,根据目前国际统一规定,在(20±1)℃的温度下,培养5天后测出的结果,称为五日生化需氧量,记为BOD_5,其单位用质量浓度(mg/L)表示。

对于一般生活污水和工业废水,虽然含较多有机物,如果样品含有足够的微生物和足够的氧气,就可以将样品直接进行测定,但为了保证微生物生长的需要,需加入一定量的无机营养盐(磷酸盐、钙、镁和铁盐)。

某些不含或少含微生物的工业废水、酸碱度高的废水、高温或氯化杀菌处理的废水等,测定前应接入可以分解水中有机物的微生物,这种方法称为接种。对于一些存在着难被一般生活污水中微生物以正常速度降解的有机物或含有剧毒物质的废水,可以将水样适当稀释,并用驯化后含有适应性微生物的接种水进行接种。

一般检测水质的 BOD_5 只包括含碳有机物质氧化的耗氧量和少量无机还原性物质的耗氧量。由于许多二级生化处理的出水和受污染时间较长的水体中,往往含有大量硝化微生物。这些微生物达到一定数量就可以产生硝化作用的生化过程。为了抑制硝化作用耗氧,应加入适量的硝化抑制剂。

8.2.3 原理

将水样注满培养瓶,塞好后应不透气,将瓶置于恒温条件下培养5天。培养前后分别测定溶解氧浓度,由两者的差值可算出每升水消耗掉氧的质量,即 BOD_5 值。

由于多数水样中含有较多的需氧物质,其需氧量往往超过水中可利用的溶解氧(DO)量,因此在培养前需对水样进行稀释,使培养后剩余的溶解氧(DO)符合规定。

一般水质检验所测 BOD_5 只包括含碳和物质的耗氧量和无机还原性物质的耗氧量。有时需要分别测定含碳物质耗氧量和硝化作用的耗氧量。常用的区别含碳物质耗量和氮的硝化耗氧的方法是向培养瓶中投加硝化抑制剂,加入适量硝化抑制剂后,所测出的耗氧量即为含碳物质的耗氧量。在5天培养时间内,硝化作用的耗氧量取决于是否存在足够数量的能进行此种氧化作用的微生物,原污水或初级处理的出水中,这种微生物的数量不足,不能氧化显著量的还原性氮,而许多二级生化处理的出水和受污染较久的水体中,往往含有大量硝化微生物,因此测定这种水样时应抑制其硝化反应。

在测定 BOD_5 的同时,需用葡萄糖和谷氨酸标准溶液完成验证试验。

8.2.4 试剂

分析时,只采用公认的分析纯试剂和蒸馏水或同等纯度的水(在全玻璃装置中蒸馏的水或去离子水),水中含铜不应高于0.01 mg/L,并不应有氯、氯胺、苛性碱、有机物和酸类。

(1) 接种水 如试验样品本身不含有足够的合适性微生物,应采用下述方法之一,以获得接种水:

1) 城市废水,取自污水管或取自没有明显工业污染的住宅区污水管,这种水在使用前,应倾出上清液备用;

2) 在1 L水中加入100 g 花园土壤,混合并静置10 min,取10 mL上清液用水稀释至1 L;

3) 含有城市污水的河水或湖水;

4) 污水处理厂出水;

5) 当待分析水样为含难降解物质的工业废水时,取自待分析水排放口下游约3~8 km的水或所含微生物适宜于待分析水并经实验室培养过的水。

(2) 盐溶液 下述溶液至少可稳定一个月,应贮存在玻璃瓶内,置于暗处。一旦发现有生物滋长迹象,则应弃去不用。

1) 磷酸盐,缓冲溶液。将8.5 g磷酸二氢钾(KH_2PO_4)、21.75 g磷酸氢二钾(K_2HPO_4)、33.4 g七水磷酸氢二钠($Na_2HPO_4 \cdot 7H_2O$)和1.7 g氯化铵(NH_4Cl)溶于约500 mL水中,稀释至1000 mL并混合均匀。

此缓冲溶液的 pH 值应为 7.2。

2）七水硫酸镁:22.5 g/L 溶液。将 22.5 g 的七水硫酸镁($MgSO_4 \cdot 7H_2O$)溶于水中,稀释至 1000 mL 并混合均匀。

3）氯化钙:27.5 g/L 溶液。将 27.5 g 的无水氯化钙($CaCl_2$)(若用水合氯化钙,要取相当的量)溶于水,稀释至 1000 mL 并混合均匀。

4）六水氯化铁(Ⅲ):0.25 g/L 溶液。将 0.25 g 六水氯化铁(Ⅲ)($FeCl_3 \cdot 6H_2O$)溶解于水中,稀释至 1000 mL 并混合均匀。

(3) 稀释水　取以上四种盐溶液每种各 1 mL,加入约 500 mL 水中,然后稀释至1000 mL 并混合均匀,将此溶液置于 20℃下恒温,曝气 1 h 以上。采取各种措施,使其不受污染,特别是不被有机物质、氧化或还原性物质或金属污染(建议采用压缩空气瓶或采用空气不与任何润滑油接触的压缩机(隔膜泵压缩机);空气在用前应过滤和洗涤),确保溶解氧浓度不低于 8 mg/L。

此溶液的 BOD_5 不得超过 0.2 mg/L。

此溶液应在 8 h 内使用。

(4) 接种的稀释水　根据需要和接种水的来源,向每升稀释水中加 1.0 ~ 5.0 mL 接种水,将已接种的稀释水在约 20℃下保存,8 h 后尽早应用。

已接种的稀释水的 5 天(20℃)耗氧量应在每升 0.3 ~ 1.0 mg 之间。

(5) 盐酸(HCl)溶液:0.5 mol/L。

(6) 氢氧化钠(NaOH)溶液:20 g/L。

(7) 亚硫酸钠(Na_2SO_3)溶液:1.575 g/L,此溶液不稳定,需每天配制。

(8) 葡萄糖—谷氨酸标准溶液　将一些无水葡萄糖($C_6H_{12}O_6$)和一些谷氨酸($HOOC—CH_2—CH_2—CH(NH_2)—COOH$)在 103℃下干燥 1 h,每种称量(150 ±1) mg,溶于蒸馏水中,稀释至 1000 mL 并混合均匀。此溶液于临用前配制。

8.2.5　仪器

使用的玻璃器皿要认真清洗,不能吸有毒的或生物可降解的化合物,并防止沾污。

常用的实验室设备如下:

(1) 培养瓶:细口瓶的容量在 250 ~ 300 mL 之间,带有磨口玻璃塞,并具有供水封用的钟形口,最好是直肩的。

(2) 培养箱:能控制在(20 ±1)℃。

(3) 测定溶解氧仪器(溶解氧的测定可采用碘量法(GB 7489—1987))。

(4) 用于样品运输和贮藏的冷藏手段(0 ~ 4℃)。

(5) 稀释容器:带塞玻璃瓶,刻度精确到毫升,其容积大小取决于使用稀释样品的体积。

8.2.6　样品的贮存

样品需充满并密封于瓶中,置于 2 ~ 5℃保存到进行分析时,一般应在采样后 6 h 之内进行检验。若需远距离转运,在任何情况下贮存皆不得超过 24 h。

样品也可以深度冷冻贮存。

8.2.7 操作步骤

8.2.7.1 样品预处理

A 样品的中和

如果样品的 pH 值不在 6～8 之间,先做单独试验,确定需要用的盐酸溶液或氢氧化钠溶液的体积,再中和样品,不管有无沉淀形成。

B 含游离氯或结合氯的样品

加入所需体积的亚硫酸钠溶液,使样品中自由氯和结合氯失效,注意避免加过量。

8.2.7.2 试验水样的准备

将试验样品温度升至约 20℃,然后在半充满的容器内摇动样品,以便消除可能存在的过饱和氧。

将已知体积样品置于稀释容器中,用稀释水或接种稀释水稀释,轻轻地混合,避免夹杂空气泡。稀释倍数可参考表 8-2。

表 8-2 测定 BOD_5 时建议稀释的倍数

预期 BOD_5 值/$mg \cdot L^{-1}$	稀 释 比	结果取整到	适用的水样
2～6	1～2 之间	0.5	R
4～12	2	0.5	R,E
10～30	5	0.5	R,E
20～60	10	1	E
40～120	20	2	S
100～300	50	5	S,C
200～600	100	10	S,C
400～1200	200	20	I,C
1000～3000	500	50	I
2000～6000	1000	100	I

注:R 为河水;E 为生物净化过的污水;S 为澄清过的污水或轻度污染的工业废水;C 为原污水;I 为严重污染的工业废水。

若采用的稀释比大于 100,将分两步或几步进行稀释。若需要抑制硝化作用,则加入 ATU 或 TCMP 试剂。

若只需要测定有机物降解的耗氧量,必须抑制硝化微生物以避免氮的硝化过程。为此目的,在每升稀释样品中加入 2 mL 浓度为 500 mg/L 的烯丙基硫脲($ATU, C_4H_8N_2S$)溶液或一定量的固定在氯化钠($NaCl$)上的 2 - 氯代 - 6 - 三氯甲基吡啶($TCMP, Cl - C_5H_3N - CCl_3$),使 TCMP 在稀释样品中浓度大约为 0.5 mg/L。

恰当的稀释比应使培养后剩余溶解氧至少有 1 mg/L,消耗的溶解氧至少有 2 mg/L。

当难于确定恰当的稀释比时,可先测定水样的总有机碳(TOC)或重铬酸盐法化学需氧量(COD),根据 TOC 或 COD 估计 BOD_5 可能值,再围绕预期的 BOD_5 值,做几种不同的稀释比,最后从所得测定结果中选取合乎要求条件者。

8.2.7.3 空白试验

用接种稀释水进行平行空白实验测定。

8.2.7.4　测定

(1) 按采用的稀释比用虹吸管充满两个培养瓶至稍溢出。

(2) 将所有附着在瓶壁上的空气泡赶掉,盖上瓶盖,小心避免夹空气泡。

(3) 将瓶子分为二组,每组都含有一瓶选定稀释比的稀释水样和一瓶空白溶液。

(4) 放一组瓶于培养箱中,并在暗中放置5天。

(5) 在计时起点时,测量另一组瓶的稀释水样和空白溶液中的溶解氧浓度。

(6) 达到需要培养的5天时间时,测定放在培养箱中那组稀释水样和空白溶液的溶解氧浓度。

8.2.7.5　验证试验

为了检验接种稀释水、接种水和分析人员的技术,需进行验证试验。将20 mL葡萄糖-谷氨酸标准溶液用接种稀释水稀释至1000 mL,并且按照8.2.7.4小节的步骤进行测定。

得到的BOD_5应在180~230 mg/L之间,否则,应检查接种水。如果必要,还应检查分析人员的技术。

本试验同试验样品同时进行。

8.2.8　结果计算

(1) 被测定溶液若满足以下条件,则能获得可靠的测定结果,即培养5天后:

剩余DO不小于1 mg/L;

消耗DO不小于2 mg/L。

若不能满足以上条件,一般应舍掉该组结果。

(2) 若五日生化需氧量(BOD_5)以每升消耗氧的毫克数表示,由下式算出:

$$BOD_5 = [(C_1 - C_2) - (V_t - V_e)/V_t(C_3 - C_4)]V_t/V_e$$

式中　C_1——在初始计时时一种试验水样的溶解氧浓度,mg/L;

C_2——培养5天时同一种水样的溶解氧浓度,mg/L;

C_3——在初始计时时空白溶液的溶解氧浓度,mg/L;

C_4——培养5天时空白溶液的溶解氧浓度,mg/L;

V_e——制备该试验水样用去的样品体积,mL;

V_t——该试验水样的总体积,mL。

若有几种稀释比所得数据皆符合(1)中所要求的条件,则几种稀释比所得结果皆有效,以其平均值表示检测结果。

8.3　碱度(总碱度、重碳酸盐和碳酸盐)的测定——酸碱滴定法

8.3.1　范围

水的碱度是指水中所含能与强酸定量作用的物质总量。

水中碱度的来源是多种多样的。地表水的碱度基本上是碳酸盐、重碳酸盐及氢氧化物含量的函数,所以总碱度被当作这些成分浓度的总和。当水中含有硼酸盐、磷酸盐或硅酸盐等物质时,总碱度的测定值也包含它们所起的作用。在废水及其他复杂体系的水体中,还含有有机碱类、金属水解性盐类等物质,均为碱度组成部分。在这些情况下,碱度就成为一种

水的综合性特征指标,代表能被强酸滴定的物质的总和。

碱度的测定值因使用的终点 pH 值不同而有很大的差异,只有当试样中的化学组成已知时,才能解释为具体的物质。对于天然水和未污染的地表水,直接用酸滴定至 pH 值为 8.3 时消耗的滴定溶液的量,为酚酞碱度;以酸滴定至 pH 值为 4.4 ~ 4.5 时消耗的滴定溶液的量,为甲基橙碱度;通过计算可求出相应的碳酸盐、重碳酸盐和氢氧根离子的含量。对于废水和污水,则由于其组分复杂,这种计算无实际意义,往往需要根据水中物质的组分确定其与酸作用达终点时的 pH 值。然后,用酸滴定以便获得分析者感兴趣的参数,并作出解释。

碱度指标常用于评价水体的缓冲能力及金属在其中的溶解性和毒性,是对水和废水处理过程控制的判断性指标。若碱度是由过量的碱金属盐类所形成,则碱度又是确定这种水是否适宜于灌溉的重要依据。

用标准酸滴定水中碱度是各种方法的基础。碱度的确定有两种常用的方法,即酸碱指示剂滴定法和电位滴定法。电位滴定法根据电位滴定曲线在终点时的突跃,确定特定 pH 值下的碱度,它不受水样浊度、色度的影响,适用范围较广。用指示剂判断滴定终点的方法简便快速、适用于控制性试验及例行分析。二法均可根据需要和条件选用。

样品采集后应在 4℃条件下保存,分析前不应打开瓶塞,不能过滤、稀释或浓缩。样品应于采集后的当天进行分析,特别是当样品中含有可水解盐类或含有可氧化态阳离子时,应及时分析。

8.3.2　原理

水样用标准酸溶液滴定至规定的 pH 值,其终点可由加入的酸碱指示剂在该 pH 值时颜色的变化来判断。

当滴定至酚酞指示剂由红色变为无色时,溶液 pH 值即为 8.3,指示水中氢氧根离子(OH^-)已被中和,碳酸根(CO_3^{2-})均被转为重碳酸根(HCO_3^-),反应如下:

$$OH^- + H^+ \longrightarrow H_2O$$

$$CO_3^{2-} + H^+ \longrightarrow HCO_3^-$$

当滴定至甲基橙指示剂由橘黄色变成橘红色时,溶液的 pH 值为 4.4 ~ 4.5,指示水中的重碳酸根(包括原有的和由碳酸盐转化成的)已被中和,反应如下:

$$HCO_3^- + H^+ \longrightarrow H_2O + CO_2\uparrow$$

根据上述两个终点到达时所消耗的盐酸标准滴定溶液的量,可以计算出水中碳酸盐、重碳酸盐及总碱度。

上述计算方法不适用于污水及复杂体系中碳酸盐和重碳酸盐的计算。

8.3.3　干扰及消除

水样浑浊和有色均干扰碱度的测定,能使指示剂褪色的氧化还原性物质也干扰测定,例如水样中余氯可破坏指示剂(含余氯时,可加入 1 ~ 2 滴 0.1 mol/L 硫代硫酸钠溶液消除)。遇此情况,可用电位滴定法测定。

8.3.4　方法的适用范围

酸碱指示剂滴定法适用于不含有上述干扰物质的水样。

8.3.5 试剂

(1) 无二氧化碳水。用于制备标准溶液及稀释用的蒸馏水或去离子水,临用前煮沸15 min,冷却至室温。pH 值应大于6.0,电导率小于2 μS/cm。

(2) 酚酞指示液:称取1 g 酚酞溶于100 mL95%乙醇中,用0.1 mol/L 氢氧化钠溶液滴至出现淡红色为止。

(3) 甲基橙指示剂。称取0.1 g 甲基橙溶于100 mL 蒸馏水中。

(4) 碳酸钠标准溶液($c(1/2Na_2CO_3)=0.0250$ mol/L)。称取1.3249 g(于250℃ 烘干4 h)的无水碳酸钠(Na_2CO_3),溶于少量无二氧化碳水中,移入1000 mL 容量瓶中,用水稀释至标线,摇匀。贮于聚乙烯瓶中,保存时间不要超过一周。

(5) 盐酸标准溶液(0.0250 mol/L)。用分度吸管吸取2.1 mL 浓盐酸($\rho_{HCl}=1.19$ g/mL),并用蒸馏水稀释至1000 mL,此溶液浓度约为0.025 mol/L。其准确浓度按下法标定:

用无分度吸管吸取25.00 mL 碳酸钠标准溶液于250 mL 锥形瓶中,加无二氧化碳水稀释至约100 mL,加入3 滴甲基橙指示液,用盐酸标准溶液滴定至由橘黄色刚变成橘红色,记录盐酸标准溶液用量。按下式计算其准确浓度:

$$c=25.00\times0.0250/V$$

式中 c——盐酸标准溶液浓度,mol/L;

V——盐酸标准溶液用量,mL。

8.3.6 仪器

(1) 酸式滴定管,25 mL。

(2) 锥形瓶,250 mL。

8.3.7 操作步骤

(1) 分取100 mL 水样于250 mL 锥形瓶中,加入4 滴酚酞指示液,摇匀。当溶液呈红色时,用盐酸标准溶液滴定至刚刚褪至无色,记录盐酸标准溶液用量。若加酚酞指示剂后溶液无色,则不需用盐酸标准溶液滴定,并接着进行下项操作。

(2) 向上述锥形瓶中加入3 滴甲基橙指示液,摇匀。继续用盐酸标准溶液滴定至溶液由橘黄色刚刚变为橘红色为止。记录盐酸标准溶液用量。

8.3.8 结果计算

对于多数天然水样,碱性化合物在水中所产生的碱度,有五种情形。为说明方便,令以酚酞作为指示剂时,滴定至颜色变化。所消耗盐酸标准溶液的量为P,以甲基橙作为指示剂时盐酸标准溶液用量为M,则盐酸标准溶液总消耗量为$T=M+P$。

第一种情形,$P=T$ 或 $M=0$ 时:P代表全部氢氧化物及碳酸盐的一半,由于$M=0$ 表示不含有碳酸盐,亦不含重碳酸盐。因此,$P=T=$氢氧化物的量。

第二种情形,$P>\frac{1}{2}T$ 时:说明$M>0$,有碳酸盐存在,且碳酸盐的量$=2M=2(T-P)$。而且由于$P>M$,说明尚有氢氧化物存在,氢氧化物的量$=T-2(T-P)=2P-T$。

第三种情形，$P=\frac{1}{2}T$ 时，即 $P=M$ 时；M 代表碳酸盐的一半，说明水中仅有碳酸盐。碳酸盐的量 $=2P=2M=T$。

第四种情形，$P<\frac{1}{2}T$ 时：此时，$M>P$，因此，M 除代表由碳酸盐生成的重碳酸盐外，尚有水中原有的重碳酸盐。碳酸盐的量 $=2P$，重碳酸盐的量 $=T-2P$。

第五种情形，$P=0$ 时：此时，水中只有重碳酸盐存在。重碳酸盐的量 $=T=M$。

以上五种情形的碱度，如表 8-3 中所示。

表 8-3　碱度的组成及其含量

滴定的结果	氢氧化物（OH^-）	碳酸盐（CO_3^{2-}）	重碳酸盐（HCO_3^-）
$P=T$	P	0	0
$P>1/2T$	$2P-T$	$2P-T$	0
$P=1/2T$	0	$2P$	0
$P<1/2T$	0	$2P$	$T-2P$
$P=0$	0	0	T

按下述公式计算各种情况下总碱度、碳酸盐、重碳酸盐的含量。

（1）总碱度（以 CaO 计，mg/L）$=c(P+M)\times 28.04\times 1000/V$

总碱度（以 $CaCO_3$ 计，mg/L）$=c(P+M)\times 50.05\times 1000/V$

式中　c——盐酸标准溶液浓度，mol/L；

28.04——氧化钙（1/2CaO）摩尔质量，g/mol；

50.05——碳酸钙（$1/2CaCO_3$）摩尔质量，g/mol。

（2）当 $P=T$ 时，$M=0$：

碳酸盐（CO_3^{2-}）$=0$

重碳酸盐（HCO_3^-）$=0$

（3）当 $P>1/2T$ 时：

碳酸盐碱度（以 CaO 计，mg/L）$=c(T-P)\times 28.04\times 1000/V$

碳酸盐碱度（以 $CaCO_3$ 计，mg/L）$=c(T-P)\times 50.05\times 1000/V$

碳酸盐碱度（以 $1/2CO_3^{2-}$ 计，mol/L）$=c(T-P)\times 1000/V$

重碳酸盐碱度（以 HCO_3^- 计，mol/L）$=0$

（4）当 $P=1/2T$ 时，$P=M$：

碳酸盐碱度（以 CaO 计，mg/L）$=cP\times 28.04\times 1000/V$

碳酸盐碱度（以 $CaCO_3$ 计，mg/L）$=cP\times 50.05\times 1000/V$

重碳酸盐碱度（以 $1/2CO_3^{2-}$ 计，mol/L）$=cP\times 1000/V$

重碳酸盐碱度（以 HCO_3^- 计，mol/L）$=0$

（5）当 $P<1/2T$ 时：

碳酸盐碱度（以 CaO 计，mg/L）$=cP\times 28.04\times 1000/V$

碳酸盐碱度（以 $CaCO_3$ 计，mg/L）$=cP\times 50.05\times 1000/V$

碳酸盐碱度（以 $1/2CO_3^{2-}$ 计，mol/L）$=cP\times 1000/V$

重碳酸盐碱度(以 CaO 计,mg/L) $= c(T-2P) \times 28.04 \times 1000/V$

重碳酸盐碱度(以 $CaCO_3$ 计,mg/L) $= c(T-2P) \times 50.05 \times 1000/V$

重碳酸盐碱度(以 HCO_3^- 计,mol/L) $= c(T-2P) \times 1000/V$

(6) 当 $P=0$ 时:

碳酸盐 $CO_3^{2-}=0$

重碳酸盐碱度(以 CaO 计,mg/L) $= cM \times 28.04 \times 1000/V$

重碳酸盐碱度(以 $CaCO_3$ 计,mg/L) $= cM \times 50.05 \times 1000/V$

重碳酸盐碱度(以 HCO_3^- 计,mol/L) $= cM \times 1000/V$

8.4 碱度(总碱度、重碳酸盐和碳酸盐)的测定——电位滴定法

8.4.1 范围

本方法适用于饮用水、地表水、含盐水及生活污水和工业废水碱度的测定。脂肪酸盐、油状物质、悬浮固体或沉淀物能覆盖子玻璃电极表面致使响应迟缓。但由于这些物质可能参与酸碱反应,因此不能用过滤的方法除去。为消除其干扰,可采用减慢滴定剂加入速度或延长滴定间歇时间,并充分搅拌至反应达到平衡后再增加滴定剂的办法。搅拌应采用磁力搅拌或机械搅拌,不能通气搅拌。

8.4.2 原理

测定水样的碱度,用玻璃电极作为指示电极,甘汞电极为参比电极,用酸标准溶液滴定,其终点通过 pH 计或电位滴定仪指示。

以 pH = 8.3 表示水样中氢氧化物被中和及碳酸盐转为重碳酸盐时的终点,与酚酞指示剂刚刚褪色时的 pH 值相当。以 pH = 4.4 ~ 4.5 表示水中重碳酸盐(包括原有重碳酸盐和由碳酸盐转成的重碳酸盐)被中和的终点,与甲基橙刚刚变为橘红色的 pH 值相当。对于工业废水或含复杂组分的水,可以 pH = 3.7 指示总酸度的滴定终点。

电位滴定法可以绘制成滴定时 pH 值对酸标准滴定液用量的滴定曲线,然后计算出相应组分的含量或直接滴定到指定的终点。

8.4.3 试剂

(1) 无二氧化碳水。用于制备标准溶液及稀释用的蒸馏水或去离子水,临用前煮沸 15 min,冷却至室温。其 pH 值应大于 6.0,电导率小于 2 μS/cm。

(2) 碳酸钠标准溶液浓度:0.0500 mol/L。碳酸钠标准溶液($c(1/2Na_2CO_3)$ = 0.0250 mol/L)。称取 2.6498 g(于 250℃ 烘干 4 h)的无水碳酸钠(Na_2CO_3),溶于少量无二氧化碳水中,移入 1000 mL 容量瓶中,用水稀释至标线,摇匀。贮于聚乙烯瓶中,保存时间不要超过一周。

(3) 盐酸(HCl)标准溶液浓度:0.05 mol/L。盐酸标准溶液可按下述方法进行标定:按使用说明书准备好仪器和电极,电极用 pH 标准缓冲溶液进行校准。用分度吸管吸取 4.1 mL浓盐酸(c_{HCl} = 1.17 g/mL),并用蒸馏水稀释至 1000 mL,此溶液浓度为 0.05 mol/L。按下法标定其准确浓度:用无分度吸管吸取 25.00 mL 碳酸钠标准液置于 200 mL 高型烧杯

中,加入 75 mL 无二氧化碳水,将烧杯放在电磁搅拌器上,插入电极连续搅拌,用盐酸标准溶液滴定。当滴定至 pH 值为 4.4 ~ 4.5 时,记录所耗盐酸标准溶液用量,并按下式计算其浓度:

$$c = 25.00 \times 0.0500/V$$

式中　c——盐酸标准溶液浓度,mol/L;

V——盐酸标准溶液用量,mL。

8.4.4　仪器

(1) pH 计、电位滴定仪或离子活度计,能读至 0.05 pH,最好有自动温度补偿装置。

(2) 玻璃电极。

(3) 甘汞电极。

(4) 磁力搅拌器。

(5) 滴定管:50 mL,25 mL 及 10 mL。

(6) 高型烧杯:100 mL,200 mL 及 250 mL。

8.4.5　操作步骤

(1) 分取 100 mL 水样置于 200 mL 高型烧杯中,用盐酸标准溶液滴定,滴定方法同盐酸标准溶液的标定。当滴定到 pH = 8.3 时,到达第一个终点,即酚酞指示的终点,记录盐酸标准溶液消耗量。

(2) 继续用盐酸标准溶液滴定至 pH 值达 4.4 ~ 4.5 时,到达第二个终点,即甲基橙指示的终点,记录盐酸标准溶液用量。

8.4.6　结果计算

参见 8.3 节,碱度(总碱度、重碳酸盐和碳酸盐)的测定——酸碱指示剂滴定法中结果计算部分。

8.4.7　精密度与准确度

5 个实验室对人工配制的统一标样进行方法验证的结果,在 H_2CO_3 含量为 43.50 mg/L 时,总碱度的室内相对标准偏差为 1.0%;室间相对标准偏差为 1.29%;相对误差为 0.93%;加标回收率为(100.5 ± 9.75)%。

根据 15 个地表水水样的测定,在碱度范围为 28 ~ 139 mg/L 时(以 CaO 计),相对标准偏差为 0 ~ 0.78%;加标回收率 97.4% ~ 100.3%。

注意事项:

(1) 对于低碱度的水样,可改用 0.02 mol/L 盐酸标准溶液滴定,并用 10 mL 微量滴定管以提高测定精度。对于高碱度的水样,当 0.05 mol/L 标准溶液用量超过 25 mL 时,可改用 0.1 mol/L 盐酸标准溶液滴定。

(2) 对于复杂水样,可制成盐酸标准液滴定增量对 pH 值的滴定曲线。有时可能在曲线上看不出明显的突跃点,这可能是由于盐类水解反应较慢,不易达到电极反应平衡所致。又因为不同组分的反应速度各异,为此,应放慢滴定速度,采用较长的时间间隔,以便达到平衡时突跃点明显可辨。

8.5　总氮的测定——碱性过硫酸钾消解紫外分光光度法

8.5.1　范围

8.5.1.1　主题内容

本方法用碱性过硫酸钾在120～124℃消解紫外分光光度测定水中总氮。

8.5.1.2　适用范围

本方法适用于地面水和地下水的测定。本法可测定水中亚硝酸盐氮、硝酸盐氮、无机铵盐、溶解态氨及大部分有机含氮化合物中氮的总和。

氮的最低检出质量浓度为0.05 mg/L,测定上限为4 mg/L。

本方法的摩尔吸光系数为1.47×10^3 L/(mol · cm)。

测定过程中干扰物主要是碘离子与溴离子。碘离子,相对于总氮含量的2.2倍以上,溴离子相对于总氮含量的3.4倍以上有干扰。

某些有机物在本法规定的测定条件下不能完全转化为硝酸盐时,对测定有影响。

8.5.2　定义

(1) 可滤性总氮:指水中可溶性及含可滤性固体小于0.45 μm颗粒物的含氮量。

(2) 总氮:指可溶性及悬浮颗粒中的含氮量。

8.5.3　原理

在60℃以上水溶液中,过硫酸钾可分解产生硫酸氢钾和原子态氧,硫酸氢钾在溶液中离解而产生氢离子,故在氢氧化钠的碱性介质中可促使分解过程趋于完全。

分解出的原子态氧在120～124℃条件下,可使水样中含氮化合物的氮元素转化为硝酸盐。并且在此过程中,有机物同时被氧化分解。可用紫外分光光度法于波长220 nm和275 nm处,分别测出吸光度A_{220}及A_{275}按式(8-1)求出校正吸光度A:

$$A = A_{220} - 2A_{275} \tag{8-1}$$

按A的值查校准曲线并计算总氮(以$NO_3^- - N$计)含量。

8.5.4　试剂

除非另有说明,分析时均使用符合国家标准或专业标准的分析纯试剂。

(1) 无氨水。按下述方法之一制备:

1) 离子交换法:将蒸馏水通过一个强酸型阳离子交换树脂(氢型)柱,流出液收集在带有密封玻璃盖的玻璃瓶中。

2) 蒸馏法:在1000 mL蒸馏水中,加入0.10 mL硫酸($\rho = 1.84$ g/mL),并在全玻璃蒸馏器中重蒸馏,弃去前50 mL流出液,然后将馏出液收集在带有玻璃塞的玻璃瓶中。

(2) 氢氧化钠溶液(200 g/L):称取20 g氢氧化钠(NaOH),溶于无氨水中,稀释至100 mL。

(3) 氢氧化钠溶液(20 g/L):将(2)溶液稀释10倍而得。

(4) 碱性过硫酸钾溶液：称取 40 g 过硫酸钾($K_2S_2O_8$)，另称取 15 g 氢氧化钠(NaOH)，溶于无氨水中，稀释至 1000 mL，溶液存放在聚乙烯瓶内，最长可贮存一周。

(5) 盐酸溶液，1 +9。

(6) 硝酸钾标准溶液。标准贮备液和标准使用液。

1) 硝酸钾标准贮备液(100 mg/L)：硝酸钾 KNO_3 在 105 ~ 110℃ 烘箱中干燥 3 h，在干燥器中冷却后，称取 0.7218 g，溶于无氨水中，移至 1000 mL 容量瓶中，用无氨水稀释至标线，在 0 ~ 10℃ 暗处保存，或加入 1 ~ 2 mL 三氯甲烷保存，可稳定 6 个月。

2) 硝酸钾标准使用液(10 mg/L)：将贮备液用无氨水稀释 10 倍而得。使用时配制。

(7) 硫酸溶液，1 +35。

8.5.5 仪器和设备

常用实验室仪器和下列仪器。

(1) 紫外分光光度计及 10 mm 石英比色皿。

(2) 医用手提式蒸气灭菌器或家用压力锅(压力为 1.1 ~ 1.4 kg/cm^2)，锅内温度相当于 120 ~ 124℃。

(3) 具玻璃磨口塞比色管，25 mL。

所用玻璃器皿可以用盐酸(1 +9) 或硫酸(1 +35) 浸泡，清洗后再用无氨水冲洗数次。

8.5.6 试样制备

8.5.6.1 采样

在水样采集后立即放入冰箱或低于 4℃ 的条件下，保存但不得超过 24 h。

水样放置时间较长时，可在 1000 mL 水样中加入约 0.5 mL 硫酸(ρ = 1.84 g/mL)，酸化到 pH 值小于 2，并尽快测定。

样品可贮存在玻璃瓶中。

8.5.6.2 试样的制备

取实验室样品，用氢氧化钠溶液(20 g/L) 或硫酸溶液调节 pH 值至 5 ~ 9，从而制得试样。如果试样中不含悬浮物按 8.5.7.1 节(2) 步骤制定，试样中含悬浮物则按 8.5.7.1 节(3)步骤测定。

8.5.7 操作步骤

8.5.7.1 测定

(1) 用无分度吸管取 10.00 mL 试样(当所取样品中含氮量超过 100 μg 时，可减少取样量并加无氨水稀释至 10 mL)置于比色管中。

(2)试样不含悬浮物时，按下述步骤进行。

1) 加入 5 mL 碱性过硫酸钾溶液，塞紧磨口塞，用布及绳等方法扎紧瓶塞，以防弹出。

2) 将比色管置于医用手提蒸气灭菌器中，加热，使压力表指针到 1.1 ~ 1.4 kg/cm^2，此时温度达 120 ~ 1240℃ 后开始计时，或将比色管置于家用压力锅中，加热至顶压阀吹气时开始计时。保持此温度加热半小时。

3) 冷却、开阀放气，移去外盖，取出比色管并冷至室温。

4）加盐酸(1 +9)1 mL,用无氨水稀释至 25 mL 标线,混匀。

5）移取部分溶液至 10 mm 石英比色皿中,在紫外分光光度计上,以无氨水作参比,分别在波长为 220 nm 与 275 nm 处测定吸光度,并用式(8-1) 计算出校正吸光度 A。

(3) 试样含悬浮物时,先按上述 8. 5. 7. 1 节(2)中 1) ~4)步骤进行,然后待澄清后移取上清液到石英比色皿中,再按上述 5)步骤继续进行测定。

8. 5. 7. 2 空白试验

空白试验除以 10 mL 无氨水代替试样外,采用与测定完全相同的试剂、用量和分析步骤进行平行操作。

注:当测定在接近检测限时,必须控制空白试验的吸光度 A_b 不超过 0. 03,超过此值要检查所用水、试剂、器皿和家用压力锅或医用手提蒸气灭菌器的压力。

8. 5. 7. 3 校准

(1) 校准系列的制备:

1）用分度吸管向一组(10 支)比色管中,分别加入硝酸盐氮标准使用溶液参见 8. 5. 4 小节(6)中 2)0,0. 10,0. 30,0. 50,0. 70,1. 00,3. 00,5. 00,7. 00,10. 00mL。加无氨水稀释至 10. 00 mL。

2）按 8. 5. 7. 1 节(2)中步骤 1) ~步骤 5)进行测定。

(2) 校准曲线的绘制:

零浓度(空白)溶液和其他硝酸钾标准使用溶液制得的校准系列完成全部分析步骤,于波长 220 nm 和 275 nm 处测定吸光度后,分别按式(8-2) ~式(8-4)求出除零浓度外其他校准系列的校正吸引光度 A_s 和零浓度的校正吸光度 A_b 及其差值 A_r。

$$A_s = A_{s200} - 2A_{s275} \tag{8-2}$$

$$A_b = A_{b220} - 2A_{b275} \tag{8-3}$$

$$A_r = A_s - A_b \tag{8-4}$$

式中 A_{s200}——标准溶液在 220 nm 波长的吸光度;

A_{s275}——标准溶液在 275 nm 波长的吸光度;

A_{b220}——零浓度(空白)在 220 nm 波长的吸光度;

A_{b275}——零浓度(空白)在 275 nm 波长的吸光度。

按 A_r 值与相应的 NO_3-N 含量绘制校准曲线。

8. 5. 8 结果计算

按式(8-1)计算得试样校正吸光度 A,在校准曲线上查出相应的总氮含量值,总氮含量按式(8-5)计算:

$$c_N = m/V \tag{8-5}$$

式中 m——试样测出含氮量,μg;

V——测定用试样体积,mL。

8. 6 氨氮的测定——纳氏试剂比色法

8. 6. 1 范围

(1) 本方法适用于生活饮用水、地面水和废水。

(2) 样品中含有悬浮物、余氯、钙镁等金属离子、硫化物和有机物时，会产生干扰，含有此类物质时，要作适当的预处理，以消除其对测定的影响。

(3) 范围：最大试份体积为 50 mL 时，氨氮浓度 C_N 可达 2 mg/L。

(4) 最低检出浓度：1) 目视法，试份体积为 50 mL 时，最低检出浓度为 0.02 mg/L；2) 分光光度法，试份体积为 50 mL，使用光程长为 10 mm 比色皿时，最低检出浓度为0.05 mg/L。

(5) 灵敏度：使用 50 mL 试份，光程长为 10 mm 比色皿，C_N = 1.0 mg/L，给出的吸光度约为 0.2 个单位。

8.6.2　原理

以游离态的氨或铵离子等形式存在的氨氮与纳氏试剂反应生成黄棕色络合物，该络合物的色度与氨氮的含量成正比，可用目视比色或者用分光光度法测定。

8.6.3　试剂

分析中只使用公认的分析纯试剂和按 8.6.3.1 制备的水。

8.6.3.1　无氨水

按下述方法之一制备。

A　离子交换法

将蒸馏水通过一个强酸性阳离子交换树脂(氢型)柱，流出液收集在带有磨口玻璃塞的玻璃瓶中。每升流出液中加入 10 g 同类树脂，以利保存。

B　蒸馏法

在 1000 mL 蒸馏水中，加入 0.1 mL 硫酸(c = 1.84 g/mL)，并在全玻璃蒸馏器中重蒸馏。弃去前 50 mL 馏出液，然后将约 800 mL 的馏出液收集在带有磨口玻璃塞的玻璃瓶中。每升收集的馏出液中加入 10 g 强酸性阳离子交换树脂(氢型)，以利保存。

8.6.3.2　纳氏试剂

A　二氯化汞 - 碘化钾 - 氢氧化钾($HgCl_2$—KI—KOH)

称取 15 g 氢氧化钾(KOH)，溶于 50 mL 水中，冷至室温。

称取 5 g 碘化钾(KI)，溶于 10 mL 水中，在搅拌下，将 2.5 g 二氯化汞($HgCl_2$)粉末分次少量加入碘化钾溶液中，直到溶液呈深黄色或出现微米红色沉淀溶解缓慢时，充分搅拌混合，并改为滴加二氯化汞饱和溶液，当出现少量朱红色沉淀不再溶解时，停止滴加。

在搅拌下，将冷的氢氧化钾溶液缓慢地加入到上述二氯化汞和碘化钾的混合液中，并稀释至 100 mL，于暗处静置 24 h，倾出上清液，贮于棕色瓶中，用橡皮塞塞紧。存放暗处，此试剂至少可稳定一个月。

B　碘化汞—碘化钾—氢氧化钠($HgCl_2$—KI—KOH)

称取 16 g 氢氧化钠(NaOH)，溶于 50 mL 水中，冷至室温。

称取 7 g 碘化钾(KI)和 10 g 碘化汞(HgI_2)，溶于水中，然后将此溶液在搅拌下，缓慢地加入到氢氧化钠溶液中，并稀释至 100mL。贮于棕色瓶内，用橡皮塞塞紧，于暗处存放，有效期可达一年。

8.6.3.3 酒石酸钾钠溶液

称取 50 g 酒石酸钾钠（$KNaC_4H_6O_6 \cdot 4H_2O$），溶于 100 mL 水中，加热煮沸，以驱除氨，充分冷却后稀释至 100 mL。

8.6.3.4 氨氮标准溶液（$C_N = 1000\ \mu g/mL$）

称取（3.819 ± 0.004）g 氯化铵（NH_4Cl，在 100 ~ 105℃ 干燥 2 h），溶于水中，移入 1000 mL容量瓶中，稀释至刻度。

8.6.3.5 氨氮标准溶液（$C_N = 10\ \mu g/mL$）

吸取 10.00 mL 氨氮标准溶液于 1000 mL 容量瓶中，稀释至刻度。临用前配制。

8.6.3.6 10%（质量浓度）硫酸锌溶液

称取 10 g 硫酸锌（$ZnSO_4 \cdot 7H_2O$），溶于水中，稀释至 100 mL。

8.6.3.7 25%（质量浓度）氢氧化钠溶液

称取 25 g 氢氧化钠（NaOH），溶于水中，冷至室温，稀释至 100 mL。

8.6.3.8 0.35%（质量浓度）硫代硫酸钠溶液

称取 3.5 g 硫代硫酸钠（$Na_2S_2O_3$ 或 $Na_2S_2O_3 \cdot 5H_2O$），溶于水，再稀释至 1000 mL。

8.6.3.9 淀粉—碘化钾试纸

称取 1.5 g 可溶性淀粉于烧杯中，用少量水调成糊状，加入 200 mL 沸水，搅拌混匀放冷。加 0.5 g 碘化钾（KI）和 0.5 g 碳酸钠（Na_2CO_3），用水稀释至 250 mL。将滤纸条浸渍后，取出晾干，装棕色瓶中密封保存。

8.6.4 仪器

包括常用实验室仪器及分光光度计。

8.6.5 采样及样品

8.6.5.1 实验室样品

实验室样品采集在聚乙烯瓶或玻璃瓶内，应尽快分析，不然要在 2 ~ 5℃下存放，用硫酸（$c_{H_2SO_4} = 1.84\ g/mL$）将样品酸化至 pH < 2 亦有利于保存，但酸化样品会吸收空气中的氨而被污染，应注意防止。

8.6.5.2 试份

清洁样品可直接从中取 50 mL 作为试份。

含有悬浮物或色度深的样品在预处理后，再从中取 50mL（或取适量，稀释至 50mL）作为试份。

8.6.6 操作步骤

8.6.6.1 预处理

样品中含有悬浮物、余氮、钙镁等金属离子、硫化物和有机物时，对比色测定有干扰，处理方法如下。

A 除余氯

加入适量的硫代硫酸钠溶液，每 0.5 mL 硫代硫酸钠溶液可除去 0.25 mg 余氯。也可用淀粉-碘化钾试纸检验是否除尽余氯。

B 凝聚沉淀

100 mL 样品中加入 1 mL 硫酸锌溶液和 0.1～0.2 mL 氢氧化钠溶液，调节 pH 值约为 10.5，混匀，放置使之沉淀，倾取上清液作为试份。必要时，用经水冲洗过的中速滤纸过滤，弃去初滤液 20 mL。

C 络合掩蔽

加入酒石酸钾钠溶液，可消除钙镁等金属离子的干扰。

D 蒸馏法

用凝聚沉淀和络合掩蔽后，样品仍浑浊和带色，则应采用蒸馏法（见 8.6.8 节）。

E 低 pH 值下煮沸

蒸馏过程中，某些有机物很可能与氨同时被馏出，对测定仍有干扰，其中有些物质（如甲醛）可在比色前于低 pH 值下采用煮沸而除之。

8.6.6.2 测定

取试份于 50 mL 比色管中，加入 1 mL 酒石酸钾钠溶液，摇匀，再加入纳氏试剂 1.5 mL 或 1.0 mL，摇匀。放置 10 min 后进行比色。若色度很低，采用目视比色，一般在波长 420 nm 下，用光程长 20 mm 比色皿，以水作参比，测定试份的吸光度。

8.6.6.3 空白试验

用 50 mL 水代替试份，按 8.6.6.2 节进行处理。

注：此步骤只用于分光光度法。

8.6.6.4 校准

A 目视比色法

在 6 个 50 mL 比色管中，分别加入 0、0.10、0.30、0.50、0.70、1.00 mL 氨氮标准溶液，再加水至刻度，按 8.6.6.2 节显色后进行目视比色。

B 分光光度法

在 8 个 50 mL 比色管中，分别加入 0、0.50、1.00、2.00、3.00、5.00、7.00、10.00 mL 氨氮标准溶液，再加水至刻度。按 8.6.6.2 节显色后进行分光光度测定。

将上面系列标准溶液测得的吸光度扣除试剂空白（零浓度）的吸光度，便得到校正吸光度，以校正吸光度为纵坐标，氨氮质量 m_N 为横坐标，绘制校准曲线。

8.6.7 结果计算

8.6.7.1 目视比色法

将试份的色度与标准溶液的色度比较后，得到试份中的氨氮质量 m_N，除以试份的体积 V，便可得到试份的氨氮含量 C_N（mg/L）。

8.6.7.2 分光光度法

试份中氨氮吸光度 A_r 用式(8-4)计算：

$$A_r = A_s - A_b$$

式中 A_s——试份测定 8.6.6.2 的吸光度；

A_b——空白试验 8.6.6.3 的吸光度。

氨氮含量 C_N（mg/L）用式(8-5)计算：

$$C_N = M_N / V$$

式中 M_N——氨氮质量,g,由 A_r 值和相应比色皿光程的校准曲线 8.6.6.4 节 B 确定。

V——试份体积,mL。

8.6.8 样品的蒸馏预处理(补充件)

8.6.8.1 试剂

所用的试剂为公认的分析纯试剂,所用的水应为无氨水。

(1) 硼酸(H_3BO_3):20 g/L 溶液。

(2) 氢氧化钠(NaOH):40 g/L 溶液。

(3) 轻质氧化镁(MgO):不含碳酸盐,在 500℃下加热氧化镁,以除去碳酸盐。

(4) 盐酸(HCl,ρ_{HCl} = 1.18 g/mL):1 mol/L 溶液。

(5) 防沫剂,如石蜡碎片。

(6) 溴百里酚蓝(bromthymol blue):0.5 g/L 指示液。

8.6.8.2 仪器

仪器包括常用实验室仪器及蒸馏器。

蒸馏器由一个 500 ~ 800 mL 的蒸馏烧瓶及防喷头和一个垂直放置的冷凝管组装而成。冷凝管末端可连接一根适当长度的滴管,使出口尖端浸入吸收液液面下约 2 cm。

蒸馏器清洗:向蒸馏烧瓶中加入 350 mL 水,加几粒防爆沸颗粒,装好仪器,蒸馏到至少收集 100 mL 水时,将馏出液及瓶内残留液弃去。

8.6.8.3 蒸馏操作

将 50 mL 硼酸溶液移入接收瓶内,确保冷凝管出口在硼酸溶液液面之下。

量取 300 mL 样品,移入蒸馏烧瓶中,加几滴溴百里酚蓝指示液,必要时,用氢氧化钠溶液或盐酸溶液调整 pH 值至 6.0(指示剂呈黄色) ~ 7.4(指示剂呈蓝色)之间,加水使总体积约为 350 mL。向蒸馏烧瓶中加入 0.25 g 轻质氧化镁及少许防爆沸颗粒(对一些工业废水样品,必要时,加入防沫剂),立即将蒸馏烧瓶与冷凝管连接好加热蒸馏,使馏出液速率约为 10 mL/min,待馏出液约为 200 mL 时,停止蒸馏。将馏出液定容至原体积(300 mL)。

注:分取试份供纳氏试剂出色测定时,应先用氢氧化钠溶液调节至中性。

8.7 总磷的测定——钼酸铵分光光度法

8.7.1 范围

本方法用过硫酸钾(或硝酸—高氯酸)为氧化剂,将未经过滤的水样消解,用钼酸铵分光光度法测定总磷。

总磷包括溶解的、颗粒的、有机的和无机磷。

本方法适用于地面水、污水和工业废水。

取 25 mL 试料,本方法的最低检出浓度为 0.01 mg/L,测定上限为 0.6 mg/L。

在酸性条件下,砷、铬、硫干扰测定。

8.7.2 原理

在中性条件下用过硫酸钾(或硝酸—高氯酸)使试样消解,将所含磷全部氧化为正磷酸盐,在酸性介质中,正磷酸盐与钼酸铵反应,在锑盐存在下生成磷钼杂多酸后,立即被抗坏血酸还原,生成蓝色的络合物。

8.7.3 试剂

本方法所用试剂除另有说明外,均应使用符合国家标准或专业标准的分析试剂和蒸馏水或同等纯度的水。

(1) 硫酸(H_2SO_4),密度为 1.84 g/mL。

(2) 硝酸(HNO_3),密度为 1.4 g/mL。

(3) 高氯酸($HClO_4$),优级纯,密度为 1.68 g/mL。

(4) 硫酸(H_2SO_4),1+1。

(5) 硫酸(1/2 H_2SO_4)1 mol/L;将 27 mL 硫酸(1.84 g/mL)加入到 973 mL 水中。

(6) 氢氧化钠(NaOH),1 mol/L;将 40 g 氢氧化钠溶于水并稀释至 1000 mL。

(7) 氢氧化钠(NaOH),6 mol/L;将 24 g 氢氧化钠溶于水并稀释至 1000 mL。

(8) 过硫酸钾,50 g/L 溶液:将 5 g 过硫酸钾($K_2S_2O_8$)溶解于水,并稀释至 100 mL。

(9) 抗坏血酸,100 g/L 溶液:溶解 10 g 抗坏血酸($C_6H_8O_6$)于水中,并稀释至 100 mL。此溶液贮于棕色的试剂瓶中,在冷处可稳定几周。如不变色可长时间使用。

(10) 钼酸盐溶液:溶解 13 g 钼酸铵[$(NH_4)_6Mo_7O_{24}\cdot 4H_2O$]于 100 mL 水中。溶解 0.35 g 酒石酸锑钾($KSbC_4H_4O_7\cdot 1/2H_2O$)于 100 mL 水中。在不断搅拌下把钼酸铵溶液徐徐加到 300 mL 硫酸(1+1)中,加酒石酸锑钾溶液并且混合均匀。此溶液贮于棕色试剂瓶中,在冷处可保存两个月。

(11) 浊度色度补偿液:混合两个体积硫酸(1+1)和一个体积抗坏血酸溶液。使用当天配制。

(12) 磷标准贮备溶液:称取(0.2197±0.001) g 于 110℃ 干燥 2 h、在干燥器中放冷的磷酸二氢钾(KH_2PO_4),用水溶解后转移至 1000 mL 容量瓶中,加入大约 800 mL 水和 5 mL 硫酸(1+1),用水稀释至标线并混匀。1.00 mL 此标准溶液含 50.0 μg 磷。本溶液在玻璃瓶中可贮存至少 6 个月。

(13) 磷标准使用溶液:将 10.0 mL 的磷标准溶液转移至 250 mL 容量瓶中,用水稀释至标线并混匀,1.00 mL 此标准溶液含 2.0 μg 磷。使用当天配制。

(14) 酚酞,10 g/L 溶液:0.5 g 酚酞溶于 50 mL95% 乙醇中。

8.7.4 仪器

实验室常用仪器设备和下列仪器。

(1) 医用手提式蒸气消毒器或一般压力锅(1.1~1.4 kg/cm^2)。

(2) 50 mL 具塞(磨口)刻度管。

(3) 分光光度计。

注:所有玻璃器皿均应用盐酸或硝酸浸泡。

8.7.5 试样制备

(1) 采取 500 mL 水样后加入 1 mL 硫酸(1.84 g/mL)调节样品的 pH 值,使之低于或等于1,或不加任何试剂于冷处保存。

注:含磷量较少的水样,不要用塑料瓶采样,因磷酸盐易吸附在塑料瓶壁上。

(2) 试样的制备:取25 mL样品于具塞刻度管中。取时应仔细摇匀,以得到溶解部分和悬浮部分均具有代表性的试样。如样品含磷浓度较高,试样体积可以减少。

8.7.6 操作步骤

8.7.6.1 空白试样

按8.7.6.2节的规定进行空白试验,用水代替试样,并加入与测定时相同体积的试剂。

8.7.6.2 测定

A 消解

(1)过硫酸钾消解:向试样中加4 mL过硫酸钾,将具塞刻度管的盖塞紧后,用一小块布和线将玻璃塞扎紧(或用其他方法固定),放在大烧杯中并置于高压蒸气消毒器中加热,待压力达1.1 kg/cm^2,相应温度为120℃时,保持30 min后停止加热。待压力表读数降至零后,取出放冷,然后用水稀释至标线。

注:如用硫酸保存水样,当用过硫酸钾消解时,需先将试样调至中性。

(2) 硝酸—高氯酸消解:取25 mL试样于锥形瓶中,加数粒玻璃珠,加2 mL硝酸在电热板上加热浓缩至10 mL。冷后加5 mL硝酸,再加热浓缩至10 mL,放冷。加3 mL高氯酸,加热至高氯酸冒白烟,此时可在锥形瓶上加小漏斗或调节电热板温度,使消解液在锥形瓶内壁保持回流状态,直至剩下3~4 mL,放冷。

加水10 mL,加1滴酚酞指示剂。滴加氢氧化钠溶液至刚呈微红色。再滴加硫酸溶液(1 mol/L)使微红刚好退去,充分混匀,移至具塞刻度管中,用水稀释至标线。

注:1) 用硝酸—高氯酸消解需要在通风橱中进行。高氯酸和有机物的混合物经加热易发生危险,需将试样先用硝酸消解,然后再加入硝酸高氯酸进行消解。2) 绝不可把消解的试样蒸干。3) 如消解后有残渣时,用滤纸过滤于具塞刻度管中,并用水充分清洗锥形瓶及滤纸,一并移到具塞刻度管中。4) 水样中的有机物用过硫酸钾氧化不能完全破坏时,可用此法消解。

B 发色

分别向各份消解液中加入1 mL抗坏酸溶液混合,30 s后加2 mL钼酸盐溶液充分混匀。

注:(1) 如试样中含有浊度或色度时,需配制一个空白试样(消解后用水稀释至标线)然后向试料中加入3 mL浊度—色度补偿液,但不加抗坏血酸溶液和钼酸盐溶液,然后从试料的吸光度中扣除空白试料的吸光度。(2) 砷质量浓度大于2 mg/L时干扰测定,用硫代硫酸钠去除;硫化物大于2 mg/L时干扰测定,通氮气去除;铬大于50 mg/L时干扰测定,用亚硫酸钠去除。

C 分光光度测量

室温下放置15 min后,使用光程为30 mm比色皿,在700 nm波长下,以水做参比,测定吸光度。扣除空白试验的吸光度后,从工作曲线上查得磷的含量。

注:如显色时室温低于13℃,可在20~30℃水浴上显色15 min即可。

D 工作曲线的绘制

取7支具塞刻度管分别加入0,0.50,1.00,3.00,5.00,10.00,15.00 mL磷酸盐标准溶液,加水至25 mL。然后按8.7.6.2节测定步骤进行处理,以水做参比,测定吸光度。扣除空白试验的吸光度后,和对应的磷的含量绘制工作曲线。

8.7.7　结果计算

总磷含量以 C(mg/L)表示,按下式计算:

$$C = m/V$$

式中　m——试样测得含磷量,μg;

V——测定用试样体积,mL。

参考文献

[1] 夏晨娇.剩余活性污泥脱水的高级处理方法研究[D].南京:南京理工大学,2009.

[2] 赵刘伟.两相一体式污泥浓缩消化反应器处理城市污泥的试验研究[D].重庆:重庆大学,2008.

[3] 尹军,陈雷,王鹤立.城市污水的资源再生及热能回收利用[M].北京:化学工业出版社,2003:117~192.

[4] 裘伯钢.污泥资源化处置与综合利用[J].环境保护科学,2006,32(5):36~41.

[5] 叶子瑞.国内外污泥处置和管理现状[J].环境卫生工程,2002,10(2):85~88.

[6] 管丽攀,于衍真,冯岩.城市污泥资源化利用研究现状[J].江苏化工,2007,35(1):45~47.

[7] 史昕龙,陈绍伟.城市污水污泥的处置和利用[J].环境保护,2001,(3):46~48.

[8] 昝元峰,王树众,等.污泥处理技术的新进展[J].中国给水排水,2004,20(6):26~28.

[9] 梁鹏,黄霞,钱易.污泥减量化技术的研究进展[J].环境污染治理技术与设备,2003,4(1):44~51.

[10] 程丽华,倪福祥.剩余活性污泥处理的清洁生产方向[J].青岛理工大学学报,2006,27(1):105~109.

[11] 张峥嵘,黄少斌.污泥减量化的分析与研究[J].化学与生物工程,2006,23(9):4~6.

[12] 王琳,王宝贞.分散式污水处理与回用[M].北京:化学工业出版社,2003:279~289.

[13] 魏源送,樊耀波.污泥减量技术的研究及其应用[J].中国给水排水,2001,17(7):23~26.

[14] 李金红,何群彪.欧洲污泥处理处置概况[J].中国给水排水,2005,21(1):101~103.

[15] 刘娜,梁延华,张双利.天津城市污泥的研究及处置方向[J].中国环境科学学会学术年会优秀论文集,2006:891~895.

[16] 彭晓峰,陶涛,陈剑波.国际污泥研究现状初探[J].自然杂志,2002,24(4):191~194.

[17] 刘波.污水处理厂污泥处理技术及工程实践[D].重庆:重庆大学,2004.

[18] 傅佳骏.新型阳离子污泥调理剂的合成、应用以及调理机理的研究[D].上海:上海交通大学,2007.

[19] 胡和平,刘军,罗刚.活性污泥工艺中污泥减量化技术研究进展[J].水资源保护,2007,23(6):32~39.

[20] 李洋,曹国凭.污泥减量化技术的研究现状和进展[J].河北理工大学学报:自然科学版,2009,31(2):139~142.

[21] 叶芬霞.解偶联代谢对活性污泥工艺中剩余污泥的减量化作用[D].杭州:浙江大学,2003.

[22] 王嵘,万金保,吴声东.利用同步臭氧氧化实现SBR污泥减量的研究[J].中国给水排水,2008,24(7):1~3.

[23] 赵继红,刘楠,刘永德.超声对SBR工艺中剩余污泥的减量化研究[J].环境科学与技术,2008,31(2):77~79.

[24] 曹秀芹,陈珺,王洪臣.超声处理对活性污泥系统污泥减量效果的研究[J].环境污染治理技术与设备,2006,7(6):85~88.

[25] 杨洁,季民,韩育宏.碱解预处理对污泥固体的破解及减量化效果[J].中国给水排水,2007,23(23):93~97.

[26] 伏苓.城市污水处理厂污泥两相厌氧消化的研究[D].西安:长安大学,2005.

[27] 张立国.中温两相厌氧消化处理低有机质剩余污泥效能研究[D].哈尔滨:哈尔滨工业大学,2008.

[28] 李科.剩余污泥高温—中温两相厌氧消化试验研究[D].北京:中国工程物理研究院,2007.

[29] 陈坚,童晓庆.两相厌氧工艺的研究现状及其应用[J].环境科技,2009,22(4):65~69.

[30] 柴晓利,楼紫阳,等.固体废弃物处理处置工程技术与实践[M].北京:化学工业出版社,2009.

[31] 赵杰红,张波,蔡伟民.厌氧消化系统中丙酸积累及控制研究进展[J].中国给水排水,2005,21(3):

25 ~ 27.

[32] 赵丽君,张大群,陈宝柱. 泥处理与处置技术的进展[J]. 中国给水排水,2001,17(6):19 ~ 23.

[33] 高廷耀,周恭明,周增炎. 污泥两相和单相厌氧消化性能比较研究[J]. 同济大学学报,1997,25(6):629 ~ 634.

[34] 高廷耀,周恭明,周增炎. 气浮浓缩污泥两相厌氧消化[J]. 同济大学学报,1999,27(1):43 ~ 46.

[35] 王治军,王伟. 热水解预处理改善污泥的厌氧消化性能[J]. 环境科学,2005,26(1):68 ~ 71.

[36] 孙晓,杨海真. 污泥分解技术在污泥厌氧消化上的应用[J]. 江苏环境科技,2004,17(3):20 ~ 22.

[37] 张希衡,等. 废水厌氧生物处理工程[M]. 北京:中国环境科学出版社,1996.

[38] 贺延玲. 废水的厌氧生物处理工程[M]. 北京:中国轻工业出版社,1998.

[39] 李建政. 中药废水高效生物处理技术的研究[J]. 中国给水排水,2000,(6): 5 ~ 8.

[40] 胡纪萃. 废水厌氧生物处理理论与技术[M]. 北京:中国建筑工业出版社,2003,51 ~ 55.

[41] 周岳溪. 水葫芦加动物排泄物两相厌氧生物处理工艺[J]. 环境科学研究, 1996,9(6):6 ~ 10.

[42] 高廷耀,周恭明,周增炎. 污泥两相和单相厌氧消化性能比较研究[J]. 同济大学学报,1997,25(6):629 ~ 634.

[43] 高廷耀,周恭明,周增炎. 气浮浓缩污泥两相厌氧消化[J]. 同济大学学报,1999,27(1):43 ~ 46.

[44] 赵庆良,王宝贞,G. 库格尔. 高温/中温两相厌氧消化处理污水污泥和有机废水[J]. 哈尔滨建筑工程学院学报,1995,28(1):30 ~ 40.

[45] 管运涛,等. 两相厌氧膜生物系统处理造纸废水[J]. 环境科学,2000,25(4):52 ~ 56

[46] 叶芬霞,李颖. 有机废物两相厌氧消化的基质特异性及其应用[J]. 中国沼气,2002,20(3):8 ~ 12.

[47] 付胜涛,于水利,严晓菊. 初沉污泥和厨余垃圾的混合中温厌氧消化[J]. 给水排水,2006,32(1):24 ~ 28.

[48] 吴一平,刘莹,王旭东,等. 初沉污泥厌氧水解/酸化产物作为生物脱氮除磷系统碳源的试验研究[J]. 西安建筑科技大学学报:自然科学版,2004,36(4):421 ~ 423.

[49] 李明. 餐厨垃圾厌氧发酵制氢产甲烷一体化工艺及设备开发[D]. 上海:同济大学, 2008.

[50] 薛晓荣. 卵形消化池结构设计[J],特种结构, 2001, 18:12 ~ 15.

[51] 张杰. IC 反应器处理猪粪废水条件下厌氧污泥颗粒化研究[D]. 郑州: 河南农业大学, 2004.

[52] 李志建. 内循环(IC)厌氧反应器及处理造纸综合废水研究[D]. 西安: 西安建筑科技大学, 2004.

[53] 刘克鑫,徐洁泉,廖多群,等. 沼气池中产氢细菌的研究[J]. 微生物学报,1980,20(4):385 ~ 389.

[54] 刘常青,赵由才,张江山,等. 酸性预处理污泥厌氧发酵产氢[J]. 环境科学学报, 2008,28(10):2006 ~ 2011.

[55] 曹先艳,赵由才,袁玉玉,等. 氨氮对餐厨垃圾厌氧发酵产氢的影响[J]. 太阳能学报,2008,29(6):751 ~ 755.

[56] 肖本益,魏源送,刘俊新. 微生物发酵产氢的影响因素分析[J]. 微生物学通报,2004,31(3):130 ~ 135.

[57] 包红旭,王爱杰,任南琪. 预处理方法对细菌降解玉米秸秆产氢能力的影响[J]. 大连海事大学学报,2008,34(2):41 ~ 45.

[58] 林明,任南琪,王爱杰,等. 几种金属离子对高效产氢细菌产氢能力的促进作用[J]. 哈尔滨工业大学学报,2003,35(2):147 ~ 151.

[59] 黄雅曦. 城市污水污泥重金属控制机理及堆肥利用的研究[D]. 北京:中国农业大学,2004.

[60] 李宇庆,陈玲,赵建夫,等. 城市污水厂污泥快速高效堆肥技术研究[J]. 农业环境科学学报,2005,24(2):380 ~ 383.

[61] 李天宝,熊正为,刘勇. 城市污泥处理方法综述[J]. 南华大学学报:理工版,2003,17(4). :28 ~ 33.

[62] 周少奇. 城市污泥处理处置与资源化[M]. 广州:华南理工大学出版社, 2002.

[63] 赵庆祥.污泥资源化技术[M].北京:化学工业出版社,2002.
[64] 黄国峰.有机固体废弃物好氧高温堆肥化处理技术[J].中国生态农报,2003,11(1):159~161.
[65] 包家强.污水厂剩余污泥好氧堆肥工艺参数的控制 [J].中国给水排水,2009,25(3):85~87.
[66] 徐灵,王成端,姚岚.污泥堆肥过程中主要性质及氮素转变[J].生态环境,2008,17(2):602~605.
[67] 鲍士旦.土壤农化分析[M].北京:中国农业出版社,2000.
[68] 李国学,等.固体废物堆肥化与有机复混肥生产[M].北京:化学工业出版社,2000.
[69] 李阜棣.农业微生物学实验技术[M].北京:中国农业出版社,1996.
[70] 李献文,等.城市污水稳定塘设计手册[M].北京:中国建筑工业出版社,1990.
[71] 李艳霞.污泥与垃圾堆肥用作容器育苗机制的研究[D].杨凌:西北农业大学,1995.
[72] 胡家俊,周群英.环境工程微生物学[M].北京:高等教育出版社,1988.
[73] 姜华.污水污泥堆肥化处理过程中控制重金属污染的研究[D].北京:中国农业大学,1999.
[74] 薛澄泽.生物固体的资源化[M]//张福锁,等.土壤及植物营养新动态:第三卷.北京:中国农业出版社,1995.
[75] 周润琦,陈万根,等.生物化学基础[M].北京:化学工业出版社,1990.
[76] 中华人民共和国国家标准.农用污泥中污染物控制标准,GB4284—1984.北京:中国标准出版社,1984.
[77] 中华人民共和国国家标准.食品安全标准,GB15201—1994,GB14935—1994,GB15199—1994.北京,中国标准出版社,1994.
[78] 刘凌云,等.普通动物学[M].北京:高等教育出版社,1997.
[79] 白春节.低繁殖量蚯蚓养殖法处理剩余污泥的可行性研究[J].安全与环境学报,2006,6.
[80] 白春节.城市剩余活性污泥直接饲养蚯蚓可行性研究[J].微生物学通报,2007,1.
[81] 高红莉,周文宗,张硌,等.城市污泥的蚯蚓分解处理技术研究进展[J].中国生态农业学报,2008,3.
[82] 伏小勇,杨柳,黄魁,等.蚯蚓对城市污泥中铅的富集作用[J].安全与环境工程,2008,2.
[83] 杨健,易当皓,赵丽敏,等.蚯蚓生物滤池处理剩余污泥的效果[J].中国环境科学,2008,10.
[84] 霍维周,丁雪梅.蚯蚓处理垃圾及产业化问题的探讨[J].城市管理与科技,2002,4(1),16~18.
[85] 周东兴,B. A. Касатиков.蚯蚓生物处理城市污泥对其农化性质的影响[J].农业现代化研究,2008,29(4),476~502.
[86] 孙振军,刘玉庆,李文立.温度、湿度和酸碱度对蚯蚓生长与繁殖的影响[J].莱阳农学院学报,1993,10(4):297~300.
[87] 陆志波,邓德汉,陈巧燕,等,蚯蚓处理污泥的环境适应性[J].同济大学学报:自然科学版,2009,37(5),646~650.
[88] Chen G H, Mo H K, Liu Y. Utilization of a metabolic uncoupler 3,3',4',5-tetrachloro salicylanilide (TCS) to reduce sludge growth in activated sludge culture[J]. Wat Res,2002,36 (8):2077~2083.
[89] Lee D J, Hsu Y H. Measurement of bound water in sludges: a comparative study[J]. Water Environ Res, 1995,67(3):310~317.
[90] Pei S Y, Chen L C, Chien C Y, et al. Network strength and dewaterability of flocculated activated sludge [J]. Water Research,2002,(36):539~550.
[91] Xuan Y, Han P f, Lu X P, et al. A review on the dewaterability of bio-sludge and ultrasound pretreatment [J]. Ultrasonics Sonochemistry,2004,(11):337~348.
[92] Brian A. Bolto. Soluble polymers in water purification. Prog. Polym[J]. Sci. 1995, 20(6): 1014~1016.
[93] Shen L, Zhang D K. An experimental study of oil recovery from sewage sludge by low-temperature pyrolysis in a fluidized-bed[J]. Fuel,2003,8(4):465~472.

[94] Lutz H, Romeiro G A, Damasceno R N. Low temperature conversion of some Brazilian municipal and industrial sludges[J]. Bioresource Technology,2002,7(1):103~107.

[95] Weemaes M, Grootaerd H, Simoens F, et al. Anaerobic digestion of ozonized biosolids[J]. Wat. Res., 2000,34(8):2330~2336.

[96] Rocher M, Roux, Goma G, et al. Excess sludge reduction in activated sludge process by integrating biomass alkaling heat treatment[J]. Wst. Sci. Tech, 2001,(44):434~444.

[97] Saby S, Djafer M, Chen G H. Feasibility of using achlorination step to reduce excess sludge in activated sludge process[J]. Wat. Res.,2002,(36):656~666.

[98] Liang P, Huang X, Qian Y, et al. Determination and comparison of sludge reduction rates caused by microfaunas predation[J]. Wat Res,2006,97(6):854~861.

[99] Rensink J H, Rulkens W H. Using metazoa to reduce sludge production[J]. Wat Sci Tech,1997,36(11): 171~179.

[100] Sche min ske A, Krull R, Hempel DC. Oxidative treatment of digested sewage sludge with ozone [J]. Water Science and Technology, 2000, 42 (9): 151~158.

[101] Ahn K H, Park K Y, Maeng S K. Ozonation of wastewater sludge for reduction and recycling [J], Water Science and Technology, 2002, 46 (10): 71~77.

[102] Clark PB, Nuijoo I. Ultrasonic sludge pretreatment for enhanced sludge digestion [J], Water Science Technology, 2000, 39 (1): 66~71.

[103] McGrath D. Use of microwave digestion for estimation of heavy metal content of soils in a geochemical survey[J]. Talanta,1998,46:439~440.

[104] Poland F G, Ghosh S. Developments in anaerobic stabilization of organic wastes-the two-phase concept [J]. Environ. Letters. 1971,1:255~266.

[105] Kim D H, Chang Y C. Development of two phase anaerobic reactor with membrane filter[A]. Proc. 8th International Conf. On Anaerobic Digestion. 1997,(2):77~78.

[106] Lin J G, Chang C N, Chang S C. Enhancement of anaerobic digestion of waste activated sludge by alkaline solubilization[J]. Bioresource Technology. 1997,62:85~90.

[107] Raynal J, Delgnes J P, Moletta R. Two phase anaerobic digestion of solid waste by a multiple liquefaction reactors process[J]. Biores. Technol. 1998,65:97~103.

[108] Zhang P, Zhang Z. Biogasification of rice straw with an anaerobic phased solids digester system [J]. Bioresource technology. 1999,68:235~245.

[109] Baere L D. Anaerobic digestion of solid waste: state the art[J]. Water Sci. Technol. 2000,41:283~290.

[110] Ghosh S, Suoy K, Dresell L, et al. Pilot and full scale two phase anaerobic digestion of municipal sludge [J]. Wat. Envioron. Res. 1995,67(2):206~214.

[111] Ghosh S, Taylor D C. Kraft-mill biosolids treatment by conventional and biphasic fermentation [J]. Wat. Sci. Technol. 1999,40(11~12):169~177.

[112] Goel B, Pant D C, Kishore V V N. Two phase anaerobic digestion of spent tea leaves for biogas and manure generation[J]. Biores. Technol,2001.

[113] Ghosh S, Pohland F G, Kinetics of substrate assimilation and product of formation in anaerobic digestion [J]. Journal of Water Pollution. Fed, 1974, 46(4): 748~759.

[114] Fox P, Pohland F G. Anaerobic treatment application and fundamentals: substrates specificity during phase separation[J]. Water Environmental Research, 1994,66(5): 716~724.

[115] Davidson G, Choudhury S B, Roseboom W, et al. Structural examination of the nickel site in Chromatium vinosum hydrogenase: redox state oscillations and structural changes accompanying re-ductive activation

and CO binding[J]. Biochemistry. 2000, 39:7468 ~ 7479.

[116] Winkler M, Burkhard H, Happe T. Isolation and molecularcharacterization of the [Fe]-hydrogenase from the unicellulargreen algae Chlorella fusca[J]. Biochim. Biophys. Acta, 2002,1576:330 ~ 334.

[117] Paulette M, Vignais , Bernard Billoud, et al. Classification and phylogeny of hydrogenases[J]. FEMS Microbiology Reviews. 2001,25:455 ~ 501.

[118] Nandi R, Sengupta S. Microbial Production of Hydrogen: An Overview[J]. Critical Reviews in Microbiology. 1998, 24:61 ~ 84.

[119] Kumar N, Das D. Enhancement of hydrogen production by En-terobacter cloacae IIT-BT 08[J]. Process Biochem. 1999, 35:589 ~ 593.

[120] Taguchi F, Mizukami N, Yamada K, et al. Direct conversion of cellulosic materials to hydrogen by Clostridium sp[J]. strain No. 2. Enzyme Microb. Technol. 1995, 17:147 ~ 150.

[121] Wang Yong, Ren Nanqi, Sun Yujiao, et al. Analysis on the mechanism and capcity of two types of hydrogen production-ethanol fermentation and butyric acid fer-mentation[J]. Acta energiae solaris sinica, 2002,23:366 ~ 373.

[122] Ren Nanqi, Li Yongfeng, Zheng Guoxiang, et al. Biohydrogen: I The progress of foundmental research. Ad-vance in earth science. 2004,19:537-541 activating molecular hydrogen 1. The properties of hydrogenase[J]. J Biochem , 1931 , 25:205 ~ 214.

[123] Chen J S, Mortenson L E. Purification and properties of hydrogenase from Clostridium pasteurianumW5 [J]. Biochim Biophys Acta, 1974 , 371:283 ~ 298.

[124] Lemon B J , Peters J W. Binding of exogenously added carbonmonoxideat the active site of the iron-only hydrogenase (CpI) from Clostridium pasteurianum[J]. Biochem . 1999 , 38:12969 ~ 12973.

[125] Montet Y, Amara P , Volbedeba A, et al. Gas access to the ac-tive site of NiFe-hydrogenase probed by X-ray crystallography and molecular dynamics[J]. Nat Struct Biol. 1997, 4:523 ~ 526.

[126] Volbeda A , Montet Y, Vernede X, et al. High-resolution crystallographic analysis of Desulfovibrio fructosovorans[NiFe]hydrogenase[J]. Int J of Hydrogen Energy. 2002 , 27:1449 ~ 1461.

[127] Chen C C, Lin C Y. Start-up of anaerobic hydroge producing reactors seeded with sewage sludge [J]. Act Biotechnol,2001,21(4):371 ~ 379.

[128] Momirlan M, Veziroglu T. Recent directions of worldhydrogen production. Renewable and Sustainable Energy Reviews,1999,6(13):219 ~ 231.

[129] Padan E, Schuldiner S. Intracellular pH regulation inbacterial cells[J]. Methods Enzymol, 1986,125: 337 ~ 352.

[130] Liang T M, Cheng S S, Wu K L. Behavioral study on hydrogen fermentation reactor installed with silicone rubber membrane[J]. Int. J. Hydrogen Energy,2002,27:1157 ~ 1165.

[131] Herbert H, Fang P, Li Chenlin, et al. Acidophilic biohydrogen production from rice slurry [J]. International Journal of Hydrogen Energy. 2006,31(6):683 ~ 692.

[132] Lay J J, Lee Y J, Noike T. Feasibility of biological hydrogen production from organic fraction of municipal solid waste[J]. Water Research, 1999,33 (11):2579 ~ 2586.

[133] Sang-Hyoun Kim, Sun-Kee Han, Hang-Sik Shin. Feasibility of biohydrogen production by anaerobic codigestion of food waste and sewage sludge [J]. International Journal of Hydrogen Energy, 2004 (29): 1607 ~ 1616.

[134] Heguang Zhu, Tomoo Suzuki, Anatoly A. Tsygankov, Yasuo Asada, Jun Miyake, Hydrogen production from tofu wastewater by Rhodobacter sphaeroides immobilized in agar gels[J]. International Journal of Hydrogen Energy, 1999, 24:305 ~ 310.

[135] Liu S J, Yang W F, Zhou P Q, The research on hydrogen production from the treatment of bean products wastewater by immobilized photosynthetic bacteria[J]. Environmental Science, 1995, 16:42 ~ 44.

[136] Mizuno O, Ohara T, Noike T. Hydrogen production from food processing waste by anaerobic bacteria [J]. Journal of Environmental Systems and Engineering, JSCE (573/Ⅶ-5), 111 ~ 118.

[137] Yyoshiyuki Ueno, Seiji Otsuka, Masayoshi Morimoto, Hydrogen production from industrial wastewater by anaerobic microflora in chemostat culture [J]. Journal of Fermentation and Bioengineering, 1996, 82 (2): 194 ~ 197.

[138] Mulin Cai, Junxin Liu, Yuansong Wei. Enhanced Biohydrogen Production from Sewage Sludge with Alkaline Pretreatment[J]. Environmental Science and Technology, 2004, 38:3195 ~ 3202.

[139] Sang-Hyoun Kim, Sun-Kee Han, Hang-Sik Shin. Feasibility of biohydrogen production by anaerobic codigestion of food waste and sewage sludge[J]. International Journal of Hydrogen Energy, 2004, 29:1607 ~ 1616.

[140] Kalia V C, Jain S R, Kumar A, et al, Fermentation of bio-waste to H_2 by Bacillus licheniformis[J]. World Journal of Microbiology and Biotechnology, 1994, 10: 224 ~ 227.

[141] Zhang Yongfang, Shen Jianquan. Effect of temperature and iron concentration on the growth and hydrogen production of mixed bacteria[J]. International Journal of Hydrogen Energy, 2006, 31, (4):441 ~ 446.

[142] Dong-Hoon Kim, Sun-Kee Han, Sang-Hyoun Kim, et al, Effect of gas sparging on continuous fermentative hydrogen production[J]. International Journal of Hydrogen Energy, 2006, 31: 2158 ~ 2169.

冶金工业出版社部分图书推荐

书　名	作　者	定价(元)
“绿色钢铁”和环境管理	那宝魁	36.00
绿色冶金与清洁生产	马建立　郭　斌　赵由才	49.00
工业废水处理工程实例	张学洪	28.00
钢铁工业废水资源回用技术与应用	王绍文	68.00
焦化废水无害化处理与回用技术	王绍文	28.00
冶金过程废水处理与利用	钱小青　葛丽英　赵由才	30.00
冶金企业污染土壤和地下水整治与修复	孙英杰　孙晓杰　赵由才	29.00
冶金过程废气污染控制与资源化	唐　平　曹先艳　赵由才	40.00
电炉炼钢除尘与节能技术问答	沈　仁　华伟明　沈　曙	29.00
袋式除尘技术	张殿印　王　纯　俞非漉	125.00
烟尘纤维过滤理论、技术及应用	向晓东	45.00
环境工程微生物学	林　海	45.00
城市生活垃圾智能管理	王　华	48.00
城市生活垃圾直接气化熔融焚烧技术基础	胡建杭	19.00
医疗废物焚烧技术基础	王　华	18.00
二恶英零排放化城市生活垃圾焚烧技术	王　华	15.00
冶金企业废弃生产设备设施处理与利用	宋立杰　赵由才	36.00
燃煤汞污染及其控制	王立刚　刘柏谦	19.00
矿山固体废物处理与资源化	蒋家超　招国栋　赵由才	26.00
冶金过程固体废物处理与资源化	李鸿江　刘　清　赵由才	39.00
固体废物污染控制原理与资源化技术	徐晓军　管锡君　羊依金	39.00
环境污染控制工程	王守信　郭亚兵	49.00
湿法冶金污染控制技术	赵由才　牛冬杰	38.00
焦炉煤气净化操作技术	高建业	30.00
环境保护及其法规(第2版)	任效乾　王荣祥	45.00
物理污染控制工程	杜翠凤　宋　波　蒋仲安	30.00
环境生化检验	王瑞芬	18.00
环境噪声控制	李家华	19.80